黑足鼬

黑足鼬曾经在野外消失，但经过救助，它们已经在北美大草原的部分区域中得到恢复。（托马斯·D.曼格尔森）

亚洲白背兀鹫

通过人工繁殖技术和广泛的大众科普教育，亚洲兀鹫得到了救助和恢复。图为一群亚洲白背兀鹫在印度喜马拉雅山的山脚下晒太阳。（纳纳克·C.迪格拉）

蓬毛兔袋鼠

放归到澳大利亚艾丽斯泉沙漠公园里的一只蓬毛兔袋鼠。(彼得·诺恩)

金狮狨

如今，金狮狨可以在它们的家园——巴西热带雨林中自由地生活了。(摩根·墨菲，史密森尼国家动物园)

美洲鹤

翩翩起舞的美洲鹤。经过无数人的艰辛努力，美洲鹤从灭绝的边缘被拯救了回来。(托马斯·D. 曼格尔森)

美洲鳄

一张珍贵的照片:一只成年美洲鳄在佛罗里达州的沼泽地里捕食。美洲鳄回归野外,是濒危动物得到成功拯救的又一实例。(乔·A.瓦斯拉维斯基)

泽氏斑蟾

泽氏斑蟾是国际濒危两栖类动物之一。为了保护这种美丽的两栖类免于灭绝,科学家在巴拿马的“蛙类希尔顿宾馆”里实施隔离和繁殖计划。(威廉·康斯坦)

阿特沃特草原榛鸡

一只雄性阿特沃特草原榛鸡正在“鼓囊”。它们曾经广泛分布在美洲大草原约25 000 平方千米的土地上。(格兰迪·艾伦)

短尾信天翁

成年短尾信天翁正在进行求爱表演,像“击剑”一样用喙轻轻地触碰对方。这种珍贵鸟类的数量曾一度下降至不到100只。(长谷川宽)

大熊猫

这是苏琳——名字的意思为“非常乖巧的小东西”，2005年8月2日出生于美国圣迭戈动物园，后来它回到了中国。（肯·伯恩）

隐鹮

在超轻型飞机的带领下，第一批人工繁殖的隐鹮学会了迁徙飞行，图中的斯皮德是其中的一只。（马库斯·翁泽尔德）

壮丽塔棕

想象一下当人们发现这棵巨大的棕榈树不仅仅是新种、而且是新属时的激动心情！(约翰·达雷斯菲尔德)

枪响之后没有赢家！

唯有善待自然，人类才能自救！

Hope for Animals and Their World

希望

关爱和拯救身边的濒危野生动植物

（英）珍·古道尔（Jane Goodall）◎著

黄乘明 等◎译

张劲硕◎审校

上海科技教育出版社

此书为纪念世界上最后一只旅鸽玛莎、最后一只瓦氏红疣猴和最后一头白鱀豚而作。它们孤单而无奈的结局，激励着我们更努力地工作，防止面临同样命运的其他珍稀动物重蹈覆辙。

中文版序

我每到一处，都目睹了人类活动给大自然留下的创伤、造成的危害。在中国，这种对环境造成的负面影响同样严重，其主要原因是快速的经济发展和巨大的人口压力。必须指出的是，中国的这种环境破坏与大多数国家所经历的没有什么区别——这种状况已持续了很多年。

让我们追溯到1875年。阿芒·戴维神父（他为拯救麋鹿作出过重要贡献，本书中有提到）在书中写道："年复一年，人们都能听到刀斧砍伐大自然中最美丽树木的声音。人为破坏原始森林的速度达到了惊人的地步。那些已被破坏的森林再也无法恢复。随着高大乔木的倒下，生长在树荫下的大片大片的灌木丛也随之消失，那些依赖于森林生存和繁衍生息的大大小小的动物变得无家可归，只有死亡等着它们。"*值得注意的是，在中国（或其他地方）还保留着一些原始森林。

因此能够听到很多成功的故事——在最危急的时刻，

---

* 斯蒂芬·奥布莱恩，《猎豹的眼泪》，纽约，2003。——译者

动物从灭绝的边缘被拯救回来，两种生态系统得以恢复——让人非常高兴。在过去的14年里，我多次访问中国，不断听到这样的故事。有两个故事没来得及收录在已出版的英文版中，现在特别放入这本中文版里，它们分别是扬子鳄的故事和草海自然保护区的故事。

关于拯救中国濒危野生动物的故事分别收录在以下章节：第一部分（麋鹿），第二部分（朱鹮），第三部分（野骆驼）、大熊猫和扬子鳄，第六部分（黄土高原、草海自然保护区）。自本书英文版首次于2009年出版后，我与许许多多无私地让我们分享他们研究成果的人们保持着联系，他们告诉我每个故事的最新进展，这些最新信息我也放入了这本中文版里。

我之所以要写这本书，就是要鼓励年轻的保护生物学家们。本书于2009年在北美洲和世界其他部分地区首次出版后，产生了良好的效果。很多生物学家告诉我，当他们看到，无论遇到了多大的困难，濒危物种都从灭绝的边缘被拯救了回来，他们深受鼓舞。当然，我写的很多故事中的主人公是他们熟悉的人物，但同时读到来自世界各地那么多的拯救物种的故事，了解那么多的主人公，他们还是感到受益匪浅。除了生物学家，无数的社会公众也十分钟情于描述大自然的恢复力，描述人们为保护和恢复自然而付出智慧和勇气的那些故事。

我衷心地希望，中国的科学家和公众，尤其是那些关注中国本土动物和环境的人们，都能从本书的故事中获益。拯救这个伟大国度里的动植物物种，恢复被破坏的自然环境，为时不晚。我们很快就将迎来人与自然和谐共处的美好时代的曙光。

珍·古道尔

2010年6月

修订版序*

如今我们正经历着动植物第6次大灭绝——这次是由人类活动导致的。当我在2009年写《希望——拯救濒危动植物的故事》的时候，情况继续恶化。随着栖息地被破坏，自然界受到的威胁越发严重。世界人口扩张提高了工农业发展的用地需求，同时也亟需更多的土地来用于建设城镇、修筑道路。化学杀虫剂和除草剂的使用导致了许多种类的昆虫灭绝，同时伴随着栖息地的丧失，大量鸟类因此销声匿迹。工农业和家庭用水的需求日益增长，致使淡水供应日益紧张。滥砍滥伐则引发了严重的水土流失。河流和海洋的污染日益严重。森林和海洋是地球的两叶巨肺，吸收大气中过量的二氧化碳，并转化为氧气——但它们渐渐地难以再为我们的健康作出这些至关重要的贡献了。极端贫困的人们在绝望中砍倒了仅剩的树木，因为他们的农田由于过度耕作而变为了不毛之地，无

* 本序言的翻译工作得到了珍古道尔(北京)环境文化交流中心根与芽北京办公室的大力支持，他们组织"根与芽"小组成员开展了翻译序言的比赛活动，并提供了5篇优秀译稿。本中文版序言在赵红博同学译稿基础上校改完成。——编者

法生产出更多的粮食来养活全家；他们还从已经过度捕捞的河流和海洋中捕捉最后的鱼类。我们之中有许多人的生活方式是不可持续的，对地球有限的自然资源提出了不切实际的要求。

我可以继续列举这些对自然界的威胁——它们共同导致一些气体尤其是二氧化碳（大部分来源于化石燃料的燃烧）和甲烷的堆积。这些气体通常被称为温室气体，它们像毯子一样包裹着地球，留住了太阳的热量，从而导致如今威胁到全球每一个角落的气候危机——频繁的暴风、洪水、干旱以及山火。气候危机是动植物面临的主要威胁，然而它也大大影响着我们人类。畜牧业的工业化导致甲烷在空气中的含量不断增加，由此可见，人类对于肉类需求的日益增长是当今环境最严重的威胁之一。甲烷大多数来自为作为肉类动物而饲养的家畜。现在全世界有十亿个所谓的“工厂化农场”。这些农场的环境通常都很差。我们知道，在这些拥挤的集中营里，包括牛、猪、鸡等所有的动物都会感到恐惧和痛苦。研究表明，它们和我们人类共通着包括快乐和绝望的各种情感。其中一些动物尤其是猪非常聪明。但人类不止食用家畜，他们还吃野生动物。

人畜共患病是由从动物传播到人类身上的病毒引起的，它们和类似的人类病毒一起会导致流行病的发生。比如，源于冠状病毒的COVID-19传染病在我撰写本文（2020年）时已经在全球扩散了。另外两种流行病——猪流感和中东呼吸综合征都与家畜有关，分别是北美的猪（病毒可能在屠宰场中传播）和中东的单峰骆驼（人类可能在吃驼肉或喝驼奶时感染病毒）。

其他病毒可追溯到中非的灵长类动物，它们传播了可怕的艾滋病。1型艾滋病衍生于黑猩猩，2型则来自白枕白眉猴。SARS暴发于中国广东的一家野味市场，很可能是由果子狸传播的。

当中国武汉的居民染上COVID-19时，有证据表明这种新型疾病可能与蝙蝠或穿山甲（有食用价值，鳞片是一味中药）有关。中国政府迅速作出反应，禁止在全国范围内非法交易、饲养和售卖野生动物。希望这一禁令对象能够扩大到所有具有药用价值的野生动物，包括上文提到的COVID-19传染病的可能源头——穿山甲*。

中国的这一禁令应当成为所有利用野生动物获取食物、药物、毛皮，或捕猎野生动物作为战利品（如犀牛角、象牙和其他挂在墙上的动物头颅）的国家和富人的榜样。换言之，全世界都应该颁布这一禁令。

正如我文首所说，许多野生动物濒临灭绝，而我们人类理应倾尽全力去保护它们及其环境。中国在拯救濒危动物和保护、修复栖息地这一方面做得很好——在本书中，你也可以看到一些相关的故事。如今我们需要携手共进，首当其冲的是不要让动物被列入"濒危物种"。在生态界这张网中，所有动植物相互联系，我们也是其中的一部分，与自然界密不可分。我们依靠良好的生态系统来获取清新的空气和水。尤其是森林，它吸收二氧化碳，为我们提供氧气，帮助调节气候和降水，防止水土流失。如果我们想要一个良性的生态系统，我们就必须保护自然的丰富多彩性——也就是地区的生物多样性。

我们需要保护自然界，和它和谐共处，感受被绿色和鸟鸣环绕的安宁。

为了后代，我们每一个人都必须贡献自己的力量，延续这不可思议的自然遗产。

长按识别二维码观看视频

珍·古道尔**

2020年4月

* 根据最新2020年版《中国药典》（一部），穿山甲升为国家一级保护野生动物，不再入药。——编者

** 想要了解珍·古道尔博士的贡献及最新工作状况，可扫描上面两个二维码观看。——编者

目 录

第三部分　永不放弃

序　言

珍的羽毛

2002年一个秋日的傍晚，我产生了一个想法——写一本关于野生动物的书，书里面全部都是充满希望的故事。当时珍在一个篮球馆举行一场公开演讲，座无虚席。在演讲间隙，珍走下演讲台，说出她的经典之句：“我给你们讲一个故事吧……”

走到演讲台后面，珍缓缓拿出一根我有生以来见过的最大的羽毛。事实上，这也是地球上最大的羽毛之一，美国最濒危的动物之一加州神鹫的初级飞羽。珍对迷惑不解的听众们说，她之所以随身携带着这根羽毛，主要是为了激励自己。它不仅随时提醒着珍，这种巨大的生物——正如经常报道的那样（报道甚至面向孩子）——正在消失；同时，它也可以提醒珍，很多物种正被人们从灭绝的边缘拯救回来。在很多人（包括野生动物专家、激进主义者、学生及其他热心人士）的努力下，加州神鹫重新出现在蓝天之下。

当珍作完报告后，她沿着阶梯走过来，高举着那根羽毛，穿过那些欢呼的听众，看上去就像一个部落首领。事实上，在深秋的夜晚，在那样的集会场所，在那样的时刻，聚集在一起的我们大约有6000人，其实就是一个部落。我们共同关注野生动物，关注我们身边的自然界。总之，我们都认为，生物多样性是保持地球稳定的最重要因素。

这本书就是一个起点，分享一个梦想之希望的起点。这个梦想就是关注世界各地各种不同生活方式和各个年龄段的人们，向他们展示，改善而不是破坏我们身边的世界是可能的。因为这并不违背人类满怀希望的本性，事实恰恰相反，这是我们人类本性最重要的部分。

人类的锲而不舍，就如灰松鼠对于鸟类喂食器的不懈追求一样；而人类的固执，则又像白蚁执意要在林地的表层土壤上重建家园一样。正如大自然已经进化出几乎是无可估量的恢复能力，可以填补由暴风雪、疾病及其他灾难所造成的裂缝一样，人类无论是作为个体还是作为文化群落，也具有相同的能力。一次又一次地从灾难中恢复过来，证明了人类这种能力的存在。这可能是我们最强大的力量。正如英国作家约翰·加德纳所说的那样："道路最崎岖的时候，正是我们状态最好的时候。"

我真的说不出为什么在这样一个物种大灭绝的时代，我和珍却怀有着极不协调的乐观态度。因为我在美国国家公共广播电台播出的节目，我甚至被称为"一大公害"，"塞恩·梅纳德的野外日记"和"90秒博物学家"节目增强了人们对于自然界的好奇心，但没有提高人们对当前野生动物处境的忧虑。尽管我知道物种正经历着前所未有的破坏，但同时我也很欣慰地了解到，许多人正卓有成效地为野生生物而忙碌奔波（绝大多数人都是安静地工作着），拯救那些他们能够拯救的生命。他们就像纳尔逊·曼德拉和马丁·路德·金*一样，一直创造着大多数人都认为不可能的奇迹。

---

* 纳尔逊·曼德拉是南非前总统，马丁·路德·金是美国著名的民权运动领袖，两人都致力于人类的平等与自由，均获得过诺贝尔和平奖。——译者

我所认识的每一位卓有成效的保护主义者几乎都表现出同样的激情。当那些怀疑主义者滔滔不绝地讨论着“这绝对不可行”，或者“现在保护这个物种或其栖息地已经太晚了”，或者“实际点吧，我们必须向经济发展妥协”时，真正的充满激情的保护主义者却永不放弃。从他们的眼中你可以看出，他们热爱自己的艰苦工作。

我之所以感到乐观还因为，我发现在很多国家，人们对于自己国家的主要物种和自然遗产具有一种与日俱增的自豪感。同样重要的是，他们认为他们必须保护现在的物种。不仅仅因为这对于带动旅游业和创汇有好处，同样也因为这对他们自己和他们的孩子很重要。

因此，在周边一切迅速消亡的今天，对于我们来说，至关重要的不是为我们曾经的所作所为感到悲伤，而是对我们能够做的怀抱希望。为了做到这一点，我们需要指示灯——榜样来点亮前进的道路。如今已有上千个关于野生动植物正得到恢复的成功故事，同时也有成千上万的人正致力于保护我们所赖以生存的自然界，就如马丁·路德·金在其自撰悼文里描述自己的那样，这些人是野生动物保护的“乐队指挥”。

说到榜样作用，值得一提的是，当我们收集成功保护野生动物的故事时，采访到的每一位保护主义者几乎都提到了珍的早期工作对其生涯的影响。一些人提到了20世纪60年代《国家地理》杂志的封面故事，另一些人则提到珍与野生黑猩猩生活的早期电视专题片。几乎每一个人都会提到珍的著作《在人类的阴影下》（中文版改名为《黑猩猩在召唤》）对自己产生的直接影响，这本书是珍在1971年出版的，记录了她的研究成果。对于现代的保护主义者来说，珍这第一本书的深远意义已经不仅仅局限于记录下她的科研成就。

正如斯坦福大学医学院的大卫·汉堡博士在《在人类的阴影下》的前言中所说的那样：“一个世纪中只有一次，一个研究项目改变了人类对其自身的看法。本书的读者即享有分享此经历的特权。”

汉堡博士认为，珍在黑猩猩行为学上的卓越发现是个奇迹。珍的研究工作开启了类似研究工作的先河，然而她对野生动物的长期研究同时也改变了人们对自身生活和事业的可能性的看法。“野外生物学家”作为一种新的称谓，以前并不存在，它的出现得益于珍·古道尔。

到目前为止，将近半个世纪过去了，珍持续进行的工作激励了两代研究者和保护主义者，包括本书提到的人们。他们不知疲倦地在为保护野生动物而努力工作着。这一群体的成员来源相当广，一些人曾在世界上最好的大学里接受过教育，而另外一些人则通过终日与野生动物打交道而进行自学。绝大多数人都全力以赴，因为没有人为了金钱或度假而保护野生动物。该群体成员的年龄从20多岁到70多岁不等，其中有些人具有敏锐的政治洞察力，有些人则有些顽固。但他们有两个共同点：第一，他们不放弃，也不会以“不”作为问题的答案；第二，他们都认为珍·古道尔真正地理解人类与野生动物之间的基本关系。

这本书就是关于他们的故事。

——塞恩·梅纳德

前　言

现在，我正在英格兰伯恩茅斯的家中写这篇前言。我在这个家中长大成人，当我从窗口向外望时，看到的是我儿时曾攀爬过的树木。当爬到树的最顶端时，我相信离鸟儿和天空更近了，我与大自然融为一体。在我非常小的时候，我就感觉身处大自然时最有活力。在那时，我就经常从当地图书馆借书看，我借的每一本书几乎都和野生动物及荒野探险有关。我最早看的是有关怪医杜利特的故事，他是一名英国医生，利用鹦鹉讲授动物语言。后来我又发现了一些关于人猿泰山的书籍。这两类书激发了我一个看似绝不可能的梦想：某一天，我将到非洲与野生动物一起生活，并出版一些有关野生动物的书籍。

对我影响最深的一册书可能是《生命的奇迹》，每天我都会花上数小时，沉浸在那些用小号字体印刷的充满魔力的书页上。这本书并不是儿童读物，但是我却完全被它吸引。在这本书里，我了解到地球上生命的多样性、恐龙时代、进化论与达尔文、早期的探险者和博物学家，以及动物世界里迷人的多样性和适应性。随着年龄的增长，我读的书也越来越多，所热爱的动物数量也不断膨胀，从仓鼠、蠕虫、豚鼠、猫和狗等，一直到我在书中读到的所有迷人的野生动物。我小时候家里没有电视，但是，我从书中和自然界里学到了所有的东西。

当我接受一个校友的邀请去肯尼亚时，我儿时的梦想终于实现了。出发之前我当了一段时间服务员，以赚取旅费。在26岁时，我正式出发了。我是乘船到那里去的，因为这是最便宜的方式。途中经过了我曾在书中读到的开普敦和德班，最终到达了肯尼亚的蒙巴萨岛。能够到达加那利群岛，我异常兴奋，因为怪医杜利特也曾经到过这个地方。所谓的冒险，在当时就是一个年轻女子独自旅行。

刚刚到达肯尼亚，对于动物的疯狂热爱就将我引向了路易斯·利基*。最终他委托我，揭开那些最像我们人类的动物的行为秘密。(这绝对是非同寻常的，因为我并没有学位，而且当时我那样的一个女孩子也没有从事过相关的研究！)在坦桑尼亚贡贝国家公园进行的黑猩猩研究持续了半个世纪，帮助我们更好地理解了人类自身的进化史。事实已经证明，黑猩猩和人类在生物学和行为学上的相似性比任何人预想的都高得多。毕竟，我们人类并不是唯一具有性格、理性思考和情感的生物。在人类与黑猩猩及其他类人猿之间并没有明显的分界线。而且，明显存在的区别也只是程度上的区别，而不是质的区别。这种理解不仅使我们重视黑猩猩，同时也重视和我们共享这个星球的所有其他令人惊异的动物。我们人类也是动物界的一分子，而不是独立于动物界之外的物种。

现在我们仍旧在研究贡贝国家公园的黑猩猩，如果我没有参加一个“理解黑猩猩”的会议，我可能也仍旧留在那里，和我喜爱的动物及森林生活在一起。1986年的那次会议改变了我生命的轨迹。在那次会议上，非洲大陆所有研究单位的野外研究者们首次聚集到一起，其中提出的一个关于保护的议题彻底震撼了我。就在研究区域的正对面，黑猩猩生存所依赖的森林正以惊人的速度被

* 利基是著名的古人类学家，毕生致力于挖掘古人类化石，曾在东非找到著名的古猿化石“露茜”。——译者

砍伐，而黑猩猩则落入了偷猎者们的陷阱，“丛林肉”交易（即以野生动物为食进行的商业捕猎）也已经出现了。自1960年我开始研究黑猩猩以来，黑猩猩的数量直线下降，从早期超过100万只下降到估计只有40万—50万只（目前数量已经更少了）。

这次会议一下子“敲”醒了我。去参加会议时，我是一名科学家，而且打算继续在野外工作，分析和发表我的数据；当会议结束时，我成了保护黑猩猩及其正在消失的家园的倡导者。我意识到，如果我试图去帮助黑猩猩，我就必须停止野外工作，然后尽我最大的努力引起世人的关注。我希望我们能够开始行动，停止破坏，至少停止部分破坏。在26年的时间里，我在自己喜欢的地方做着自己喜欢的事情，但是现在我又重新上路了。越是周游世界，举行讲座，参加会议，会晤自然保护主义者和议员，我越是意识到我们正施加给这颗星球的破坏之严重程度：并不仅仅只有黑猩猩以及非洲其他动物生存所需的森林处于濒危状态，而是各处的森林和动物都如此；并不仅仅只有森林处于濒危状态，而是整个自然界都如此。

旅途奔波的日子是艰辛的。自1986年以来，我每年有300多天的时间是在路上度过的。从美国到欧洲、非洲、亚洲，从机场到酒店、会议室，从学校的教室到公司的会议室、政府的办公室。但是，这一路上也有些许的安慰。这使我有机会游览一些不可思议的地方，拜会一些真正优秀和富有灵感的人。除了听到人们正破坏自然界的坏消息，我也听到这样一些人的故事，他们阻止了砍伐一片古老的森林，阻止了修建一个大坝，成功恢复了一片被破坏的湿地，保护了某个濒临灭绝的物种。

即便如此，大量的证据仍旧表明第6次物种大灭绝即将到来，而这次物种大灭绝的唯一原因就是人类活动。为了在我感到疲倦时，或者在事物显得苍白无力时振奋自己的精神，我收集了一系列的物品，称之为“希望的象征”。其中的很多东西都表明，自然界本身具有很强的恢复力。比如有一片来自澳大利亚的树叶，之前人们只知道这种植物存在于化石中。这棵树已经经历了17个冰河世纪，而依然具有很强的生命力，现今生长于澳大利亚蓝山山脉的一条隐蔽的峡谷中。还有一片游隼的羽毛，游隼曾经在当地绝迹了100年，但是现在又重新飞翔在这里的天空中。另外一片羽毛来自加州神鹫，这是一个从灭绝边缘被拯救回来的物种。当我在辛辛那提动物园做演讲的时候，正是这些故事引起了塞恩的注意。他说我应该把这些故事写下来，我回答说我也希望这样做，但是我没有很多时间。塞恩说他可以提供帮助。塞恩和我兴趣一致，对于我们的未来也非常乐观。

显然，这本书与最初做一本薄册子的计划已大相径庭。我不停地拜会那些为保护动物不致灭绝而作出卓越贡献的了不起的人，足迹遍布全球。现在，我如何决定是写加州神鹫还是美洲鹤呢？如果这样，大熊猫又怎么办呢？它可是物种保护的象征啊！然后，我们正计划写这样一本书的消息不知以什么方式传了出去，于是，大量的信息蜂拥而来——为什么我们不把昆虫、两栖类和爬行类也纳入呢？而且毫无疑问，植物界也同样重要。

因此，这本书也在不断地变厚，不仅仅是容量，同时也包括理念的增加。有些问题非常重要而必须加以讨论，比如已经确认灭绝的物种后来又被重新发现，甚至有的是在其被确认灭绝100多年后被重新发现。那些关于恢复和保护野生动物栖息地的卓越工作也应该记录下来。我发现人们都非常乐于分享好消息——项目取得进展的好消息。这些项目有大有小，但是，加在一起就可以逐渐地治愈我们曾强加给大自然的伤害。为了完成这本书，我花费了很多年的时间，同时这也让我踏上了一条迷人的探险之旅，并且更多地了解到，动植物物种由于人类活动而濒临灭绝，然后，甚至就在灭绝的边缘，通过战胜困难，它们被解救了。在这本书里，我们和大家分享关于自然界具有恢复能力的故事，关于那些正在战斗的男男女女的意志力和决心的故事。他们中的一些人为了保护某个物种的最后幸存者，已经奋斗了几十年，绝不放弃。

这是关于“老蓝”的故事。她一度是世界上最后一只雌性可育的查岛鸲鹟，在一位雄心勃勃的生物学家的帮助下，该物种避免了灭绝的命运。有一棵孤树，是该物种在全球的最后一株，几乎快被牧羊啃死了，最后还因为一场自发的森林大火而烧焦了，但是，人们发现这棵树仍然具有活力，在存活的最后枝条上结出了种子。在一位富有创意的园艺学家的帮助下，就像是凤凰涅槃一样，该物种又重新焕发了生机。

在接下来的章节中，你将会看到他们以及更多的人，甚至还有超越人类的英雄们。这里全部都是关于冒险和勇气的故事，比如生物学家冒着生命危险攀爬悬崖峭壁，从一艘剧烈颠簸的船上猛然跳到参差不齐的岩石上；或者飞行员驾驶着飞机在恶劣天气里穿越飞行禁地。也有一些是讲述人们为了保护一个物种免于灭绝而与政府机构交涉，并知晓随着时光一天天流逝，由于人类的固执他们成功的概率越来越小，从而近乎绝望的故事。这里还讲述了这样的故事，一个人试图诱导一只隼与他的“交配帽”交配，还有一个人为了诱导鹤产卵而模仿鹤类的求偶舞蹈。

就在我们写这本书时，很多拯救项目也正在进行中。执着的保护主义者设计了飞行器，试图教会新出生的美洲鹤、隐鹮沿着新的迁徙路线飞行。在中国，大熊猫新的繁殖和放归技术得到应用，其野外的栖息地也得到更好的保护，这让我们看到了拯救大熊猫的希望。但是，我们仍然还有很长的路要走。成千上万的亚洲兀鹫死于人们无意的投毒，目前只有通过人工繁殖和野外的“兀鹫餐厅”来保护和恢复其数量。要做的工作还有很多很多。

我们意识到，在全球还有许许多多这样的项目正在进行中，以保护现存的动物和植物种群。但是我们必须精挑细选。本书所包含的故事大多是我们亲历的。我也希望能够包含西奥多·罗斯福*的故事，作为保护主义的先驱，为保

* 美国历史上第26任总统，他在任期内制定了资源保护政策，保护了森林、矿产、石油等资源。——译者

护荒原，他设立了美国第一个国家公园和保护区。

或者写一写那些具有远见卓识的人们，他们为保护河狸而进行着不懈的努力，因为有人正有组织地疯狂猎捕河狸，用它们的皮毛制作帽子。还有很多人也在为避免其他哺乳类动物和鸟类的灭绝而进行着斗争，因为人类贪得无厌地获取它们的皮、毛和羽毛来装饰自己。回溯到19世纪初，如果当时的人们没有意识到桉树林对于树袋熊的重要性，没有采取有效措施保护桉树林的话，我们今天就不可能见到树袋熊了。事实上，有很多物种虽然并未列入濒危物种名册，但如果之前没有受到人类良好的保护，它们今天可能就已经灭绝了。对于最初的那些保护主义先驱，我们欠他们的太多了。

2008年10月，在西班牙的巴塞罗那，国际自然保护联盟（IUCN）公布了哺乳动物种群的全球调查结果，调查结果报告这样总结："在不久的将来，至少有四分之一的哺乳类会走向灭绝。"而更为可悲的是，对于它们中的绝大多数来说，我们几乎已经没有办法可以加以保护的了。尽管如此，我仍然被本书中的故事和那些拒绝放弃的人们所鼓舞。

有一句谚语说得好："一息尚存，希望不灭。"为了孩子，我们决不能放弃。我们必须继续努力，保护好那些尚存的物种，恢复那些已经被伤害的物种。我们要支持那些正在做这些事的勇士。更重要的是，我们一定要认识到，为了保护那些濒危动物，我们不能有丝毫的松懈，因为威胁它们生存的因素一直存在，而且还在不断地增加。如果我们不保持足够的警惕，那么人口数量的不断增长、不可持续的生活方式、极度的贫穷、逐渐减少的淡水供应、人类的贪婪，全球气候变化……所有这一切以及更多其他因素，将会使我们之前所有的努力化为乌有。

如果想要与其他物种继续共享地球，那么不可避免的，越来越多的物种需要我们人类施以援手。非常幸运的是，现在越来越多的人开始觉醒了，不管是野生动物学家、政府官员还是有良知的普通市民，他们都开始意识到人类对生命网络所造成的破坏，而且愿意为修复它而作出努力。

有一件事情是确定的——我个人的探险之旅不会终止。我将继续收集相关的故事，继续与更多优秀而且充满信心的人们会晤、交谈。很多人之前曾在电话里交谈过，但现在我希望和他们当面交流：我希望透过他们的眼睛，看到支撑他们前进的决心和勇气；我希望深入他们的内心，发掘他们对于物种和自然界的热爱。正是这种热爱将他们引向了荒凉而人类几乎无法进入的地域。我想与全世界的年轻人分享他们的故事，我希望年轻人知道，我们一些无意的行为几乎导致了某些生态系统的彻底破坏，或者导致了某个物种濒临灭绝，但我们无论如何不能放弃。多亏自然界本身具有恢复能力，人类具有不屈不挠的精神，现在仍有希望。这是野生动物及其世界的希望，而这个世界也是我们自己的世界！

珍·古道尔

2009年2月

第一部分

消逝于野外

引　言

孩子们都会为恐龙着迷。受儒勒·凡尔纳的小说《地心历险记》的影响，我过去常常会幻想自己被传送到古代。在想象中，我会在那古老的土地上和巨大的植食性恐龙——雷龙一起漫步，而且也不会受到强大的暴龙的伤害。我也非常喜欢想象自己漫步在更加古老的土地上，那里有巨大的两栖动物，到处都是沼泽地以及巨大的蕨类植物。有时，我还会在睡梦里看到长毛猛犸象和剑齿虎。但是，它们都已经消失了，而我则没有"时间胶囊"。现在也没有任何技术上的奇迹能够重新制造那些古老的生物——就像优秀的BBC电视系列节目"与恐龙同行"中做的那样。

后来，在一本书中我了解到了渡渡鸟（亦称愚鸠）。渡渡鸟的灭绝与恐龙的消失是完全不同的。我发现，如果不是由于现代人类的干预，渡渡鸟（以及无数的其他生物）现在应该仍旧存活在地球上。当然了，我们生活于石器时代的祖先就已经开始狩猎和捕杀动物了，我在奥杜威峡谷与路易斯·利基一起工作时发现了证据。但是，仅仅使用那些非常原始的石头工具，是很难进行有效捕猎的。而且，生活在非洲的被捕食的动物也已经与捕食它们的肉食动物共同进化了，已经发展出了无数种方法以逃脱捕杀。然而，库克船长和他的船员们大肆屠杀毫无戒备之心和丧失飞翔能力的渡渡鸟的情形与此截然不同。渡渡鸟在它们的陆地上安全生活了很长时间，因而逐渐丧失了飞翔的本能。也正因为如此而被人类吃光了。

在70多年前，我还是一个孩子的时候，没有电视和网络将我困在电子屏幕前。反而我每天可以花费数小时观察我们家花园里的鸟儿和昆虫，读书。回想过去，大多数目前已经濒危的野生动物可以安全地生活在没有被砍伐的森林里，没有被抽干的湿地里，以及没有被污染的土地和海洋里。当然了，即使在那样的情况下，大规模屠杀野生动物的行为也已经开始了。美洲野牛被大量屠杀，狼彻底灭绝，几十万只动物被猎捕和杀死，只是因为人们需要它们的皮、毛和羽毛。当然也有一些成为自然博物馆制作标本的原材料。猎人们大肆猎捕和炫耀他们的战利品，旅鸽*即因猎捕而灭绝。通常没有人考虑过这些问题，而且对大多数人来说，自然界的自然资源无论如何都是取之不尽、用之不竭的。

但是，人口数量已不断增加，对自然界的破坏也不断增强。一个接一个地，我们星球上异常丰富的生命形式越来越多地加入渡渡鸟和旅鸽的行列。它们绝大多数是小的动植物物种，是栖身在某片被破坏的雨林或其他独特地区中的地方特有种。但是，鱼类和鸟类现在也开始消失。在20世纪末，瓦氏红疣猴在加纳宣布灭绝。甚至在我出生后的这75年时间里，也有很多物种消失了。

假设一个小女孩现在出生，不知75年后，她是否会像我现在渴望看到一头长毛猛犸象那样，渴望看到一头活的大象？不知她是否会急切地渴望有一台时间机器，以便去亲身体验一下热带雨林，去看看真正的猩猩和老虎？不知她是否会渴望了解一个已不复存在、有着巨鲸的神秘深海世界呢？如果75年后这些现存的动物只能在电子图书馆里看到，或者只是陈列在博物馆里的枯燥乏味的标本，她又会怎么想呢？

当我还是一个小女孩的时候，我可能会原谅库克船长和那个时代的人们，因为他们对于人类未来的发展方向一无所知（尽管他们无意中勾勒出了未来发展的路径）。在那个时代，地球上大多数地方尚未开发，很多美好的事物也没有被发现。而且，当时人口也很少。但是，如果现在的这个小女孩75年后发现，

---

* 一种已经灭绝的北美野鸽。——译者

地球上的大多数动物都消失了，她将不会原谅那些破坏行为。因为她将发现，这些动物并不是因为被人们忽略而消失，而是因为大多数人根本不关心它们。

幸运的是，有些人非常关注它们，而且采取一些英勇的行动来保护那些濒临灭绝的物种。但是，对于他们来说，如今灭绝动物的名单似乎太长了。我有幸结识了他们中的一些人。在这本书里，我希望能够尽可能多地介绍他们，以及他们为之奋斗的动物、植物和栖息地。

我们在前两部分和大家分享的故事，将显示出野生动物保护工作是多么复杂的一项事业。因为它需要整合研究、野外保护、栖息地恢复、人工繁殖和提高当地居民的保护意识等各项工作。而且，还有限制——所从事的一切工作必须在政府部门的监督下进行。同时，当持有不同观点而且充满激情的人在一起工作时，不可避免地会出现不同的意见。这些不同的意见通常会引起激烈的争论——虽然经过讨论和妥协，最终还是能够达成一致，但大量的时间和精力也浪费在了这个过程中。最佳情况是，保护野生动物及其环境的几个组织为了某一物种的未来而互相协作，政府部门也自愿提供帮助。

第一部分将讲述6种已经在野外灭绝的哺乳类和鸟类的故事，目前只有通过人工繁殖的方法才将它们保存了下来。人们的目标是，一旦它们的数量增加到一定程度，而且设置栖息地来作为它们最后的保障，就将它们的后代放归大自然。但是，关于人工繁殖的话题一直以来都具有争议，项目的反对者们认为这种最后关头的解决方案是不可行的，纯粹是在浪费时间和金钱。幸运的是，那些为保护这6个物种而努力工作的充满激情的生物学家们，拒绝听从反对者们的建议。

黑足鼬

在拉科塔文化里，黑足鼬被称为itopta sapa，ito的意思是脸部，opta的意思是从正中间穿过，sapa的意思是黑色。黑足鼬由于其狡猾和隐蔽性而受到拉科塔人的崇拜，并将其视为神物。像黑足鼬这种难以被杀死的生物，被认为是受到了大地之力和雷神的保护。时至今日，黑足鼬仍被拉科塔人视为神物。

黑足鼬的家园——长着矮小杂草的大草原，曾经覆盖北美洲大约三分之一的面积，从加拿大绵延到墨西哥。这片广大的区域同时也是美洲野牛的栖息地，同时还是集结在一起营群体生活的北美草原犬鼠的栖息地。黑足鼬就栖息在犬鼠挖掘的洞穴中，同时也以犬鼠为食。

当欧洲人来到北美洲以后，情况发生了改变。人类的开发迅速改变了大草原，越来越多草原犬鼠的栖息地被破坏了。同时农场主们又开展了一项新的运

夜幕降临，这只黑足鼬的眼睛发出美丽的祖母绿色泽，传递出北美大草原未来的希望。

动，竭力毒杀这类啮齿动物。他们认为这些啮齿动物会和他们饲养的家畜抢食物，它们挖掘的洞穴则有可能让人摔断腿。用最为保守的方法估计，到1960年，草原犬鼠已经失去了它们曾经拥有的98%的土地。新的疾病也被带到了大草原上，例如，野生啮齿动物鼠疫在世纪之交时被带到了北美洲，时至今日，该疾病对于草原犬鼠仍然具有毁灭性的影响。

作为啮齿动物，草原犬鼠在种群数量降低后可以很快加以恢复。而黑足鼬却不行，作为食肉动物，其种群数量天生就比较低，而分布区域却很广泛。当它们的数量降低后，让它们依靠自己的力量恢复其种群将越来越困难。

消失直至灭绝

1964年，当在南达科他州梅利特郡发现黑足鼬一个非常小的种群(151个草原犬鼠的洞穴中仅有20个被黑足鼬占据)后，联邦政府展开了一场非常激烈的争论，讨论野生黑足鼬是否可以列为灭绝物种。随着时间流逝，人们开始清楚地认识到，可能是由于栖息地被分割成小块和人类对草原犬鼠群体的毒害，这个小种群的数量仍在不断地下降。

1971年，作为一项人工繁育项目的关键，研究人员在梅利特郡捕获了6只黑足鼬。非常遗憾的是，其中的4只在注射温热病疫苗时失去了宝贵的生命。而此前检验时，该疫苗对于艾鼬没有任何伤害。接下来又捕获了另外3只作为补充。但是，该项目似乎注定要失败。在随后的4个繁殖季节里，一只雌性个体拒绝交配；另外一只尽管曾两次各产下5只幼崽，但每次都有4只是死胎，而唯一存活的第5只也在出生后就死去了。梅利特郡的野生黑足鼬彻底消失了——人们最后一次看到它们是在1974年。

我能够想象人工繁育项目组在看着黑足鼬最终灭绝时的绝望心情。1979年，仅存的一只人工捕获的黑足鼬也死于癌症，联邦政府又重新开始讨论是否将该物种列入灭绝名单。

命中注定的相遇

随后,在1981年9月26日,也就是南达科他州最后一只捕获的黑足鼬死后2年,一件激动人心的事情发生了。在怀俄明州的梅克西,在约翰·霍格和露西尔·霍格夫妇的农场,他们的牧场狗——蓝色赫勒犬夏普正在吃晚餐,有一只小动物由于太过于靠近夏普,被夏普出于本能杀死了。约翰在夏普的食槽旁边发现了这只相貌怪异的动物,并随手将其抛到了院子的围栏上。但当他把这个消息告诉妻子时,露西尔感到非常好奇,并取回了尸体。她对这个漂亮的小生物非常着迷,于是便将其尸体带给了动物标本的剥制师,希望能够永久保存下来。剥制师认出这是一只黑足鼬!

一群异常兴奋的鼬类爱好者迅速聚集在一起,开始对该地区展开调查。当丹尼尔·海默和史蒂夫·马丁看到一个小小的头从一个洞穴里伸出来,还有两只祖母绿色的眼睛在闪闪发光时,他们一定非常兴奋!最终事实证明,他们认定野生黑足鼬还存在的想法是正确的。这个证据的获得完全依赖于幸运之神。在随后的5年里,州政府和联邦政府的保护生物学家以及许多志愿者一起努力,试图掌握更多有关黑足鼬种群的信息。他们使用探照灯来寻找黑足鼬,捕获后分别打上标签作为标记,在它们戴的项圈里安装上微型无线电发射器(这样研究组就可以监控黑足鼬夜间的习性)。同时他们还使用了一项新技术,在黑足鼬的颈部植入一个异频雷达收发机(这样便可以在短距离内对其

我喜欢上了黑足鼬。它们体型小巧,勇敢无畏,充满魅力,已经被一群甘于奉献的优秀生物学家从灭绝的边缘拯救回来了。夜幕降临,这只黑足鼬的眼睛发出美丽的祖母绿色泽,传递出北美大草原未来的希望。(杰西·科汉,史密森尼国家动物园)

进行个体识别)。

“我们所有人对此都非常重视,”研究组成员史蒂夫·福利斯特后来这样告诉我,“我们可以识别黑足鼬的每一只个体,我们和它们一起生活。我们知道,该物种在地球上仅存这几只了。”

和黑足鼬一起度过的夜晚

2006年4月,感谢我的摄影师朋友汤姆·曼格尔森,我得以拜会那个最早的具有奉献精神的研究组中的几位成员:史蒂夫·福利斯特、路易斯·福利斯特、布伦特·休斯顿、特拉维斯·利维耶里、迈克·洛克哈特和乔纳森·普洛克特。我们在南达科他州华尔地区的汽车旅馆汇合。随后我就发现,这将是一个不眠之夜,因为黑足鼬到午夜时分才开始活动。我们在傍晚时分出发,途中停下来野餐,同时欣赏巴德兰兹地区那异常壮观的岩石地貌背后的日落,那时周围展现出各种神奇的色彩——黄褐色、紫红色、黄色、灰色,还有不同颜色之间那微妙的差异。

随着我们向大草原前进,太阳逐渐落下,所有的颜色也随之消失了。除了我们卡车的前灯光外,没有任何其他的灯光,野外天空中的星星又大又亮。这时我产生了一个奇怪的想法,我们正行驶在草原犬鼠繁荣的地下城镇之上,而那地方同样也是黑足鼬的家。

将近午夜时分,布伦特突然喊了一声:“这儿有一个!”我看到了一只小动物的眼睛,在卡车前灯的照射下反射出祖母绿色的光芒。我们越来越近,在她听着发动机声抬头看我们的时候,我也辨认出那是黑足鼬的头。我们小心谨慎地靠近,她也并没有立刻消失不见。而且,当她返回洞穴的时候,还忍不住在消失之前又探头出来张望了一下。当我们最终到达洞穴并向下窥视的时候,正好看到了她的小脸,她也在向我们窥视,而且没有表现出丝毫的恐惧。返回后特拉维斯读取了她的异频雷达收发机信号——由此我知道这是一只雌性黑足鼬。

随后，在第二辆卡车上的特拉维斯发现了另一只黑足鼬，而且是雄性的。但这只黑足鼬很快就钻到洞穴里面去了。特拉维斯解释说，这是一年中的特殊时期，这时雄性黑足鼬会逐一检查洞穴，寻找处于发情期的雌性个体。果真如此，不久之后这只黑足鼬就从洞穴中跳了出来，并迅速跑向另外一个洞穴。他跑起来疾如闪电，小小的身体伸展开来，又细又长。我们紧跟着他。很显然，这个洞穴里没有合适的雌性个体，因为不久之后他又出现了，笔直地站立着，尽可能地伸展得更高一些。他警惕地望着四周，查看是否有丛林狼及狐狸。然后，他又疾如闪电般地消失在另外一个洞穴里。很显然，这个洞穴里也没有雌性个体，因为很快他再次出现了。在他接下来的越野速跑中，我们的黑足鼬撞上了(是身体上的碰撞)一只角百灵。随着受惊的鸟儿急速飞起，黑足鼬就像杂技演员那样，完成一个完美的直体后空翻后落到地面上，四足向前，和他刚刚行进时的方向完全一致。没有任何迟疑，他迅速跑向另外一个洞穴。这真的是一场难以想象的表演！我想之前没有任何人见到过黑足鼬和角百灵那样相遇。

官僚制度几乎导致黑足鼬灭绝

第二天，汤姆和我坐下来，和特拉维斯、史蒂夫以及乔纳森(其他人已不得不离开了)一起讨论黑足鼬的恢复计划。史蒂夫讲述了一件令人非常痛心的事情，那件事情发生在米提兹黑足鼬被奇迹般发现后的第4年。1985年8月，和往常一样，他们获得了评估黑足鼬种群状态的许可证。他们发现了58只个体，这与上一年夏天发现的129只相比有明显的下降。9月份，他们估计黑足鼬只有31只了；到了10月份，野生黑足鼬的数量已经降至16只。

生物学家认为这些黑足鼬感染上了温热病，因此向怀俄明州的狩猎和渔业局(他们负责黑足鼬的项目)申请捕获一些野生个体，以便抽取血样进行兽医学检查。但是，申请被拒绝了，狩猎和渔业局认为这种做法伤害太大。接下来形势更加恶化，很明显，那些未成年的黑足鼬根本无法存活下来。

布莱恩·米勒当时也是研究组的成员，只是我后来才遇到他。“我们现在走的这一地区，已经不像以前黑足鼬占据时那样了，”他对我说，“现在的情况是，今晚你可能在某一地区见到了一只黑足鼬，然而第二天晚上却已经是鼬去洞空了。”这一情况绝对已经引起生物学家们的足够警惕，然而怀俄明州的狩猎和渔业局却无视这一情况。最终，有人组织了一次会议来讨论这一情况。史蒂夫、路易斯和布伦特以及其他一些生物学家都出席了这次会议，怀俄明州狩猎和渔业局的相关人员、IUCN的代表等也出席了这次会议。一群护林员也参加了这次会议，但他们对于保护生物学一无所知，也没有耐心去了解保护生物学。

在这次会议上，有人批评科学家没有提供正确的数据，即有关可疑温热病的数据。而正是这些人拒绝了科学家采集相关数据的申请。随后讨论进入白热化状态。科学家们不断强调捕获更多的黑足鼬以进行集约式人工繁殖的紧迫性，然而申请再次被拒绝了。当怀俄明州的兽医异常激动地进入房间时，情况对于科学家们已经很不利了，对于黑足鼬的未来也非常不利。

那时一共饲养有6只黑足鼬，它们是在多方面的压力下，早先由怀俄明州狩猎和渔业局批准，捕获后用来进行人工繁殖的。兽医报告说其中一只已经死亡，还有一只也已经病入膏肓，病因其实很简单——温热病，而且几乎可以确定是在野外就已经感染上的。“突然一切都变得非常安静，”史蒂夫说道。在回想起那些顽固对手的不安时，他展露出一个大大的笑容。最终，科学家们获得了他们需要的证据。

走向野外

甚至在这种情况下，研究人员也只被允许从中心区域捕获黑足鼬个体，留下那些最易感染疾病的个体在外围区域直到消失，永远地消失。虽然事实已经证明黑足鼬种群明显处于灭绝的边缘，但是，怀俄明州政府的官员们却不愿偏离计划好的策略——只能再捕获6只黑足鼬（原来的6只不是死亡，就是濒临死亡),而且每天只能捕获一只——仅仅是因为每天只能制造一个笼子。科学家们提议再找一个制造笼子的公司,以便加快速度,但是政府部门却不予理睬。

“我们立刻开始行动了,”史蒂夫告诉我。在随后的3个夜晚,他们的搜索范围覆盖了方圆100多平方千米的草原,为了保护黑足鼬不至于灭绝而孤注一掷,试图能够捕获到它们。第3天的夜里,当地政府官员到达时,布伦特正好抓到了两只黑足鼬,他被告知已经超过了限额。“他让布伦特放掉一只,”史蒂夫说,“但布伦特拒绝了。”政府官员径自打开捕捉装置,然后他们就扭打在了一起。

那时,野外只有数量极少的黑足鼬,而怀俄明州狩猎和渔业局又是如此地不配合,已经没有多少选择余地来决定捕获哪一只了。可以用来进行人工繁殖的核心黑足鼬成员只有3只成年雌性、一只未成年雌性(埃玛、莫莉、安妮和威拉)和两只未成年雄性(德克斯特和科迪)。一位人工繁殖专家对此警告说,如果没有一只成年的雄性个体,育种的工作将会被迫延迟,但怀俄明州狩猎和渔业局对此也不予理会。即使在周边区域出现了一只成年雄性个体,人们仍然未被允许去捕获它。正因为如此,在接下来的季节里人工繁育组里没有幼崽出生。

那是一段异常痛苦的时光。布莱恩·米勒曾做过将捕获的黑足鼬进行配对的工作,他告诉我,他们整夜整夜地利用远程摄像机观察育种笼。“我们在想,我们正在观察的是否是现代版的旅鸽玛莎呢?”玛莎是最后一只旅鸽,目前旅鸽这一物种已经灭绝了。玛莎是在一家动物园里老死的,现在标本存放在史密森学会。“我曾经去看过玛莎,”布莱恩说,“难道那也是埃玛、莫莉、安妮、威拉、德克斯特和科迪的最终命运吗?”

到1986年夏天的时候,野外黑足鼬已经只剩下2只成年雄性(迪安和疤脸)和2只成年雌性(玛姆和詹妮),2只雌黑足鼬都产下了幼崽。直到这时,怀俄明州狩猎和渔业局才最终同意将野外4只成年个体和8只未成年个体全部捕获,开展人工繁育项目。

在那个夏天剩余的时间里，生物学家们非常努力地工作，直到最后一只黑足鼬（疤脸）也被捕获。至此一共捕获了18只黑足鼬。这18只黑足鼬是生物学家们开展一个尚未被证实的人工繁育项目，拯救其物种免于灭绝的最后希望。虽然不和谐的声音和不祥的感觉一直影响着该项目的进行，但黑足鼬开始交配了。同时全国范围内又建起了多个黑足鼬繁育中心，如果某一研究机构内部暴发疾病或者其他灾害，也不会影响到所有的人工繁育群体。

保罗·马里纳里正在把一只黑足鼬放归到预先安排好的洞穴中，为最终的野放作准备。（瑞恩·哈格提）

“硬性放归”与“软性放归”

接下来，人们争论的焦点集中在“何时、以何种方式将人工繁殖的黑足鼬种群重引入大自然”。争论最为激烈的地方是有关“硬性放归”（将动物从饲养笼中放出后，直接放归到大自然中，通常会提供一段时间的食物）和“软性放归”（为人工繁殖的群体提供各种机会，让它们逐渐适应野外的新生活）各自的优缺点。大多数野外生物学家都强烈建议，将没有经过任何训练的人工繁殖的黑足鼬，直接从小笼子放归到充满各种危险的大草原上，是非常不人道的。但是，在1991年，第一批49只人工繁殖的黑足鼬被“硬性放归”到怀俄明州的荒野之中。

第二个放归地点是南达科他州的科纳塔盆地，这里也是我第一次遇到黑足鼬的地方。后来我遇到保罗·马里纳里,他跟我讲述了一个令他终生难忘的夜晚。那天,他和特拉维斯及另外4位生物学家一起在大草原上搜索黑足鼬。突然,他的无线电响了起来,一个消息一下子划破了南达科他州的夜空。消息称,有人在一个洞穴里看到了数只黑足鼬闪亮的眼睛！这标志着在南达科他州境内,人工繁殖群体放归后,黑足鼬第一次在野外产下幼崽。这真是一个激动人心的时刻!

最终的事实证明,"硬性放归"并不是最好的选择。而"软性放归"不仅保证了黑足鼬短期内的存活率,而且也有更多的个体得以生存到下个繁殖季节,并成功地在野外繁殖后代。逐渐地,越来越多放归的黑足鼬存活了下来。目前,在人工饲养条件下黑足鼬繁殖技术已经非常成熟了,而且也可以保证它们在放归后能够在野外环境中生存并繁殖。但是,它们的栖息地能够被保存下来吗?

拯救大草原

在我访问这个研究组期间,我逐渐了解了他们所面临的挑战,因此很希望能够和乔纳森·普罗克特交流,就他们的草原犬鼠和草原生态系统方面的研究工作作更多的了解。乔纳森解释说,对于保护生物学家来说,他们所面临的一个最主要的问题就是,几乎没有一个农场主对草原犬鼠怀有好感。我曾碰到过一名上了年纪的人,他驾车路过安汽车旅馆时跟我聊天。他说草原犬鼠是极其令人讨厌的东西。草原上到处都是这些动物挖掘的洞穴,这些洞穴会让他们饲养的牛和马等摔断腿。另外,草原犬鼠还会和他们饲养的畜群争吃鲜嫩的牧草。然而,我所碰到的人中没有一个在草原上见过摔断腿的牛或者马。我仔细倾听着他的观点,对他的话表示尊重。然后我说,如果人类除了毒死这些可爱的小动物外别无他法,这是非常可耻的。

"最好的草原犬鼠就是死了的草原犬鼠,"他说道。但他伸出手掌,拍了一下我的胳膊,仿佛知道我想什么。他告诉我,他将会关注我做的一切,并认为我在做一件非常伟大的工作。重要的是与当地人交流，倾听他们的观点，并试图找到一个能够被所有人接受的解决办法。但是，随着人口数量的增加，越来越多的荒地由于人类的发展而被占用，导致人类与野生动物之间的关系越来越紧张。

最终也许只有旅游业才能够挽救美国的大草原，挽救组成草原生态系统的所有迷人的生命。那些最后的上了年纪的农场主可以为参观的游人提供一个机会，重温过去的时光：停留在一个老式的自耕农场上，那里再一次出现了漫步的美洲野牛。大草原上非常重要的一个组成部分是中央平原地区的印第安人（比如拉科塔人和苏人），以及那些目前正在开展恢复计划的人们，他们将发挥非常重要的作用。

一只特殊的黑足鼬

在我访问南达科他州华尔地区的最后一个早上，我们聚在一起吃早餐，不愿分离。我在这里学到了太多的东西，这里的问题是如此复杂，未来还将面临许多挑战。在我们彼此互道再见之前，特拉维斯告诉我，有一只黑足鼬对于整个项目的顺利进行作出了巨大的贡献。简单地说，她就是9750号（97代表它出生的年份）。1996年，特拉维斯放归了36只人工繁殖的黑足鼬到野外，9750号的母亲是仅存的4只中的一只。9750号在第二年出生，而且是科纳塔盆地第一批野外出生的黑足鼬。"它们的未来仍不确定，"特拉维斯告诉我，"但是，9750号生存下来了，而且非常成功。她成为一个黑足鼬种群的创立者，目前该种群在科纳塔盆地每年的数量大约为300只（包括成年个体和幼崽）。"9750号存活了4年，这对于一只野生的黑足鼬来说已经是非常高龄了。她一共产了4胎，共养育了10—12只幼崽。

2001年10月，特拉维斯遇到了9750号。在养育了她的最后一窝幼崽后，9750号看上去精疲力竭。她异常憔悴，毛发稀疏，眼窝深陷。特拉维斯跪下来查看洞穴里的9750号，他知道，9750号没有机会活到下个春天了。在特拉维斯的建议下，我们留下空的盘子和杯子，离开餐桌，来到了数千米之外的大草原上，草原随着寒冬的迫近而显得非常萧索。特拉维斯是一名坚强而具有献身精神的男人，他柔声细语地对这只非常小、非常累的黑足鼬道别："亲爱的，我想对你说声谢谢，我知道我们将无法再相见。"从声音中可以听出他已经哽咽了；但我没看见，因为我已经热泪盈眶了。

有关黑足鼬人工繁殖的知识

2007年4月，我从紧张的行程中挤出一个早上的时间，前去拜访位于科罗拉多州威灵顿的美国鱼类和野生动物管理局(USFWS)黑足鼬国家保护中心，了解正在实施的人工繁育项目的进展情况。这里是大约60%(约160只)的人工繁殖黑足鼬的家(其余个体分散在不同的动物园里)。在这里，我与特拉维斯、布伦特以及迈克再次相逢了，他们一直都在这里工作。同时，我也第一次见到了闻名已久的迪恩·比金斯和保罗·马里纳里。

保罗详细地向我解释，在人工繁殖过程中，非常重要的是要精确地知道雌雄个体何时可以交配，雄性的精子数量是否达到了健康的标准，雌性是否成功受孕等等。在不远处，保罗鼓励着一只雄性个体离开它房子的地下部分，通过一段黑色的管道攀爬进一个小铁笼子里。黑足鼬进入铁笼子后，保罗就开始示范如何轻柔地挤压其阴囊。因为交配需要比较结实的阴囊。一旦发现黑足鼬的阴囊比较结实了，这个个体就被麻醉，然后通过电击使其射精。

接下来，我们通过显微镜观察了另外一只雄性个体的冷冻精液样本，在其中看到了小小的精子。不管从哪个角度来看，它都已经准备好了！所有这些不太体面但必需的操作步骤的结果，都展示在用大头针固定在墙上的图表里。这些图表显示着哪一只雌性已经与另一只雄性交配过了，哪一对实在是不能和谐共存的，已经有多少只后代存活下来，哪些个体从遗传学的角度来看是不能进行交配的等。很明显,该项目是非常成功的——自从1987年启动该项目后,已经有6000多只黑足鼬出生了。

当保罗掀开一只雌性黑足鼬的鼠笼上盖,我人生中一个重要的时刻来临了。这只黑足鼬两天前刚刚生产过,我有幸成为最早看到5只刚出生幼崽的人之一。那5只幼崽裸露的身体呈粉红色,眼睛尚未睁开,在那里蜷曲着。保罗告诉我说,他从来不曾厌倦过观察那些小东西身体的变化,“一开始只是一堆蠕虫样的小东西在蠕动,60天后一个个都变成了喋喋不休的小家伙。”它们中的部分个体将成为重新放归大自然的候选者。“然后,”他接着说,“它们将经历所有人工繁殖动物所经历的最激动人心的事:被释放到一个预先设定好的围栏中,再由人类满怀希望地重新放归大自然。”

黑足鼬学校

第一个告诉我有关“黑足鼬学校”的是特拉维斯,“黑足鼬学校”始于一只人工繁殖的黑足鼬母亲和它的所有幼崽。它们被放归在一片广阔的野外区域中,这个区域中的犬鼠洞穴仍然被犬鼠占据着。在随后的几个月里,这里将成为幼崽们新的家园和捕猎场所,然后它们将和它们的母亲一起被释放到真正的荒野之中。这种在犬鼠洞穴中居住和捕猎犬鼠作为食物的经历,对于黑足鼬们将来在大草原上生活是非常重要的。

“在这里,幼崽们感受风、雨、尘以及北美大草原上所有的野外声音,最重要的是感受活的草原犬鼠,”保罗说,“当把这些幼崽放到这个大围栏中的时候,我常常很好奇它们这时会有什么想法。当刚刚进入这个大围栏(与它们在室内时候的饲养笼子相比)的时候,它们通常充满了好奇。接着它们就会开始玩学习游戏,以至于几乎要绊倒它们的母亲。而母亲则会带领它们在整个围栏内,进进出出每一个洞口裸露的草原犬鼠的洞穴。最终它们安静了下来,而且变得越来越隐秘,直到将它们释放到真正的大草原上那一天的到来。”

黑足鼬的未来

黑足鼬恢复计划的最终目的是将其重引入到黑足鼬曾经分布过的11个州。迪恩告诉我，自从1991年该项目实施以来，3000多只黑足鼬被放归到8个州（怀俄明州、蒙大拿州、南达科他州、亚利桑那州、犹他州、科罗拉多州、堪萨斯州以及墨西哥州北部）的重引入地点，其中多个地点都已经成功建起了野生的黑足鼬种群，包括我曾经访问过的南达科他州的科纳塔盆地。目前，黑足鼬的放归地包括联邦政府、州政府、部落和私人的土地，黑足鼬恢复计划项目的参与者包括众多合作机构、组织、部落、动物园和大学等。虽然怀俄明州狩猎和渔业局在过去犯过不少错误，但如今也成为了黑足鼬项目必需且重要的一分子，他们负责观测州内一个大的黑足鼬种群。

前面曾提到过，迪恩是这个研究项目组的成员之一，1986—1987年间曾在怀俄明州的米提兹参与捕捉野外生存的最后一批黑足鼬。这批黑足鼬中有一只雌性个体被命名为玛姆。在被捕获之前，玛姆在洞穴外面的地上留下了一个小小的足印。迪恩做了一个足迹模型。当我站起身准备离开时，迪恩送给我一个模型复制品作为纪念。看着那个小小的模型，我想起研究组为了保护黑足鼬免于灭绝而奋力捕捉最后一批野生个体的艰苦岁月，感动得热泪盈眶。在模型的背面，迪恩写道：

> 玛姆，1986年8月30日
>
> 于怀俄明州米提兹。
>
> 最后仅存的18只黑足鼬之一。
>
> 送给珍。
>
> 迪恩·比金斯、特拉维斯·利维耶里、布伦特·休斯顿、保罗·马里纳里和迈克·洛克哈特赠，2007年4月25日。

这个模型是我最为珍贵的财富之一，伴随着我环游世界。

蓬毛兔袋鼠

2008年10月，我遇到了我的第一只蓬毛兔袋鼠，而且非常荣幸地亲手将这只人工繁殖的动物放归到一个大围栏中，在这里它将逐渐适应灌木丛中的生活。波莉·凯娃罗斯是澳大利亚JGI的CEO，是她第一个告诉我关于蓬毛兔袋鼠的温暖人心的故事。蓬毛兔袋鼠通常以俗名“马拉”(Mala)更为人们所熟知。通过波莉·凯娃罗斯的介绍，我联系上了盖瑞·弗里，他是位于艾丽斯泉市的沙漠公园的园长，而该公园是蓬毛兔袋鼠种群恢复的地方。自从我读过内尔·舒特的《像艾丽斯泉这样的城市》之后，我就一直向往这个在澳洲大陆中心的城市。在我打了第一个电话的两年后，我来到了这个地方。

那天的天气异常炎热，但到盖瑞家时气温已降了下来，和我同行的有波莉以及澳大利亚JGI根与芽项目的负责人安妮特·德贝纳姆。放下行李后，我们简单地跟盖瑞的妻子和孩子们问了声好，就去拜访肯尼斯·约翰逊。约翰逊在20世纪80年代就开始从事蓬毛兔袋鼠的人工繁育项目。接着我们一起动身前往围栏。沙漠公园的两名工作人员和蓬毛兔袋鼠已经在那里等候我们了(蓬毛兔袋鼠放在一个布袋中看不见)。我坐在干草上，轻轻地将蓬毛兔袋鼠放在膝盖上。

蓬毛兔袋鼠又称马拉。图中为一只人工饲养繁殖的蓬毛兔袋鼠被放归到澳大利亚的艾丽斯泉市沙漠公园。(彼得·诺恩)

一会儿，一张小脸露了出来，她非常缓慢地露出来，然后从袋子里跳到地上，在离我几英尺远的地方停住了，打量着四周。她是一只漂亮、小巧而纤弱的袋鼠，有着蓬松且柔软的灰棕色毛发，其间也夹杂着一些红色的。过了一会儿，观察完四周的情况后，她开始以极其缓慢的速度离开，距离不很远。我注意到她的尾巴上没有毛，就像老鼠尾巴似的，拖曳在她身后的地面上(后来肯恩告诉我，当地原住民就是通过灌木丛中地面上的痕迹来辨别蓬毛兔袋鼠的)。我们很快离开了，让她适应一下她暂时的新家。和澳大利亚大多数的哺乳动物一样，蓬毛兔袋鼠也是夜晚出来活动的。这只蓬毛兔袋鼠将在夜晚出来探索，并在第二天白天的时候舒舒服服地睡大觉。第二天早上我们得到的报告也证实了这一点：她已经在夜里将我们留下的食物吃光了，正在我们为她搭建的隐蔽处睡觉呢。

那天晚上，在享用过由盖瑞的妻子莉比做的可口晚餐后，肯恩和盖瑞跟我讲述了蓬毛兔袋鼠的故事。在澳大利亚的干旱和半干旱地区，曾经生活着1000多万只这种小动物。但是，由于大量引进家猫以及狐狸，蓬毛兔袋鼠以及其他的当地小物种遭受了毁灭性的打击，它们的种群数量大大减少。事实上，在20世纪50年代的时候，人们认为蓬毛兔袋鼠已经灭绝了。但1964年在艾丽斯泉

2008年10月，当我访问澳大利亚时，我荣幸地把一只蓬毛兔袋鼠放归到位于艾丽斯泉市沙漠公园的自然栖息地里。在运输途中，蓬毛兔袋鼠就放在这个帆布袋里。(彼得·努恩)

市西北700多千米的塔纳米沙漠里发现了一个非常小的种群。12年之后，又在这个种群附近发现了另外一个非常小的种群。在整个20世纪七八十年代，这两个小种群都处于沙漠公园和澳大利亚北部自治领地野生动植物资源委员会的科学家们的研究和监控之下。随后人们在蓬毛兔袋鼠所有的历史分布区域内进行了详细的调查，但再也没有发现其他踪迹。

肯恩讲述了这些年来研究组与蓬毛兔袋鼠打交道过程中的一些伤心事。最初，这个小小的物种看起来还能够自我维持，但后来，在1987年，第一个灾难降临了——后发现的那个较小野生种群中的所有蓬毛兔袋鼠都被杀死了。通过沙地上遗留的踪迹判断，所有这一切都是一只狐狸干的。后来，在1991年10月，一场野外的大火烧毁了剩余种群所有的栖息地，所有的蓬毛兔袋鼠都未能幸免于难。到此，野外的蓬毛兔袋鼠真的彻底灭绝了。

非常幸运的是，肯恩和他的研究组在10年前捕获了7只蓬毛兔袋鼠。这7只蓬毛兔袋鼠成为位于艾丽斯泉市的干旱区研究所开展蓬毛兔袋鼠人工繁育项目的基础。后来，这个种群又重新繁盛了起来。成功的原因之一在于雌性蓬毛兔袋鼠在5个月大的时候就可以繁殖，而且每年可以产下3只幼崽。和其他的袋鼠不一样，蓬毛兔袋鼠母亲会在它的育儿袋内抚育幼崽15周的时间。而且，它同时可以抚育一只以上的幼崽。

与亚帕人一道工作

20世纪80年代初，在人工繁殖技术的帮助下繁育出了足够多的蓬毛兔袋鼠，已经具备在栖息地开展重引入项目的条件了。但是首先需要与亚帕人（亚帕的意思是“土著的”）的首领讨论这个问题。在亚帕人文化中，传统上，蓬毛兔袋鼠具有非常重要的图腾意义，对老年人具有明显的抚慰作用。同时，蓬毛兔袋鼠也是重要的食物来源，因此我们担心，任何一只回归大自然的蓬毛兔袋鼠都有可能被人捕杀后端上餐桌。

1980年，一群重要的亚帕人被邀请来参观重引入蓬毛兔袋鼠的候选区域。他们中的大多数，包括“马拉梦想”的负责人，在劝说之下走了200千米来到目的地。这位负责人相信蓬毛兔袋鼠已经“彻底灭绝了”，但最终他还是来了。这位博学的长者与研究组分享了他对这个物种的深入理解，结果发现，他们和肯恩及其他研究组成员一样，都非常关心蓬毛兔袋鼠的未来，根本就没有提到会将其作为食物来源而捕杀。亚帕人的技能和知识将在项目中发挥重要而持久的作用。

肯恩和他的研究组前往该地区，在沙漠里建起了一个15米×15米的大围栏，人工繁育项目中成功生存下来的12只蓬毛兔袋鼠被转移到了这里。经过一段适应期后，它们彻底地自由了。一年后，12只中有一部分仍然存活着。接着又有13只蓬毛兔袋鼠被放归到野外。不幸的是，在干旱的影响以及流浪猫的捕食下，它们全部被杀死或者消失了。

在距离艾丽斯泉市500千米远的地方，有一片大约一平方千米的土地，非常适合作为蓬毛兔袋鼠的栖息地。上述事件发生之后，在当地亚帕人的帮助下，这里竖立起了一圈电围栏。这样，蓬毛兔袋鼠不仅可以适应当地的环境，同时也可以避免被天敌捕食。到1992年，这里已经有150只蓬毛兔袋鼠，这个地方也以“马拉围场”而著称。另一个有50只个体的种群生活在艾丽斯泉市。

但是，将围场中的蓬毛兔袋鼠重引入没有围栏的大自然的尝试都失败了。在两年时间内，共有79只蓬毛兔袋鼠被放归到大自然，但是，所有的蓬毛兔袋鼠都消失或被杀死了(所有证据都显示流浪猫或狐狸是凶手)。重引入项目被放弃了:塔纳米沙漠对于蓬毛兔袋鼠来说太不安全了。

肯恩和他的研究组现在面临着这样一个困境:蓬毛兔袋鼠可以进行人工繁殖，但却无法放归自然。1993年，一个蓬毛兔袋鼠恢复研究组成立了，为放归设定了新的目标。首先，在已知的蓬毛兔袋鼠分布范围内，研究组集中主要精力寻找合适的、没有蓬毛兔袋鼠天敌或者天敌可以控制的地点。选中的第一个地点是位于澳大利亚西部皇后伍兹地区新设立的濒危物种围场，这里在转化成小麦产区之前，蓬毛兔袋鼠是非常常见的动物。人工繁殖的蓬毛兔袋鼠最初将在大围场中生活一段时间，当种群数量增加后，部分个体被挑选出来，安装好无线电项圈后，放归到该地区合适的保护区或者国家公园里。

最后，所有准备工作都完成了。1999年3月，12只成年雌性蓬毛兔袋鼠、8只成年雄性蓬毛兔袋鼠和8只幼崽离开蓬毛兔袋鼠围场，开始了它们的长途跋涉。一大清早它们就被装进了旅行车，经过3小时灌木丛小道上的颠簸，到达最近的飞机场。在这里，一支由亚帕人组成的代表团为它们送行，表明亚帕人对于蓬毛兔袋鼠项目给予了足够的重视。这些珍贵的动物登上了租借来的飞机，飞往艾丽斯泉市；然后又乘坐普通的商业航班到达佩思，最后经由卡车运送到它们最终的目的地。蓬毛兔袋鼠们大约在下午4点钟到达，7点钟时就住进了它们的新家。我完全能够想象小家伙们多么希望袋子能够早点打开，它们是如何度过那艰难的一天的呢？还好一切都比较顺利，蓬毛兔袋鼠们吃了些新鲜的苜蓿，然后跳着开始探索它们的新家了。

蓬毛兔袋鼠的第二次转移发生在几个月后，从塔纳米沙漠搬到一个远离澳大利亚西海岸的小岛特里穆耶。首先必须清除岛上的鼠类及猫科动物，这是一项花费了整整两年时间的艰辛工作。最终这个小岛做好了迎接蓬毛兔袋鼠的准备，原住民中的拥戴传统者也对该项目送上了他们的祝福，尽管该项目的实施使一些具有图腾意义的动物远离他们的“梦想家园”。这次一共选中了20只雌性和10只雄性个体，它们经过长途跋涉，也安全抵达了目的地。

在蓬毛兔袋鼠们放归6周后，一个研究组返回岛上检查项目的进展情况。每一只蓬毛兔袋鼠都佩戴着一个无线电项圈，该项圈即使从蓬毛兔袋鼠身上脱落，14个月内仍然可以发射无线电波。研究组定位了30个项圈中的29个，只有一只蓬毛兔袋鼠不知死于何种原因，它的项圈没有发现。重引入项目的进展情况比预期的还要好。种种迹象表明，直至今日，岛上的蓬毛兔袋鼠种群情况仍旧良好。

重新引入圣地

在我访问艾丽斯泉市期间，盖瑞告诉我，他介入这个项目始于一个重引入计划，将一些已经灭绝的物种重引入乌鲁鲁-卡塔丘塔国家公园。348米高的乌鲁鲁-艾尔斯岩是当地原住民心中的圣地，我曾和波莉、安妮特一起飞越过这个地区，惊异于那露出地面的红色岩石的庞大规模，其四周任意方向数千米内都是平坦而辽阔的辛普森沙漠。

1999年，沙漠公园的工作人员以及一些生物学家一起，与当地的安南古原住民进行了会晤，讨论哪个物种应该重引入乌鲁鲁地区。与在亚帕原住民文化中的地位一样，蓬毛兔袋鼠在安南古原住民的文化中也具有非常重要的作用，因此，他们也真心希望蓬毛兔袋鼠能够重返这个地区。

“这种小袋鼠，”盖瑞告诉我说，“是所有物种中安南古女人们最喜欢的一种，在较年长的安南古男人们喜欢的物种中也排名第二。”盖瑞了解到，虽然蓬毛兔袋鼠已经从乌鲁鲁地区消失了，但它们在安南古原住民的记忆中仍然是鲜活而强烈的，因为蓬毛兔袋鼠在他们的创世故事中占有非常重要的地位。盖瑞告诉我，事实上，这种小袋鼠从乌鲁鲁地区消失，对较年长和有权力的安南古原住民造成非常大的影响，给他们带来了深深的痛苦。

吉姆·克莱顿是一位非常热情的乌鲁鲁-卡塔丘塔国家公园的护林员，他和安南古原住民一起绘制了一幅围栏建造图，建造围栏可以防止蓬毛兔袋鼠被引进的食肉动物所捕杀。克莱顿鼓励原住民帮助建造和维护具有重要意义的围栏，并努力说服他们留出一大片部落的土地。克莱顿认为，在一个足够大的围栏内，蓬毛兔袋鼠应该可以得到很好的发展，除了围栏维护外，很少需要人类的帮助。

在很长一段时间里，盖瑞没有得到那里的任何消息。后来终于等来了吉姆的电话：“我们在绘制地图时遇到了一些困难，”他说，“因为我们不得不忽略一些沙丘和一些沙漠木麻黄林……170公顷，听起来怎么样？”

太好了！盖瑞说，如此大面积的围栏对于这个项目的顺利进行简直就是一个“fillip”(澳大利亚人用来表达“兴奋”的词)。他告诉我,他对于重引入计划的成果极有信心,这个计划不仅保护了蓬毛兔袋鼠,同时也保存了安南古原住民的文化。

6年后,2005年9月29日早上7点钟,24只蓬毛兔袋鼠被放归到在乌鲁鲁-卡塔丘塔国家公园新建成的、没有天敌的围栏里。很多安南古原住民来到了现场,新闻界也进行了详细的报道。那真是一个美妙的时刻,是多年计划和努力工作开花结果的时刻。

正在我努力完成本书初稿的时候,我收到了来自彼得·纳恩的一封电子邮件。纳恩是艾丽斯泉市沙漠公园的一名工作人员。“我想您一定非常乐意知道,您亲手放归在艾丽斯泉市沙漠公园自由放养区的那只蓬毛兔袋鼠现在生活得很好,”他写道,“事实上,在它的育儿袋里已经有一只幼崽了! 我非常幸运,有天晚上我拿着聚光灯巡视时,它径直从我身边走过。它看上去棒极了。我希望这个好消息能够使您开怀大笑!”

事实上,我真的开怀大笑了。

幼兽的代理母亲

——黑肋岩袋鼠的故事

在遇到我的第一只蓬毛兔袋鼠后不久,在位于阿德莱德附近莫纳托动物园开展的人工繁育项目中,我遇到了我的第一只黑肋岩袋鼠。彼得·克拉克是一名资深馆长,他告诉我,由于环境恶化、外来入侵种的捕杀以及和外来入侵种之间的竞争,“瓦如”(安南古原住民对黑肋岩袋鼠的称呼)的数量直线下降至只有50—70只。

2007年,人们实施了一个高明的计划,努力挽救该物种免于灭绝。该计划已经成功地增加了濒危袋鼠物种的种群数量。这个计划基于一种不同寻常的繁殖策略:如果一只雌性袋鼠失去了幼崽,母亲体内储存的另外一颗受精卵会被激活而发育。因此，有一组生物学家在野外工作，他们捕获雌性黑肋岩袋鼠，检查它们的育儿袋，如果发现有已经部分发育的幼崽，就将它们“偷走”，用飞机将它们带到莫纳托动物园，再将它们移入非濒危的黄足岩袋鼠的育儿袋内。对黑肋岩袋鼠母亲来说，储存的那个“应急”用胚胎不久就开始发育，因此，这种方法对野生种群来说并没有什么损失。

当地部分安南古原住民也全程陪同最早被“偷”的20只幼崽（它们都有自己的名字），乘坐飞机到达莫纳托。彼得告诉我，20只幼崽在捕获和旅途过程中都很顺利，在它们新母亲的育儿袋内也茁壮地成长。但在完全独立之前，它们被带离育儿袋，接下来由动物园的工作人员接手代为养育。彼得说，这是非常重要的，因为它们将被用于开展人工繁育项目。项目实施过程中，操作员必须经常检查它们的育儿袋。而如果它们与人类比较熟悉的话，就不会紧张了。

目前，政府和当地的安南古原住民一起，继续监控着3个存留的黄足岩袋鼠地点的黑肋岩袋鼠种群数量，主要根据它们的踪迹、排泄物以及早先捕获个体身上安装的无线电进行追踪。结果发现黑肋岩袋鼠种群数量仍然非常少，但比较令人振奋的是已经发现了几只新的个体。这些地区就是在莫纳托人工繁殖的黑肋岩袋鼠将重引入的地区，但是，只有它们的数量足够多，而且它们的天敌控制项目也非常令人满意时才会重引入。

在我离开之前，饲养员密克·波斯特带我去看望一只怀孕的雌性小袋鼠。她是第二批过来的幼崽，动物园的工作人员给她起了一个非土著的名字莫琳。她非常迷人，外表高贵而优雅，站立起来大约有0.45米高。她的毛是灰黑色的，脸上和身体两侧还有黑色的条纹。她和我们在一起的时候非常放松，当我坐在围栏内的地面上时，她爬到了我的膝盖上，坐在那里，好奇地向四周张望，看着我们的照相机。密克告诉我说，当他进去清理围栏时，莫琳有时会坐在他的头上，看着他所做的一切。这些热心的研究人员努力工作，确保了莫琳和她的亲属以及后代得以生存。能够遇到他们，对我来说真是莫大的荣幸。

加州神鹫

加州神鹫是北美最大的鸟类之一，体重可达12千克，站立起来大约有1米高，翼展可达到3米。在儿时，我只知道非洲和亚洲的兀鹫，因为它们的图片经常出现在我读的故事书里，但通常以一种有点邪恶的形象出现。故事中的英雄正在奋力穿越沙漠，他们口干舌燥而且还身负重伤，就在他们接近放弃的边缘时，兀鹫在一旁静静地注视着。但是，当看到它那邪恶的鹰钩嘴、锋利的爪子以及冷酷贪婪的眼神时，英雄们往往会重新鼓起勇气，赶到安全的地方。待在非洲的那几年里，我经常花上数小时观察那些野外兀鹫非常有意思的行为。但是，加州神鹫这种很久以后我才了解的鸟类，我只见到过人工饲养的种群。

在灭绝的关键时刻，加州神鹫通过人工繁殖技术被拯救了回来。图中的"塞维"是一只在墨西哥下加利福尼亚州人工繁殖的雄性成年神鹫。(迈克·瓦勒斯)

起初，它的外貌并没有吸引我，它头顶的皮肤完全裸露！颜色是煮熟龙虾的那种红色。老实说，神鹫是自然界奇特实验的产物之一，大量的诗歌和魔法都以它巨大的翅膀和惊人的飞翔能力为素材。这还不是全部。看着野生神鹫的照片，我开始欣赏起它那裸露的红色皮肤，与乌黑发亮的羽毛相比，它们显得华丽异常，在阳光下闪耀着光芒。慢慢地，它们的"面孔"开始引起我的注意，它们有些可笑，但却惹人喜爱。

加州神鹫的分布范围曾经非常广泛，

从墨西哥的下加利福尼亚一直到加拿大的英属哥伦比亚的西海岸，但到了20世纪40年代，其他地方的加州神鹫都消失了，只在美国南加利福尼亚的干热峡谷中还生存着大约150只加州神鹫。1974年，有报道说有人在下加利福尼亚发现了两只加州神鹫，我已故的丈夫雨果·范·劳瑞克（国际知名摄影师）曾受邀去拍摄它们，但这次考察活动最后没有成行，而神鹫也消失了。

造成加州神鹫数量减少的原因有很多，比如大量的人口涌入美国西部，神鹫被偷猎者和收藏家射杀、食用了农场主放置的有毒的诱饵（这些诱饵主要用来毒杀熊、狼和丛林狼等）等，但最重要的原因可能是它们所食用的被猎人猎杀的动物尸体和内脏中有铅弹的碎片，因而无意间中毒死亡。

生物学家决定，必须为挽救这个物种做点什么。一片野外的区域被划出来留给了神鹫，但仅仅这样做是不够的。该区域只能在神鹫筑巢时起到保护作用，虽然这是一个非常理想的筑巢区域，但是，当它们飞越约200千米的距离觅食，进入大牧场或者饲养场时，这些区域中是没有任何保护的。诺埃尔·斯奈德是一位生物学家，也是一位狂热的神鹫代言人，在他的协助下，神鹫恢复项目得以启动，随后他继续领导着神鹫研究队伍。生物学家们尽一切力量追踪神鹫的行为，寻求造成它们数量下降的原因；同时，他们也计划启动一个人工繁育研究项目，这样便可以通过人工繁殖技术，补充野生种群的数量。

人工繁殖的加州神鹫被放归墨西哥的下加利福尼亚野外栖息地。（迈克·维拉斯）

但是，有许多人强烈反对对神鹫的任何形式的干预，由此引起的争论持续了数年时间。保护主义者希望能够在野外给予这些鸟类更好的保护,如果这样做也无济于事,那就让它们逐渐消失,让它们在自己的自然栖息地上有尊严地死去。他们坚持认为,有一些神鹫在捕获过程中被无意杀害;在人工饲养条件下神鹫可能不会繁殖,即使它们繁殖出了后代,也可能无法将它们重引入大自然。

我记得在那段时间里我曾访问圣迭戈动物园,并就这个问题与一些科学家进行了讨论,其中包括我多年的朋友唐纳德·林德伯格。一方面,我认为应避免剥夺这种野生鸟类的自由,不要将这种生有巨大翅膀的生物终生关闭在围栏内;但另一方面,我的想法与唐纳德·林德伯格和诺埃尔·斯奈德一致,为了拯救这样一个神奇的物种,那样做也是值得的,只要它们最终能够被放归大自然。最后,唐纳德、诺埃尔以及其他干预论者获得了胜利。

加州神鹫在野外灭绝

1980年6月,在诺埃尔的带领下,5位科学家开始监测野外仅存的加州神鹫的两个已知“巢穴”(对于神鹫来说,所谓的巢穴其实就是岩石架,通常在洞穴里)。这两个巢穴里各有一只正在发育的幼鸟,科学家主要检查幼鸟的发育情况。检查后发现一只幼鸟没有任何问题,另一只却在发育过程中死于紧张及心力衰竭。这样的结果自然会招致保护主义者狂风暴雨般的反对声,而诺埃尔则必须设法经受住这场风波。

1982年,人们在一个野生神鹫的巢穴附近建立了一个隐蔽的观察点,便于研究这些鸟的行为。观察者们几乎无法相信他们观察到的异常行为。雌鸟和雄鸟轮流孵卵,但是,每当雌鸟回来孵卵时,它都会遭到来自配偶的猛烈攻击,雄鸟显然不愿放弃对卵的照顾。雄鸟不断地将雌鸟赶离巢穴,这个行为有时甚至会持续好多天。而这时,待孵化的鸟卵正经受着非自然的频繁而长时间的冷却。最终,在又一次这样的争吵中,鸟卵滚出了巢穴,落在下面的石头上,摔得粉碎。

观察者们以为,对于这一对配偶来说,这样的结局意味着一年的繁殖活动将以悲剧告结。但一个半月后,它们在另外一个洞穴内又产下了一枚卵。虽然这枚卵最终也由于配偶间再次的争吵而丢失了——这次是被渡鸦偷去了。但是,这项研究的结果非常重要,因为它确认:神鹫和其他很多鸟类一样,如果它们的蛋被天敌偷去,或者由于某种意外而失落,雌鸟会受到刺激而再次产卵,以代替丢失的那一枚卵。诺埃尔和他的研究组拿走每对野生神鹫配偶的第一枚卵以进行人工孵化,创建一个人工繁殖种群。

他们这样做非常值得庆幸,因为在1984—1985年的冬天,野生神鹫种群内发生了一场巨大的悲剧,已知的5对繁殖配偶中有4对消失了。消失的原因不明,但有大量的证据表明它们死于铅中毒。至此,诺埃尔和他的研究组认为很有必要将所有的野生神鹫捕获。人工繁育项目中神鹫的数目太少了,已经缺少足够的遗传多样性来保证自我维持,而野生神鹫也只有9只了。诺埃尔坚持认为,只有建立一个可观的人工繁殖种群,才能够保证加州神鹫不会灭绝。

但是,国家奥杜邦学会强烈反对这一计划,他们认为只有将一些鸟类留在野外,才能保护该物种的野外栖息地。而且,为了保证最后的神鹫不被人工捕获,他们起诉了美国鱼类和野生动物管理局(USFWS)。后来,最后一对繁殖配偶中的雌性神鹫成为铅中毒的受害者,尽管兽医们竭尽全力挽救,它还是死了。之后,联邦法院判定USFWS有权捕获野外仅剩的神鹫。因此,在1985—1987年间,最后一批野生加州神鹫也被捕获。该物种在野外正式灭绝了。

造访人工繁育中心

这时,两个具备最先进科技水平的人工繁育机构已相继成立,一个位于圣迭戈野生动物园,另一个位于洛杉矶动物园,每个机构都有6个大的围场。从1982年开始,在5年时间里,从野外一共获得的16枚卵(其中14枚都顺利孵化且存活了)和4只雏鸟由这两个人工繁殖中心共同喂养。另外有一只雄性神鹫,名叫托帕-托帕,从1967年起一直生活在洛杉矶动物园里。从野外捕获的最后7只成年神鹫加入了人工饲养的队伍。比尔·图恩负责鸟卵的孵化工作,他和研究组成员发展出一套孵化技术,使80%的卵成功发育成健康的雏鸟,而野外卵的孵化成功率只有40%—50%。

20世纪90年代早期,唐纳德曾邀请我参观位于圣迭戈动物园的神鹫繁育中心以及飞笼。正如绝大多数类似研究项目一样,将神鹫重新放归大自然也是该项目的最终目的。因此在人工繁育过程中,需要特别注意不让人工繁育的神鹫打上人类饲养员的烙印(产生印痕行为)。对于雏鸟来说,防护措施包括使用手套式木偶模仿成年神鹫的头和脖子、饲养员靠近雏鸟时绝对禁止说话等。通过单向观察玻璃,我默默地注视着那些鸟,看到一只最初在野外孵化的雌鸟端坐在一个人工制造的岩架上,根本没有意识到我的存在。就在我注目时,她突然飞了起来,几个拍打动作后,就在那个极大的飞笼中凭借雄伟的翅膀滑翔起来。我感觉到泪水刺痛了我的眼睛。一方面是因为她失去了自由,另一方面是因为我知道,如果没有那些热情、勇敢而坚决的人们,拥有如此神奇翅膀的生命几乎注定灭亡,或者被射杀,或者被毒杀,就像之前她众多的同类那样。

20多年以后,在2007年的4月(我的生日!),我去参观了洛杉矶动物园的人工繁育项目中心,与项目组成员进行了交流,他们包括迈克·克拉克、詹妮弗·富勒、钱德拉·戴维、戴比·钱尼和苏西·凯西克。我们聚集在一个小房间里,电视屏幕上播放着24小时连续录制的饲养场内神鹫行为录像。就在我们讨论这个项目的成功以及不足之处时,我们在一个监视器(一个安装在饲养场内的远程摄像机)上看到,有一只年轻的雄性神鹫正在表演精彩的求偶舞蹈,还有一只雌鸟正准备产下她的第一枚卵。还有几天才到产卵期,但这只鸟看上去已经非常激动。她高举着尾巴,却低着头,啄起并吞下了几块骨头碎片。这个行为被认为是为正在形成的卵壳提供足够的钙质。

为年轻神鹫的野外生活做准备

对于从事人工繁育项目的先驱者来说，他们面临的一个最紧迫的问题是，将神鹫放归大自然是最终目标，因此必须找到一个正确的方法养育雏鸟。由于加州神鹫已濒临灭绝，不允许他们多次犯错。因此，研究组决定利用安第斯神鹫开展一次实验性的放归。安第斯神鹫具有巨大的3.3米长的翼展，而且不像加州神鹫那样濒危。为了检验研究组的研究方法是否正确，在放归珍贵的加州神鹫之前，将临时在南加利福尼亚养育并放归13只安第斯神鹫。这13只安第斯神鹫全部是雌性，作为同龄群体进行养育，最后也在同一时间放归大自然。这样做主要是考虑到将来它们可以互相陪伴、互相支持。实际进展情况也非常良好。（后来，这些安第斯神鹫又被重新捕获，最终放归到哥伦比亚。目前大多数神鹫都繁育了自己的后代。）

生物学家们陶醉在安第斯项目成功的喜悦之中，他们非常自信地应用同样的方法来养育加州神鹫的雏鸟。但迈克告诉我，对于加州神鹫，群体养育的方法根本行不通，而且导致了各种各样的行为学问题。看来，小加州神鹫需要从成年鸟那儿学习一些基本常识。因此，研究组设计了一个新方法。每一只雏鸟在前6个月里留在一个独立的巢穴内，考虑到它需要一只成年雄性神鹫照顾，人类就以神鹫头部木偶作伪装来养育和饲喂雏鸟。然后，在刚刚学会飞翔的幼鸟准备离开巢穴的时候，一只成年神鹫作为“教练”参与进来——这名教练通常年龄在10岁或10岁以上。这名教练会和幼鸟争食，但不会有攻击性的行为。迈克说：“这样做对于幼鸟心理的正常发育具有非常重要的意义。”

但是，随着神鹫的成长和成熟，出现了更多的行为学问题。其中一个是，它们之间没有建立起一种恰当的雌雄关系。通过不断地摸索，科学家们最终认识到，将遗传上彼此适合的一对成年雄鸟和雌鸟，与幼鸟放在同一个围场里，效果最好。“每一只成年神鹫都更喜欢其他成年个体的陪伴，而不是幼鸟中的任何一只。”迈克这么说。

一旦关系确立了，交配就没有问题了，而且这样的配对通常都会产卵。相对来说，在人工饲养条件下，亲鸟养育雏鸟基本没有问题。“只要一看到卵，”迈克说，“雄性个体好像就会立即产生一种父亲般的反应，对卵产生非常强的保护意识。”在雏鸟孵出前的57天内，雌雄亲鸟会轮流孵蛋。雏鸟孵出后，尽管雌鸟会和雏鸟竞争雄鸟的注意力，但是雄鸟仍然具有非常强的保护后代的意识。

回归自然后的奇特父母

到1991年，12对人工饲养的神鹫配偶中有11对产下了22枚卵。其中17枚受精，有13枚成功孵化并发育成熟。所有工作都进展得非常顺利，到了1992年，本项目开始尚不满10年，第一批两只带有无线电标签的人工孵化饲养的神鹫，被放归到洛斯派德瑞斯国家森林公园1600多平方千米受保护的荒野中。神鹫的活动范围还包括50千米长的受保护的溪流。为了尽可能保护这两只神

IC1是第一只装上无线电发射器的神鹫，它是在蒂哈查皮山脉被诱捕的（图中左为诺埃尔·斯奈德，右为彼得·布鲁姆）。无线电发射器使我们可以追踪了解它们在野外的情况。（海伦·斯奈德，美国鱼类和野生动物管理局友情提供）

鹫远离铅中毒的危险，在放归点的附近会人工提供一些食物（直到今天依然如此），虽然它们一次飞行就能够飞越100多千米的距离，研究人员仍然期望这些加州神鹫能够和实验组的安第斯神鹫一样，在饥饿的时候回来取食这些容易获得的食物。事实上，在大多数情况下它们也是这么做的。

2000年，人工繁育的神鹫首次在野外筑巢了——这是研究人员期盼已久的事情！他们不辞辛苦地工作，就是为了将这些动物放归野外，让它们享受自由的生活。但是此时，一些影响了人工饲养鸟类的行为学问题越来越明显。当生物学家们找到它们的巢穴时，他们惊奇地发现，在这个巢穴里面不只有1枚卵，而是有2枚！他们还发现，在这个巢穴里共有3只神鹫，一雄两雌。神鹫们选择了一个非常合适的洞穴，可以保证两只雌性神鹫产下的蛋相距一两米。这3只神鹫轮流在巢穴内孵卵。但是，一只神鹫不可能一次孵2枚卵，于是生物学家们决定进行干预。

科学家们发现有一枚卵已经完全腐烂了，于是他们留下一个卵的模型，取走了另外一枚卵，以便检查这枚卵是否可育。结果他们发现，这枚卵虽然可育，但是处于不良状态。尽管如此，技术熟练的工作人员仍设法在动物园里将其孵化了。与此同时，令人难以置信的3鸟组合仍然在野外悉心照顾着那枚模型卵。就在一枚健康的、人工饲养条件下产的卵即将孵化之前，科学家们用这枚真正的卵换回了模型卵。一只雏鸟按时孵化出来了，尽管有3个潜在的照顾者，但是，其中一只雌鸟被单独留下——一开始和卵一起，后来是和雏鸟一起——整整11天。当另一只雌鸟终于回来的时候，它没有帮忙来养育3天大的雏鸟，反而杀死了它。这显然不是一个很有成效的繁殖季节！不过，值得欢欣鼓舞的是，这3个准父母在一个合适的地点构筑了巢穴，而且它们至少还是孵化了一枚卵。

垃圾以及其他难题

第二年，在3个巢穴里孵化出了雏鸟，但是，大约4个月后，起初的兴奋变成了失望，3只4个月大的雏鸟全部死亡。在随后对死亡雏鸟的检测中发现，父母在给它们提供正常食物的同时，还饲喂它们垃圾，包括瓶盖、硬塑料和玻璃碎片等等。

非常不幸的是，这种行为已经成为这个种群的传统，而且不仅它们这么做，非洲兀鹫也曾被观察到给其雏鸟饲喂垃圾。生物学家们相信，神鹫父母们之所以拾起这些不合适的物品，是认为这些东西可以作为骨头碎片的替代品，有助于雏鸟骨骼的发育。

目前，恢复项目研究组密切关注着这些巢穴，记录亲鸟的行为和雏鸟的发育情况，他们每30天检查一次卵和雏鸟的健康状况——而且已被授权在需要的时候可以进行人工干预。在这里有必要提到2006年繁殖季节里出生的唯一一只雏鸟。这是一个非常迷人的故事。刚开始，研究人员认为它的父母太年轻了，根本就不可能产卵——雌鸟6岁，而雄鸟仅5岁，它们甚至还没有长出成羽。因此，当发现它们共处一个巢穴，还有一枚卵的时候，人们都非常意外。迈克告诉我，所有的人都非常担心，一则它们两个都还那么年轻，二则它们都没有作为父母的经验，它们是否能够在长期的孵化过程中，维持着对卵的兴趣呢？

因此，研究人员耍了一个小小的花招。他们拿走了这对没有经验的鸟夫妇产下的卵——这枚卵在下个月也不会孵化，然后用一枚人工繁育项目中的即将孵出的卵作为替代品。当这对年轻的父母听到新卵内雏鸟的动静，以及从内部发出的啄卵壳的声音后，它们立即变得非常专注。雏鸟成功孵出了，而且受到了这对年轻父母的精心照料。

30天后，当检查这只雏鸟的健康状况时，研究人员虽然在巢穴内发现了一些被带回的垃圾碎片，但一切看上去都还很顺利。研究组在周边散布了约2.5千克的骨头碎片，希望这些骨头碎片能够减轻神鹫父母用垃圾饲喂雏鸟的奇特热情，然后怀着满腔的希望离开了。60天后再次检查时发现这只幼鸟仍然非常健康。神鹫父母带回了更多的垃圾碎片，但应用金属探测器（如今已是兽医的标准配备）检测后发现，那只幼鸟一块也没有吞食。但是，90天后再次检查时，他们发现的是一只严重患病、体重不足、体形瘦小的幼鸟，它已经吞食了大量的垃圾。很明显，如果不将这些垃圾碎片取出来，它将难以存活。

迈克将这只幼鸟带回洛杉矶动物园进行紧急手术，这里也是兽医对加利福尼亚所有野生神鹫进行检查的地方。同时，研究组的另外一些成员整夜在那个巢穴外守护着，不让年轻的父母返回巢穴。如果它们看到巢穴内空空如也，几乎可以肯定它们会放弃这个巢穴。那只幼鸟的体内有大量的垃圾，包括瓶盖、金属和硬塑料的小碎片，所有的垃圾都在牛毛中缠绕着。当我看到取出来的垃圾时，很难相信所有这些都是从一只鸟的体内取出来的，而且还是一只幼鸟。难怪它会患上重病。手术进行得非常顺利，20个小时后，搜救队的成员利用直升机，将其绑在绳子的一端，送回它的巢穴。在进行这些操作时，神鹫父母就躲藏在人类的后面，透过人群注视着巢穴。直升机离开后5分钟，它们终于和深爱的孩子相聚了。

去除了那些无法消化的垃圾的负担，幼鸟的健康状况逐步改善。但是，就在120天的检查之前，野外值班的生物学家们通过一个高倍望远镜观察巢穴时，发现这只幼鸟正在玩着3片玻璃。它把玻璃吞进去，再把它们吐出来。毫无疑问，当研究组成员在预定时间去检查它的时候，他们感觉到它的嗉囊内有一些硬物。幸运的是，他们轻柔地按摩它的嗉囊，把玻璃碎片挤到喉咙内，然后用镊子取出了它之前一直玩耍的3片碎玻璃。神鹫对于垃圾的这种专注和喜好，是研究组必须解决的最坏的行为学问题之一。

解决行为学问题的建议之一是，放归一些在20世纪80年代最早捕获的野生神鹫，让它们充当行为榜样。研究组这样做了，但是，虽然这些鸟类的确提供了宝贵的行为资源，然而，它们大范围的觅食行为，导致它们非常容易铅中毒

——事实上，最初的一只雌性神鹫在返回大自然后就遭受了严重的铅中毒。诺埃尔坚持认为，在铅污染问题没有解决之前，不能再放归任何一只神鹫了。

对未来充满信心

诺埃尔告诉我，从一开始，项目组几乎所有成员就都认为，解决铅污染问题是关键。但是，自第一只患病的神鹫被诊断为铅中毒后过去了20多年，对于消灭这个问题的根源没有采取过任何行动。这很大一部分的原因在于目前尚未有很好的铅弹替代品。到2007年，市场上出现了大量的无毒弹药，同年12月13日，加利福尼亚州州长阿诺德·施瓦辛格签署了AB821号议案，禁止在加州神鹫的活动范围内的狩猎活动使用铅弹，随后，该议案也在州议会上获得通过。这是自然资源保护委员会（NRDC）和保护主义者们对立法者施加高压后的结果。

一些环境保护主义者认为，这个议案不会有结果，只要铅弹仍在制造，该法案就很难实施。但当我和施瓦辛格州长谈论这个问题时，州长说，加州神鹫的活动范围非常广泛，加州已经没有多少地方可以使用铅弹了。因此他认为，铅弹制造商们会觉得无利可图而不再制造铅弹了。不管怎样，通过该议案就是一个巨大的进步。就我个人而言，我向州长表示祝贺以示支持。

尽管那些已经野放的神鹫的未来仍不确定，但是，所有参与项目的人投入大量的时间、金钱和精力就是一个成功。如果没有这些人为的干预，加州神鹫几乎可以肯定将完全灭绝。事实上，现在世界上仍存在着近300只这种伟大的鸟类，其中146只已经放归野外，它们正在加州南部、亚利桑那大峡谷、犹他州和下加利福尼亚的天空中翱翔。

那些在野外观察神鹫的研究人员开始转移了。迈克·华莱士是野外生物学家中的一员，负责监管放归在下加利福尼亚地区的人工饲养的神鹫。他通过邮件给我讲述了一个神奇的故事，关于他在野外观察到的神鹫求偶仪式，以及这些令人惊奇的社会性鸟类的独特个性（可以在我们的网站www.janegoodall.org

上找到)。我的朋友比尔·伍勒姆写信告诉我,当他在大峡谷徒步旅行,看到这些巨大的鸟类时,感到万分惊奇——神鹫用它那巨大而有力的翅膀,不断地向上飞翔,人们能听到它翅膀拍打的声音;而当神鹫向下滑翔时,又可以听到羽毛之间呼呼的风声——这是飞翔的音乐。最近,塞恩也写信告诉我,当他2008年在大峡谷乘竹筏渡河时,看到了居住在那里的约50只神鹫中的5只,他非常兴奋。

经历类似体验的人越多,越了解到这种令人惊奇的鸟类曾经濒临灭绝,他们就越会关心这种鸟类。这些人的数量在不断增加——大量的人开始对加州神鹫及其未来表现出极大的热情。比如诺埃尔,尽管已经正式退休了,他仍然认为自己肩负着巨大的责任。他告诉我:"神鹫左右着你的生活,不管你是否喜欢。"

经过批准,我允许拥有一支66厘米长的神鹫的飞羽。正如塞恩在前言中提到的那样,在我演讲时,我喜欢握着羽毛柄,慢慢地捋那显得不太真实的羽管。对我来说,那是希望的象征,而且总能够引起听众们的一片惊讶之声以及敬畏感。

麋鹿

1994年，在我第一次访问中国时，我有幸在麋鹿的本土家园第一次见到了这种罕见而美丽的鹿。郭耕老师带着我参观了北京近郊的南海子麋鹿苑。郭耕是一位对工作非常热情的人，他的工作甚至包括公园的环境教育项目。公园的一小部分就像是动物园里的围场，这里有各种各样的鹿以及其他一些有蹄类动物。同时公园还有一大片带有围栏的野外区域，并且还有小湖，这里就是戴维神父鹿（在中国称之为麋鹿）的家园。麋鹿看上去非常高贵，它们悠闲地在湖边啃着青草。满身被着冬季棕黄色的厚厚的毛，但郭耕说它们毛的颜色在夏季时会变成红棕色。它们的体型大小与苏格兰的马鹿基本相当。一头漂亮的雄性麋鹿站在那里，仿佛直视着我，骄傲而威严。在它的野外世界里，我看不到围栏和界限。

档案照片。一群生活在乌邦寺庄园内的麋鹿。1900年，麋鹿在中国绝迹之后，第11世贝福特公爵把欧洲动物园内仅存的麋鹿收集到乌邦寺庄园内。由于他的远见，麋鹿从全球灭绝的边缘拯救了回来。（感谢贝福特公爵和贝福特基金会提供照片）

当我站在那里观察麋鹿的时候,我的思绪一下子跳到了过去。我仍然清晰地记得,我曾在英格兰贝福特公爵的领地上,看到过这样一群鹿;并且还记得当时有人说这些鹿是极度濒危的物种,它们源于中国。那是1956年,当时我与伦敦的一个纪录片公司合作,在贝福特公爵的庄园拍摄影片。40年后,我正在中国看着那些鹿的后代。

已在中国灭绝

它们的故事让我大吃一惊。麋鹿曾经在中国长江中下游地区的开阔平原和沼泽地带非常常见。但是,大部分归因于栖息地的丧失,部分归因于狩猎等,到1900年,麋鹿已经濒临灭绝。已知最后一头野生麋鹿是1939年在黄河附近被射杀的。幸运的是,之前为了保障这个物种的延续,当时的中国皇帝在北京的皇家猎苑(即南海子)中安置了一大群麋鹿。这种鹿在这个猎苑里兴盛起来。这个猎苑的四周竖着70多千米长的围墙,同时还有一支强悍的护卫队守护着。

戴维神父的历史照片。一位杰出的博物学家和探险家,麋鹿的救世主。(美国芝加哥德保尔大学档案馆提供复印照片)

1865年,一名法国的基督教传教士皮埃尔·阿芒·戴维神父,将这种鹿带到了西方世界。戴维自孩童时代起就对自然界充满强烈的兴趣,而且一直渴望能够到中国去。后来他成为一名传教士,当他获得5个月到中国旅行的假期时,他的梦想终于实现了。在这次旅行期间,他采集了无数尚未被人描述过的(至少西方人是这样认为的)植物和昆虫标本,并把它们送给了巴黎的法国自然博物馆,以便进行研究。他还描述了金丝猴、一些雉类和一种松鼠。他也是向西方世界描述大熊猫的第一人。

在某次外出旅行中，他来到了北京的郊外，看到包围了皇家猎苑的高高的围墙。他想办法进去参观了一下，看到一些类似于驯鹿的奇怪动物，但他很快就意识到这些并不是驯鹿。回到北京后，他试图寻找有关这种动物的资料，但很遗憾的是，最终他一无所获。后来他带了一个翻译重返皇家猎苑。最终，在送给守卫们一些羊毛帽和手套之后（另有一种说法是给了20块银元），他说服这些守卫让他带出了一些鹿角和鹿皮样品。戴维很快将这些宝贵的样品送回到法国。经过仔细的鉴定，法国人宣称这是鹿类的一个新种，为了纪念戴维神父，他们将这种鹿命名为“戴维神父鹿”。

巴黎方面迫切希望获得一些活的麋鹿。经过多次失败的尝试后，他们最终说服了中国皇帝，后者送给法国大使3头麋鹿。但很不幸的是，在艰辛的海上之旅中，这几头麋鹿没能存活下来。他们与大臣们进一步交涉，后来皇帝又赠送给他们几对麋鹿。非常幸运的是，这次麋鹿们安全抵达了巴黎。看到第一批安全到达的戴维神父鹿，人们兴奋异常。后来，德国和比利时的动物园里也出现了这种动物，英国的乌邦寺庄园也得到了几头。

很快，欧洲就有了将近两打（24头）的麋鹿，再加上中国国内尚存的一批，该物种的生存看上去完全可以保证了。但在1895年，一场特大洪水席卷了北京，皇家猎苑的部分围墙受到破坏。许多麋鹿被洪水夺去了生命，还有一些从围墙的缺口处逃了出来，被饥饿的民众捕获、杀死。尽管如此，猎苑里仍有20—30头麋鹿幸存了下来，这个数量仍足以维持该物种的延续。可悲的是，在5年后的义和团运动中，它们彻底灭亡了。当时义和团占领了皇家猎苑，杀死、吃掉了所有麋鹿。

幸存于欧洲

因此，麋鹿的未来完全依赖于欧洲仅存的几头了。但动物园却发现，这些动物不太愿意交配。当中国最后一头麋鹿被屠杀的消息传到海尔勃朗时，第11世贝福特公爵意识到，要想拯救这个物种，必须将分散的种群集合起来。最终，他说服了各个动物园将麋鹿出售给自己。到1901年，他在乌邦寺庄园的公园里收养了14头麋鹿。这些就是该物种仅存的个体了。14头麋鹿中有7头雌性(其中2头不育)，5头雄性(其中有1头认为自己是头领)以及2头幼鹿。曾经繁盛的物种如今只剩下了这么几头，在它们开始交配繁殖之前，还需要数年时间进行耐心管理。

到1918年，麋鹿的种群数量达到了90头，这时它们又经历了一次大的挫折：第一次世界大战导致英国国内大范围的食物紧缺，也就是说，已经没有足够的食物来养育这些外来的鹿，于是种群数量又下降到了50头。第一次世界大战结束后，麋鹿的数量重新开始上升，到1940年，麋鹿的数量增加到了300头。这时，第二次世界大战已经开始，给麋鹿造成了更为严重的食物紧缺。除此之外，麋鹿群还受到附近敌方炸弹轰炸的威胁。这时，贝福特公爵意识到，将这些繁殖种群分散到世界各地将是一种明智的选择。到1970年，世界各地都建起了麋鹿繁殖中心，仅在乌邦寺庄园就有500头麋鹿。

计划麋鹿的回归

让中国的麋鹿重返老家是塔维斯托克侯爵作出的决定，他就是后来的第14世贝福特公爵。实际操作过程并不简单。终于在1985年，22头麋鹿从乌邦寺庄园出发，在一名饲养员的陪同下来到了北京。2006年，在我例行的每年一次访问北京时，我告诉郭耕，我需要了解更多关于麋鹿返回中国的历史。他告诉我应该去找一名叫玛雅·博伊德的斯洛伐克女士。我们计划好在北京会面。但遗憾的是，由于她的表亲突然去世，她不得不飞回斯洛伐克，我们最终没有会面。不过，在那年的圣诞节前，我们通过电话进行了交谈——她在斯洛伐克，而我在伯恩茅斯。

玛雅·博伊德，麋鹿守护神。照片摄于北京南海子麋鹿苑，她和一手养大的雌性麋鹿在一起。这只小麋鹿的妈妈在分娩后不幸死亡。玛雅告诉我，这头鹿“跟着我，就像一只宠物狗一样”。（玛雅·博伊德）

在谈话即将结束时，我感觉我已深入了解玛雅那热心且乐于奉献的个性。她告诉我，当她丈夫（已故）第一次带她到美国时，她观看了一部关于我和贡贝黑猩猩的电影。“我非常希望像你一样做一些事情！”她说。她的美国丈夫曾是塔维斯托克侯爵（即后来的贝福特公爵）的好朋友。当听说公爵计划将麋鹿送回中国的时候，玛雅非常兴奋。她告诉我：“是麋鹿将我带到了中国。”

玛雅非常希望能够早日将麋鹿放归到真正的野外。“但是，”她说，“政府部门要选择地点，而我们需要他们的全力支持。”这听起来合情合理，因为政府选定的麋鹿苑的位置曾是昔日皇家猎苑的一部分，同时又与北京市中心非常接近。

在麋鹿被送回这里之前，玛雅考察了这块地方。她发现里面有一部分是苗圃，这对麋鹿不会产生任何影响。但里面还有一个养猪场，这个就不太合适了。政府部门同意转移养猪场。接下来他们做的第一件事情是阻断流经该区域的一条溪流,那条溪流已经受到了严重污染。他们打了9口水井,为麋鹿提供水源,然后开始着手巨大的工程:向阻断后形成的湖内注入清水。

新来的动物们享受了中国政府所能够提供的最好礼遇。但是,还有一个非常重要的问题。负责建造所需检疫棚的政府官员坚持认为,棚应该设计成类似于牛马所用的那种传统的畜舍,带有半边的门。尽管玛雅多次解释,说麋鹿和牛马不同,它可以轻易地跳过半边的门,但有关人员不相信她。当塔维斯托克侯爵的长子安德鲁·豪兰前来考察他那珍贵的麋鹿是否会适应时,问题非解决不可了。当看到那排带有半边门的畜舍时,豪兰非常震惊,坚持必须拆掉那个门。当所有的门都按照正确的方法重新建好以后,一切准备工作就绪。

回到祖先的家园

1985年,在遥远英国的一个庄园里出生的22头麋鹿,开始出发前往中国,其中的某些个体可能还是1956年我访问乌邦寺庄园时看到过的麋鹿的后代。那是一次漫长的飞行,但与它们祖先所经历过的航海旅行相比还是快多了。玛雅生动地回忆起它们到达北京那天的情景。非常有意思的是,它们乘坐的是法国航空公司的飞机。"这些麋鹿最先是由一位法国传教士引入西方世界的,如今它们又乘坐法国的飞机回来了。"每个人都非常兴奋,奋力地向这具有历史意义的"货物"靠近,只为能够看上一眼,由于兴奋过度而忘记了应该做的事情。集装箱一直在往前推,玛雅以及从英国随行而来的饲养员都非常担心,万一笼子跌落,麋鹿可能会逃跑。幸运的是,虽然人们并不镇静,麋鹿却非常平静。"事实上,"玛雅说,"麋鹿的表现比当天在场的人类好多了。"

最终,所有的集装箱都装到了卡车上,麋鹿开始其长途旅行的最后一站。玛雅说,对于排列在路两边的几百名兴奋的观众,她感觉非常抱歉,他们都希望能够看一眼这些新来的动物,然而他们看到的只是卡车而已。麋鹿最终进入了检疫区,站在了中国的土地上,这是一个多么激动人心的时刻啊!这是它们的祖先在半个世纪前曾经漫步过的土地!从一开始,中国人就为这个项目感到自豪,并且做了大量的宣传工作,儿童们尤其对此感兴趣。

"我们收到了很多孩子的来信,"玛雅告诉我,她非常清楚地记得,有一封信来自一个5岁的小女孩。她的父母给了她2元钱(当时相当于75美分)作为一个月的零用,她将这些钱寄给了麋鹿苑,并请求工作人员"为麋鹿叔叔和麋鹿阿姨买一些巧克力,这样它们就知道,它们来到了一个非常欢迎它们的国家"。

麋鹿的回归带来了一个意想不到的结果。当地的村民们听说要建麋鹿苑这件事后,认为这里安静、环境好,是埋葬亲人骨灰的一个理想场所。因此,如果有亲人死亡火化后,他们就会来到这里,在公园里挖一个小坟墓。玛雅告诉我,有一次,她和一名中国政府官员一起走过,他看到那些坟墓,然后宣告:"我们必须彻底除掉这些东西。"玛雅告诉他,在她的祖国斯洛伐克,坟墓被人亵渎是大不敬。这位官员四周看看,然后拉着她的手悄悄地说,他们也是这样认为的。因此直到今天,这儿仍有一块非常特殊的地方,人们在此可以看到小的坟冢——而且,在每年的4月初,即清明节期间,人们可以回到这个地方,祭拜自己过世的亲人。

在乌邦寺庄园参观麋鹿

玛雅安排了一些与麋鹿项目有关的中国科学家前往英国参观,重点参观乌邦寺庄园。在这里,他们将与那些在中国本土以外努力保护麋鹿种群的人员进行交流。我非常希望能够加入他们的行列,但不巧的是,中国代表团到达的那天,我不得不动身前往美国。幸好在我参观乌邦寺庄园时,我与玛雅见上了第一面,同时我也见到了罗宾·罗素勋爵(他是贝福特公爵的儿子),一位非常风趣的主人。

大雨几乎下了整整一周,我和我妹妹朱迪冒着大雨,驾车行驶了整整一天。傍晚时分,太阳终于出来了,真是一个美丽的春季傍晚。小草绿油油的,老橡树投射出一个柔和的橄榄色阴影。一开始我们就碰到了一头麋鹿,它的两只角已脱落了。它在发情期之前就脱落了鹿角,现在还没有长出新的来。没有鹿角它就不能和其他的雄鹿争斗,因此远离鹿群是一个明智的选择。我们驱车路过了梅花鹿群、狍群、黇鹿群以及非常引人注目的马鹿群。麋鹿究竟在哪里呢?我们不断地搜寻,最后在一处潮湿低洼的地方找到了它们。多么美妙的一幅场景啊(这里大约有200头麋鹿),在落日余晖的映照下,它们全身散发出明亮的金黄色光芒。

很快地,暮色开始降临,我们不得不离开这里。在罗宾夫妇居住的充满田园风光的老式小屋内,我们一起坐下,聊起了麋鹿。我也有机会更加深入地了解玛雅,了解更多关于麋鹿项目的历史。罗宾非常慷慨地让我观看他们的图片档案。同时,我们也讨论到在他们的教育项目和JGI的根与芽项目之间建立起良好的合作关系。

最近一次的中国之旅

在2007年秋季我的亚洲之行中,玛雅安排我再次参观北京郊外的麋鹿苑。在这里,我非常高兴地见到了在夏天错失见面机会的两个人,他们曾是前往乌邦寺庄园的中国代表团的成员——一位是代表团团长张林源主任,另外一位是中国的王宗祎教授,他们在麋鹿重引入中国的工作中发挥了非常重要的作用,而且也给予玛雅极大的帮助。我们坐着聊天(玛雅作为翻译)。喝了一会热茶后,我们坐上高尔夫球车,一起出发去探访麋鹿。当时的天气严寒刺骨,一些树上垂下了长长的冰柱,所幸我穿的衣服很厚很暖和。

那趟参观让我非常失望。我第一次参观这个公园的时候,尽管它离北京市非常近,但我有一种真切的身处农村的感觉。然而现在它遭遇了各个方面的发展压力。麋鹿群已经发展壮大了,它们吃掉了所有可吃的草,所以必须提供额外的食物，尤其在冬天。它们看上去非常健康，但都在饲料槽周围站着，有些疲倦——也可能是无聊。这时的它们与1994年我所看到的简直就是截然不同的两个物种，上次我参观时所感受到的它的那种自由和高贵，现在已经荡然无存。

回到相对较为暖和的苑中心，大家都非常高兴。在享受美味的全素午餐时，他们告诉我，长江边上位于中国中部的石首市拥有一个占地1000公顷的自然保护区。在20世纪90年代初，国家环境保护总局同意将一小部分麋鹿转移到这个地方，它们很快就在那里定居了下来。而且，有几头麋鹿还游过长江，在江对面的湖南省过起了真正自由自在的野生生活。起初，人们担心过它们可能会被猎杀，但事实正好相反，当地民众非常尊重麋鹿，并且还保护它们。玛雅和王宗祎教授热切地请求我抽出时间去看一看那些麋鹿，很久以前它们就开始生活于真正的荒野之中。事实上，我也非常希望有一天能够过去看一看。

最近玛雅告诉我，北京城边的南海子麋鹿苑建了一座新桥，把公园的两侧连在了一起。一条清澈的溪流贯穿公园，在春、夏、秋季为麋鹿提供大片干净的水域。麋鹿也在湖北的石首国家级自然保护区和湖南的一些地方安顿下来，并且生活得很好。

此时，我随身携带着一个玻璃徽章，它是郭耕送给我的，上面是一只汉朝时期所绘制的麋鹿浮雕。在我们JGI中国根与芽北京办公室里有一只鹿角，是从一头4岁的雄鹿头上脱落下来的。当我在中国做演讲时，我一直带着这只鹿角，这也是我的一个希望象征。它代表动物自身具有恢复能力，只要我们给它们机会。自从1985年重返中国，麋鹿种群不断壮大，数量不断增多，据说现在中国已经有超过1000头麋鹿了。

赤狼

在我还是个孩子的时候，我非常喜欢罗慕路斯与雷穆斯的传说。他们是一对双胞胎，由意大利森林中的一头母狼养大成人。这个传说让我对拉迪亚德·吉卜林的《丛林之书》产生一种非常奇怪的真实感，这是我最喜欢的狼故事。在这本书里，狼群收养了小毛格利。另外还有杰克·伦敦的《野性的呼唤》，这本书不仅让我愈发喜欢上狼，而且使我产生了一种强烈的渴望，希望到野外和这些神奇的动物共同生活一段时间。

不幸的是，人类非常痛恨狼，也非常害怕狼。在北美，几乎找不到有真实证据证明狼袭击人的例子。狼偶尔会捕食家畜，但那是因为人类一步步地深入到

赤狼一度在野外完全灭绝，现在已经恢复。图中为在北卡罗来纳州，一只公狼正在训练它的幼崽。（格里格·高崎）

了它们的野外捕食范围内。正因如此,以及人类对于狼的害怕心理,在加拿大、美国和墨西哥,狼遭受到了极为恐怖的迫害——人们设陷阱、下毒,使用弓箭、长矛和枪等猎捕它们,甚至使用直升机从空中袭击它们。要感谢无数的野生动物专家,他们花费数年时间在野外观察它们。根据现在所了解到的知识,我们可以确定,企图彻底消灭狼的行为是可悲的、不正确的、异乎常理的,因为狼毫无争议是"人类最好的朋友"——狗的祖先。

北美一共有3种狼,其中灰狼为人类所熟知。另一种是它们的近亲,即墨西哥狼。第三种是赤狼,即本章的主题。所有这3种狼在行为学方面有很多相似性。一个典型的狼群由一对父母以及它们所有的后代——上一年繁殖的一岁幼崽以及今年刚刚出生的幼崽——组成。它们最活跃的时间是清晨及傍晚,通常是群体出动捕猎。当然小的幼崽和它们的母亲会一起留在窝内。狼群的其他成员捕猎回来后,用反刍出来的肉饲喂它们。

赤狼的体型明显比灰狼小,大约是丛林狼的两倍—— 一岁大的赤狼幼崽和成年丛林狼在体型及颜色上几乎完全一致。赤狼曾经遍布美国东南部,但是,在20世纪60年代,由于肉食动物数量受到限制,加上栖息地丧失,赤狼的数量急剧下降,只留下少数个体分布在沿着得克萨斯州和路易斯安那州的墨西哥湾海岸。

到了1973年,当赤狼最终被列为濒危物种时,它已经濒临灭绝。为了尽可能地保存这个物种,科学家们决定捕获尽可能多的野生数量来进行人工饲养,最终的目标是让它们重返野外。最终他们共发现了17只赤狼。当最后一只赤狼在1980年被捕获时,宣告赤狼在野外已经灭绝。如今现存的所有赤狼都是20世纪70年代初捕获的14只赤狼的后代。

从围栏走向自由

赤狼的人工繁育项目有多个动物园参与,接受USFWS的赤狼恢复项目的

USFWS的野生动物专家阿特·拜耳正在检查只有几天大的赤狼幼崽的健康状况。趁小狼崽的父母还未回来前，生物学家把小狼崽转移到一个秘密的地点。（玛丽莎·麦高）

协调管理。到了1986年，人们认为已经有足够数量的人工繁殖的幼狼，可以实施放归了。经过仔细的调查，位于北卡罗来纳州的鳄鱼河国家野生动植物保护区被认为是最适合的地区。所以，在第一批人工繁殖的赤狼出生后14年，4对成年赤狼被放归到了它们的新家。

当然了，并非所有人都对赤狼重新出现在野外而感到兴奋。因此，为了让公众相信，一旦出现问题，这些赤狼可以在任何时候很轻易地被再次捕获，科学家们开始在项圈上做文章。这些项圈可以遥控激活，给戴着它的动物注射麻醉剂。不幸的是，这些项圈并没有及时生产出来，于是，这4对赤狼以及其他个体不得不在一个大的围栏内生活了近一年，远远超过了预期的时间。不过，这至少让这些赤狼有充足的时间来适应它们的新环境——气味和声音，以及它们将在野外碰到的各种各样的动物等等。最后，正式放归的那一天终于到来了，第一对赤狼被放归到了野外，开始探索它们的新家。剩下的赤狼每周放归一对。

对于赤狼恢复项目的野外研究组来说，那是一段令人陶醉的时光。克里斯·卢卡斯是研究组最早的成员之一，他将全部的生命都奉献给了这个项目。我问他赤狼第一次放归时，他有什么感觉。“我有什么感觉？哇！兴奋、得意、极其——天真地——乐观。我感到非常幸运,甚至可能是受到了上帝的保佑,在一个特定的时间出现在一个特定的地方,经历了一次历史上罕见且可能是一个重要转折点的事件——至少对于一个历史上遭受不幸的物种来说是如此。这就是我能做的最重要的事。”卢卡斯告诉我,每一次放归,人们都充满了希望。

他们完全没有意识到这些天真的赤狼即将面临危险。出乎他们的意料,60%—80%的赤狼没能坚持下来。它们中有的病倒了,有的因为一条马路将它们的新家一分为二,在穿过马路时被汽车撞倒了。每次的损失都让野外研究组感到非常震惊。“我们不得不学会与它们保持一定的距离,尽量不掺杂太多的情感。”克里斯说。这也是狼群没有被命名的主要原因之一。

但是,保持绝对的超然于物外是不可能的,尤其是在那时的关键情况下。当时只剩下了少数几只赤狼,生物学家能识别出每一个个体。他们管理着赤狼,追踪它们的行踪,试图理解它们的行为和动机。当他们必须捕获赤狼时,不得不想方设法。“好消息让我们的希望和情绪同时高涨,而坏消息则使我们情绪非常低落。我们这些从项目一开始就在研究组里的人员如今都已经成长了许多,而我们的成长与这些动物的成长是密切联系在一起的。”克里斯和米歇尔·莫尔斯让我一起分享他们那些早期的故事。米歇尔是另外一位从项目一开始就一直在研究组里的生物学家。

一个真正的幸存者

尽管这些赤狼没有正式命名,但研究组为了方便,还是根据狼群的所在地,以及周围的一些地理特点给它们取了名字。“这些名字并不浪漫,但至少比登记簿上的数字好得多。”克里斯说。通常情况下,那些名字都是我曾经用过的。“幸存者”这个名字是我特别选择用来命名第一只在野外出生的幼崽的,因为她经受了几乎无法想象的难关而幸存了下来。

“她的父母是人工养大的,非常漂亮,外形给人以极其深刻的印象,但是却命运多舛。”克里斯说。它们似乎只产下了这一只幼崽(生物学家们在母狼产崽时不会去洞穴打搅它们,而是根据后来的迹象作判断)。产下幼崽后几个星期,“幸存者”的母亲爬回放归围栏内,爬进了8个月前释放时待的洞穴内。她死在那里,死于子宫感染。“幸存者”在其母亲死亡之前刚刚断奶,但幸存了下来,可以推测是在其父亲的帮助之下才存活下来的。唉!几个月后她的父亲也离她而去了,一个浣熊肾脏堵塞在他的气管内,导致其窒息死亡。接下来的几个星期,后来的几个月,研究组再也没有看到“幸存者”,尽管有时他们发现一些可能是“幸存者”留下的踪迹。不过事实上,经过了重重困难的考验,她还活着。

最终她被研究组捕获了,并戴上了项圈。经过一个私人狩猎季(此时允许猎人以控制公害或作为“业余爱好”的名义,布设陷阱捕获毛皮动物),她竟然仍旧存活下来了。事实上,她已经能很机敏地避开各种陷阱。当研究组想要捕获她——例如更换项圈时,不得不费了很大周折才骗过她。

后来她和另外一只雄性赤狼成功配对,成为第一对允许在保护区南部私人土地上生活的赤狼。“幸存者”后来再次被捕获,同样也是为了更换项圈。这也是最后一次更换项圈。新的项圈停止了工作,研究组后来就再也没有发现过它。

“斑点希望”

“斑点希望”是1987年末放归的第一批赤狼中的一只,她来自密苏里州的一个赤狼保护区。在她到达后几个月人们才发现,她的名字用小写字母手写在她那豪华狼窝的背面。迈克尔告诉我,“斑点希望”并不是一只外形上能够给人以深刻印象的赤狼,她的体型比正常的稍小,被选择放归时已经5岁了,这个年龄也比其他赤狼大一些。尽管如此,那一年她和由研究组为她选择的配偶产下了一只幼崽,那只幼崽成为最早出生的两只幼崽之一。幼崽是雌性,被正式命名为351F,但我在这里叫她“希望”。

不久之后,灾难降临了。“斑点希望”的配偶在高速公路上被汽车撞死了,这时它们的幼崽只有一个月大。"斑点希望"并不知道这个消息,一直等待着配偶的归来。但她必须迁移到一个新的地区,以便获得足够的猎物。11天之后,她动身前往更广阔的农场,那里曾是她配偶捕猎的场所。"斑点希望"和她的幼崽沿着高速公路两旁前进,一旦有汽车靠近,它们立即隐身在路边茂密的植物中。研究组发现了它们,幼崽一直在努力跟上母亲。生物学家们与它们保持着一定的距离跟踪着它们,直到它们踏上一条通向安全地带的土路。但母女俩首先必须穿过高速公路。为此,生物学家们阻断了双向交通,直至它们安全地通过高速公路。"斑点希望"成功养育了她的幼崽"希望",最终它俩成功地与"公牛男孩"配对,并且在它们的狼群中生活了很多年。

"公牛男孩"

有些人工饲养的赤狼以放归为最终目的,生物学家就将它们养育在野生动物保护区内的一些按照野生条件设置的安全岛内,这样它们就可以学习一些在未来新生活中必需的生存技能。"公牛男孩"就是这样的。它们兄弟俩先在南卡罗来纳州罗曼角国家野生动植物保护区的公牛岛生活了将近一年的时间。1989年,一岁的它们被送了过来,然后放归到鳄鱼河国家野生动植物保护区内名为米尔泰尔农场的地区。米歇尔说:"我们根本没有预料到,它们迅速将正在实施的幼狼项目推向了成功。它们拥有高大而瘦长的身躯,相当大的足和宽阔的脑袋。虽然它们的外形令人印象深刻,但丝毫没有迹象显示出它们对于恢复项目将产生重要影响。"

米尔泰尔农场地区包括了约40平方千米的农田和森林,同时也是"斑点希望"和她的幼崽"希望"生活过的地方。当"希望"长大、可以离开母亲独立生活的时候,"斑点希望"被重新捕获,与一个新的配偶进行了配对,并在人工饲养条件下产下了4只新幼崽。然后,她和她的新家庭——包括她的配偶——被重新放归到了米尔泰尔农场地区。生物学家们认为这里有足够大的地方保证他们都能够生存。但“公牛男孩”，即米尔泰尔狼群非常不高兴，他们在一个月内袭击并杀死了雄性入侵者。此后不久，兄弟中的一只（我称他为“男孩一号”）与“希望”交配了；另外一只，即“男孩二号”，也与“斑点希望”交配了。很明显，这样她的4个幼崽就可以毫无争议地留下了。

看样子，“公牛男孩”兄弟将在下个繁殖季节中各繁殖出一窝幼崽，这让野外研究组的生物学家们异常兴奋。米歇尔说：“第二代幼崽的出生是恢复项目成功与否的一个主要指标，而且它即将在随后的两年内发生。”但是，正如他跟我说的那样：“所有这一切都太好了，感觉不像是真实的。”“男孩一号”由于来自公牛岛，对于这个地区的道路并不熟悉，就在1989年的繁殖季节来临之前，他在穿越高速公路时被轧死了。

幸存下来的“男孩二号”长得越来越强壮。2000年，他已经达到了12岁的高龄，不再是一个“男孩”，成为了一个“老男人”。他竟然允许一个儿子在他的领地范围内，建立起一个新的家庭并生儿育女，成了他“真正的邻居”。米歇尔推断，如果在年轻的时候，他绝对不会容忍这样的事。

米歇尔在给我的一封信中这样写道：“虽然在他生命的最后日子里，这位‘老男人’不再是狼群中拥有交配能力的雄性，但是，他留下了一份活遗产。”到2002年死去为止，他养育了7窝22只幼崽。“如今，他的基因已经成为北卡罗来纳州东北部野生赤狼种群的主要组成部分。”我从字里行间明显感觉到，米歇尔对这只赤狼怀有一种深深的情感。当我读到最后一句——“我希望老人们所说的‘所有的狗都能够上天堂’是真的”时，我知道我是对的。不管是真是假，米歇尔，我相信它们都能够上天堂。

盖特狼群

来自华盛顿格雷厄姆的两只赤狼被称为“男格雷厄姆”和“女格雷厄姆”，后来它们成为盖特狼群中的一对繁殖个体。它们在1988年初的时候一起来到这

在北卡罗来纳州的东北部，赤狼恢复项目组的生物学家克里斯·卢卡斯和米歇尔·莫尔斯在检查一窝赤狼幼崽。生物学家们对幼崽进行健康评估，并植入一个微型无线电发射器进行个体识别。（USFWS）

个地方，各自和研究组为其选定的配偶一起被放归。但是，这样的撮合并不成功："男格雷厄姆"的前后两个配偶都相继被汽车夺去了生命，而"女格雷厄姆"的配偶干脆就彻底消失了。后来，"男格雷厄姆"和"女格雷厄姆"彼此发现了对方，在1989年冬天的时候开始交往，很快就密不可分了。"它们一旦接纳了对方，彼此就很少会分开。"米歇尔说。两只"格雷厄姆"在青春期时发育得非常强壮，雄性体重达到了创纪录的38千克，雌性也达到了29千克。

它们的家园是位于鳄鱼河国家野生动植物保护区中心的一大片占地约25平方千米的落叶松沼泽和浅沼泽——与米尔泰尔农场相比，环境相对较为严酷。"在这里很少见到人类，"米歇尔写道，"这对'格雷厄姆'夫妇——如今已是盖特狼群——生活在近乎独立的世界里。"它们共生育了3胎。1992年，另外一个狼群家族被放归到靠近盖特狼群领地的边界附近。"它们赶走了那个狼群里的成年夫妇，杀死并吃掉了所有的幼崽，”米歇尔说，“那是我们最后一次试图在盖特狼群领地附近进行放归。”

1994年4月1日，9岁的“男格雷厄姆”被人发现死在他的领地内。“看上去他好像刚刚躺下死去。”米歇尔写道。4个月后，他的配偶离开盖特狼群，开始了“漫长的旅行”。当她穿过另外一个狼群——小河狼群的领地往北方移动时，“她躺倒在深水湾，死了。”

在野外养育幼崽

就这样，人工饲养的赤狼逐渐适应了它们在荒野中的家，生产并养育幼崽。尽管有过心痛和失望，但也有很多成功的故事。研究组也变得更有信心了，因为他们的知识也在实践中不断地增长，知道哪些方法可行，哪些不可行。

即使赤狼的重引入项目明显获得了成功，仍然有必要（现在也一直是这样）维持大约200只个体的人工繁殖种群。这样做的原因，部分是需要额外的赤狼作为野外种群的支撑和补充；部分是作为候补，以免某种疾病彻底摧毁野外种群；部分是作为未来在其他地方开展重引入项目的储备力量。

有些人工繁殖出来的幼崽很早就回到野外生活，通常是在它们10—14天大、准备睁开眼睛的时候。因为在这个年龄，它最容易被野外狼群中的雄性和雌性个体接受并养育。但是，只有当野外的母亲失去了一窝中的全部或部分幼崽时，或者一窝的幼崽数量非常少，还允许它抚养一到两个额外的幼崽时，这种“收养”行为才能实现。这种形式的收养不仅可以增加野外种群的个体数量，同时，因为这个幼崽是经过精心挑选的，因此对维持野外种群的遗传多样性大有帮助。对于这些内容，以及项目是如何开始的，我充满了好奇。

第一次尝试始于1998年。克里斯告诉我，“那其实是一个无奈之举，同时也没有选择的余地。”一只人工饲养的母狼杀死了它刚刚出生的3只幼崽中的一只，当人们发现时，为时已晚。饲养这只母狼的那个小动物园决定，不能将剩下的2只幼崽留在那里冒险。生物学家们将剩下的2只幼崽从母狼身边抱走了,但他们并没有施行人工喂养,而是将它们放到了一只野外母狼的窝里。根据人工饲养得出的经验,研究小组相信这样做是可行的。但是,当他们看到野外的母狼立即接纳了这2只幼崽时,那一刻仍让人感觉非常神奇。这只母狼将这2只幼崽和自己的幼崽一起抚养长大。

有时研究小组会遇到不得不收养野生幼崽的情况。有一次,某一地区发现了一只死掉的母狼,研究小组认定它留下了一窝幼崽。通过搜索他们发现了2只幼崽,它们异常虚弱且严重脱水,但仍然活着。它们的母亲离开它们至少有两三天的时间了。“两天时间内我们全力以赴进行抢救,”克里斯说,“之后我们找到了另外一只野生母狼,它也有相同年龄的幼崽。这只母狼很快就接受了这两只幼崽,并将它们视为亲生。”

项圈和无线电追踪

在北卡罗来纳州东北地区生活的赤狼中,大约65%—70%都佩戴有遥测项圈,其中有些是改装的标准家用录像系统,有些则是专门新设计的具有GPS定位功能的项圈,每天可以利用卫星进行自身定位4—5次(当然此时要赤狼佩戴着它)。这些信息储存在项圈内,每1—2个月,生物学家们利用一种特殊的接收器一次下载全部的信息。这些可能包含有300—400个位置的信息被用来构建一幅图,从这张图上就可以看出这只赤狼的运动规律,对栖息地的偏好,以及领地范围的大小,同时还可以看出它与其他佩戴项圈的赤狼之间的接近程度。

米歇尔给我发来了一个应用这种技术对赤狼进行定位的例子,这个例子选自他的一份报告。编号11301M的赤狼在一岁的时候佩戴上了项圈,当时他还与自己的族群一起生活在出生的领地内。第二年,从他的项圈周期性获得的数据为野外研究小组提供了大量的信息。一开始,研究小组掌握了他在初始领地范围内的活动情况,然后在春季时,当他离开出生地开始迁移时,研究小组精确地掌握了他的去向。

“看上去，他正从一个狼群到另外一个狼群，寻找一个可以生存的地方，”米歇尔写道，“……为了避免与其他赤狼发生冲突，他小心地绕过了附近狼群的核心区域（对于一只年轻的单身赤狼来说，这样做是非常明智的）……他完全绕着费尔普斯湖走，最后停留在沼泽湖国家野生动植物保护区。”在这里，他发现了一只雌狼，这只雌狼刚刚与一只带有无线电项圈的赤狼—丛林狼杂交种完成配对。很快，杂种狼在该领地内的地位被11301M取代了，后来发现杂种狼死了（通过他身上项圈发出的遥测信号进行定位）。检查完他的身体后，研究人员基本肯定，是“11301M”杀死了这个对手。接下来，获胜的雄狼就和雌狼交配，在一起形成一个新的沼泽湖狼群。

一个成功的项目

2007年，野外已经成功建立起20个狼群，共有约100只赤狼。自20年前第一对赤狼被放归，已经大约有500只幼崽在野外出生。最早的试验性种群放归区域也开始扩展，如今包括3个国家野生动植物保护区、一个国防部的炸弹实验场、国有土地和私人领地等——占地约6900平方千米，覆盖北卡罗来纳州的5个县。另外，在64平方千米的私人土地上也有赤狼放归点。

事实上，拯救赤狼野外研究小组在5年时间内（1999—2004年），完成了大多数科学家认为至少需要15年才能完成的工作。曾领导美国狼保护研究中心3年时间的巴里·布雷登告诉我，管理小组所致力的北卡罗来纳州赤狼恢复项目和洛基山脉北部洛基山灰狼项目的工作都取得了成功，这完全得益于政府部门、非政府组织（NGOs）和相关市民之间出色的合作。“当然了，”巴里笑着说，“这些小团体并不总能达成一致，但他们都关心这些动物，因此很快就可以解决问题。”他告诉我，与此形成鲜明对比的是墨西哥狼项目与其管理小组之间的合作风格——这个项目至今尚未取得成功。

赤狼恢复项目研究组的组长巴德·法齐奥告诉我，他对野外研究小组的生物学家们充满了敬意。他们包括具有21年与赤狼打交道经验的克里斯·卢卡斯和米歇尔·莫尔斯。他们都是具有奉献精神的野外生物学家，几乎每周7天、每天24小时地工作着，控制、监测着野生赤狼种群的数量，管理丛林狼，参与培训项目，与土地所有人交涉，解决这种范围广、程度复杂的野外项目中随时出现的各种问题。这项工作相当棘手。克里斯给我举了个例子。

"繁殖季节是每年春季中一段非常短暂的时期，对于这段时间，野外生物学家们既期待又害怕。"克里斯说。首先，他们必须通过追踪母狼的无线电项圈信号（如果母狼的丢失了，就要追踪公狼的）找到它们的窝。找到幼崽后，他们要检查幼崽们的健康状况，给它们称重，从每只幼崽身上取一滴血作遗传记录，同时在每个幼崽的皮下植入一个极微小的应答器芯片，作为其终身的身份证明（正如我们对狗所做的那样）。克里斯说，听上去这好像并不太难，但令人畏惧的是——赤狼总是选择一个与世隔绝、人几乎无法到达的地方来生产。而且，繁殖季节与一些令人讨厌的季节性变化同时出现：气温升高、湿度变大、刺人的藤蔓和有毒的常春藤也开始快速生长，叮咬人的虫子也开始大量地繁殖。

克里斯继续道："在很长的一段行程中，我必须使用双肘匍匐前进，爬过低矮狭窄的洞穴，爬过茂密的灌丛，爬过长满了黑莓并缠绕着忍冬、荆棘和葡萄藤的折断在地的树木——找到一个狼窝或者一只幼崽的希望支撑着我这样做。但同时，无数的幼蜱在我衣服上爬来爬去，折腾得我身心俱疲，尤其是发现大量的幼蜱已经穿过衣服爬到皮肤上的时候，我简直要疯掉了。"

通常情况下，这种搜索需要花费几个小时，而且经常一无所获。他们追踪的那只母狼可能不在窝里，或者那只母狼听到他们在靠近，将他们带往错误的方向。"有几年时间，"克里斯说，"除了荒凉而空荡的洞穴外，我一无所获，然而，每次搜寻之后紧接着的是长达几个星期的奇痒难忍。"

丛林狼、农场主以及其他威胁

恢复计划所面临的一个主要难题是，丛林狼会迁徙到赤狼放归的地方（对于北卡罗来纳州这一部分地区来说，丛林狼也不是本地种）。这一情况导致了两个问题。第一个问题是，这个地区有很多人喜欢狩猎，更不幸的是，丛林狼越来越受到猎人们的欢迎。而赤狼，尤其是幼狼有时会被人误认为是东部丛林狼。因为正如我们前面提到过的，赤狼的幼崽和丛林狼在体型及颜色上非常相似。这就导致大量的赤狼幼崽被误杀。因此，对公众们开展赤狼的相关教育活动是一项艰巨的任务。丛林狼引起的第二个相关问题是，赤狼无法找到交配对象时，会和丛林狼杂交，生出杂种后代。赤狼恢复项目研究组采取的丛林狼控制策略是，在已经引入赤狼的地区及其周围建立一个没有丛林狼的区域，并取得了部分成功。

绝大多数的公众都已经能够接受赤狼回归其祖先的领地。值得庆幸的是，赤狼是一种典型的容易受惊的动物，通常情况下会避开人类及人类活动。当然，也有农场主认为赤狼对于他们的家畜来说是一种威胁，但事实证明，这样的担心是缺乏根据的——在恢复项目开展的前20年时间里，极少发现赤狼参与杀害家畜的犯罪行为，只有3件事有证据证明是赤狼所为——一只鸭子、一只小鸡和一只狗。站在积极的一面来看，赤狼会捕食被引入该地区的农场公害——河狸鼠。另外，赤狼还捕食北美浣熊，而浣熊会偷食鸟卵以及幼鸟。这样，包括鹑类和火鸡在内的鸟类的数量就会增加。所有这些都帮助赤狼在当地赢得了一个好名声。

在任何放归大型食肉动物的项目中，一个最重要的方面是开展有效的培训项目，该培训项目必须由特殊的人来制定，这种人对于生活在该地区的人们有着深刻的理解，体恤他们关心、害怕的事情以及固有的偏见。大卫·登顿是北卡罗来纳州野生动植物资源委员会的一名猎人培训专家，他和赤狼恢复项目研究组的成员们一起努力工作，教育该地区的人们尽可能地理解赤狼的行为，以及遇到赤狼以后该如何反应。同时,他们还教授猎人如何区分幼年赤狼和丛林狼。

与狼共吼

在过去的10年时间里,唯一的赤狼公众支持组织——赤狼联盟,通过传播对赤狼的认识来实施其教育人们的使命。最流行的教育项目称为“狼吼观光”:人们可以到保护区内参观,并倾听赤狼群美妙的合唱。我至今仍清晰地记得第一次在黄石国家公园里听到狼吼时的情景,绝对难以忘怀。

野外生物学家有时会朝他们非常熟悉的狼发出吼叫声。“你永远也不会忘记第一次,”米歇尔·莫尔斯在给我的信中这样写道,“一只野狼回应了你的叫声,它的叫声一直萦绕在夜空。”在他作第一次尝试时,他还不是一位非常熟练的吼叫者,吼完以后,随之而来的是一连串无法控制的咳嗽,引得那些年长的狼专家们大笑不已。“但是,当听到两只刚刚放归的赤狼兄弟回应了我的吼声时,他们不再笑了,”迈克尔说,“尽管我的声带感觉像烧焦了一样,但是,充盈在脑海和胸口的那种感觉让其他的一切都显得不重要了。”

当赤狼恢复项目获得2007年全美最高环境保持荣誉、由动物园和水族馆协会(AZA)颁发的北美保护奖时,我一点都不觉得意外。自从这个项目启动以来,有很多人在不同的岗位上为这个项目工作着,奉献了他们生命中的大部分时光。我明白,对于他们所有人来说,不管是捐赠者、合作者、志愿者,还是经常在恶劣环境下长时间工作的野外生物学家,得知赤狼再次在它们祖先的领地上自由徜徉就已经足够了。他们所要求获得的最高奖赏,莫过于夜空下赤狼那萦绕于耳际的吼叫声。

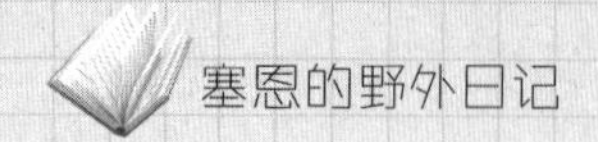

塞恩的野外日记

普氏野马*

第一次去蒙古的时候我就告诉自己:"这里是马的天堂。"这里没有围栏,没有电话线,也没有电线。这块土地属于一群美丽而强壮的人们,他们甚至比啄木鸟的嘴巴还要坚强。当然了,这里也没有多少树荫。如果你希望看到树,向北方行驶3天后你就能在西伯利亚看到你想要看的。蒙古之所以能够成为著名的马的天堂,是因为它是一个荒漠遍布的草原国家。

在这片缺少树荫的草原上,强壮的蒙古人闻名于世界是因为,这个国家的人们成功地拯救并恢复了世界上最后的真正的野马。1968年,国际自然与自然资源保护联盟已经正式将蒙古的普氏野马认定为野外灭绝。特别感谢动物园的人工繁殖中心,以及蒙古野生动物保护的官方领导,我在2007年夏天才得以看到一个恢复了的野生种群。

我在蒙古的探险之旅由一位令人赞叹的野外生物学家穆茨松格陪同,如今他已经是蒙古国的首席科学家。正是通过他,我才有机会了解到一点他们为了拯救这个物种所付出的努力。

在50 000—70 000年前,当人类跨出非洲走向欧亚的时候,他们将大量的野马群当作猎物。当然了,人类最终从野生种群中驯化出了马,然后根据不同的目的进行选择性育种,有些是为了运输,有些是为了工作,有些只是为了美丽而已。但就是这样,人工驯化和人类大面积的定居,导致马的野生种群最终灭绝了。

后来,令所有人大吃一惊的是,欧洲的探险者们报道称,他们在中亚发现了一群古老的野马。探险者中有一位是尼古拉·普尔热瓦尔斯基上校,他由俄

---

* 其分类地位目前科学界尚存在争议。——译者

普氏野马是蒙古和中国土生的野马,1968年在野外灭绝。幸运的是欧洲动物园里还有一些个体存在。1994年,它们被放归到其最初的家园——蒙古呼斯台国家公园。(克里斯多夫·A.迈尔斯)

国沙皇派出,进行路易斯—克拉克式的发现之旅,查探戈壁沙漠是否有可以获取的资源。1881年,普尔热瓦尔斯基首次描述了这种看似骡子的马,它们生活在戈壁沙漠附近的一座山中,小小的种群中有5—15匹野马。

虽然普氏野马的外观比较像骡子,但却是一种更为可爱的动物。它浑身的毛呈茶褐色,长得非常浓密,方便度过严寒的冬日。在曙光的照耀下显现出金红色的光芒。这也是看野马的最佳时刻。就像许多其他群居动物一样,它们天生小心翼翼,母马对于它们幼驹的照顾也是无微不至。领头的种马保持着警惕,在它认为合适的时候带领野马群迁徙。对于天敌,则马群中所有的成员都随时保持着警惕。

20世纪初,欧洲的各个动物园对展示这种稀有且难以捉摸的物种表现出一种近于疯狂的热情。从蒙古西南部到伦敦以及鹿特丹动物园的路途非常艰辛,大量的野马在运输途中死亡。最终,就像命中注定似的,普氏野马被捕获后开始人工饲养，这对于野马来说未尝不是一件好事。到1968年，由于人类的猎杀和栖息地的丧失(还有诸多其他原因)，普氏野马在野外灭绝了。

当时，人们认为在地球上将再也听不到野马的嘶鸣了。即使在美国，我们的“野”马，比如北美小野马，也曾经被人类驯化过。后来有一些逃了出去，回到了野生的状态。而普氏野马从来没有被驯养过，这也是为什么它被认为是最后的真正的野马的原因。

幸运的是，从饲养在动物园里的13匹开始，如今普氏野马的数量已经明显恢复，人们可以在蒙古的呼斯台国家公园里再次见到它们。它们在那里茁壮成长，吸引着外国游客和环保主义者来到这里。

如今，有1500多匹普氏野马生活在美国俄亥俄州以及乌克兰的动物园和人工繁育中心里，还有400多匹正徜徉于蒙古和中国的国家公园或自然保护区里。人们面临的一个挑战是，目前所有的普氏野马所共享的基因仅仅是最初的13匹“奠基者”普氏野马的基因，那是这一物种在野外灭绝时最后存留的基因库。因此，即使野马有较大的种群，但与多个物种的种群相比，更易于感染某种疾病。幸运的是，国际保护项目都明确将普氏野马作为优先考虑的对象，人工繁育种群的管理者和野外种群管理者之间的合作正在逐步加强，以保证该物种在将来可以得到充分的兽医检查和遗传控制。

穆茨松格是项目研究组的一名生物学家，1994年，他将人工繁育的普氏野马种群放归到位于蒙古中部呼斯台国家公园的新家，保证普氏野马在新家的安全并茁壮成长。这是一项持续性的工作，尤其是现在，它们更易于被狼捕食(人工繁育的物种对于自然界存在的威胁毫无认识，而被天敌杀害是导致重引入项目失败的最主要原因之一)。穆茨松格跟我解释说，每年春季繁育出来的幼马大约有31%成为狼的猎物。假以时日，保护主义者们一定能够在如此广阔的区域内重新确立起良性的捕食者—被捕食者之间的平衡。事实上，每年由于狼的捕食所导致的幼马损失的比例正在稳步下降，虽然是缓慢地下降。

对于穆茨松格来说，Takhi（普氏野马的蒙古名）的回归，显然不仅仅是一个科学问题。"对于蒙古人民来说，普氏野马是国家的骄傲，"他对我说，"我们是一个马背上的民族，现在我们也向全世界证明，我们在多么认真地对待马。"

在一个早晨，我乘坐一辆破旧的卡车，在尘土飞扬的石子路上颠簸了很长一段时间后，终于在蒙古大草原上见到了难以捉摸，甚至有点神秘的普氏野马。那天早晨穆茨松格陪同我前往。在曙光的映照下，我们站上一个小山丘。

他说，我们应该安静地坐在草地上，对于那些带着幼马的母马来说这样才不构成威胁。果然，在我们静静地观望了大约一个小时后，一群在至少一千米远的地方进食的有43匹野马的马群，开始慢慢地向我们移动，在离我们非常近的地方安静地通过。给我触动最深的是母马的美丽姿态，以及它们那显而易见的护犊之情。幼马看上去对于任何的危险都毫不在意，但它们的母亲则对任何移动的东西都保持着警惕。我注意到，越是年纪小的幼马，看上去越像是驯化的马——拥有纤长的身体和瘦长的四肢。而成年野马，尤其是种马，身体较为丰满，四肢则相应地显得短小。

正当我惊叹于这群普氏野马的时候，穆茨松格轻轻地拍打了一下我的后背，说："在美国，你们选育纯种马进行比赛，但是在蒙古，我们拥有真正的马！"

第二部分

最后一刻的拯救

引 言

在这部分中，我们找到的是一组不同物种的迷人故事，这些物种具有一个共同点——都濒临灭绝的边缘，但最终都获得了重生。与第一部分所讨论的动物不同，这些物种没有一个被正式宣布“野外灭绝”——但如果不是人们付出极大的努力，它们极有可能会灭绝。所有这些物种的恢复都涉及从现存的野生种群中选取一些个体进行人工繁育。对人工繁育的批评声非常强烈，但支持者的立场同样很坚定。

例如，游隼恢复的故事体现了美国各地成百上千的人们所取得的非凡成就。游隼自身从未减少到和本部分中其他物种一样少的种群数量，但在美国东部，它们却从原有的很大一块分布区域中完全灭绝。关于禁用DDT的争论，揭露出大公司在追逐财富的过程中，可以作出无情践踏其他生命形式的决定，这令人寒心。这场斗争的胜利是环保运动的胜利，也有助于无数的其他物种免于步游隼的后尘。

在我们所讲述的故事中，人们所致力于保护的不仅仅是富有魅力的动物，还包括鱼、爬行动物和昆虫。“究竟为什么，”人们通常问，“有人去保护臭虫？这世界没有了它们会更美好。”当我还是个小孩的时候，我曾看过这样的一幅壁画，画中一个可爱的小女孩抱着一条脸部皱皱的斗牛犬，标题写着“每个人都有被爱的权利”。这些故事中的人们热诚关心动物，并竭力去保护它们。他们也知道，生态系统中的每一个物种都有其特定的生态位——生态系统是生物相互关联的一个网络——每一个物种都非常重要。这就是保护成本有时会非常惊人的一个原因,但确实也是值得的。

有一点认识很重要:动物与我们人类共同生存在地球上,它们有权利得到这样的待遇。原本就是我们把世界搞得这么乱,现在应该由我们来把一切理顺。

金狮狨

我第一次与金狮狨面对面接触，是在华盛顿特区的国家动物园里，那是2007年春天一个美丽的清晨。在那我还遇到了戴维拉·克莱曼博士，她非常和蔼地向我介绍一些关于生物物种的知识。这些渊博的知识是她花了大半辈子的时间获得的。

在19世纪早期，金狮狨普遍生活在巴西东部大西洋沿岸的森林里，但在20世纪下半叶，金狮狨被作为宠物捕捉或抓到动物园里，它们的森林栖息地遭到破坏，改作牧场、农田和种植园，金狮狨的数量急剧下降。如今，现存的大西洋森林面积已经不到原来的7%，而且大部分还是破碎的。

如今，众多的金狮狨可以在巴西的热带雨林——它们祖先的家园——中自由地生活。(摩根·墨菲，史密森尼国家动物园)

巴西“灵长类之父”的拯救行动

狮狨共有4种，分别是：黑狮狨、金头狮狨、黑脸狮狨和金狮狨。在新大陆猴中，金狮狨属最濒危，它们随时都有可能完全灭绝。正是在科因布拉-费霍博士和其同事阿西奥·曼格纳妮妮热情的参与、全心的奉献与持之以恒的努力下，金狮狨才没有完全消失。在巴西，费霍博士常常被人尊称为“灵长类之父”。

早在1962年，这两位科学家就已经意识到开展金狮狨人工繁育项目的必要性，其目标是把它们放归到受保护的森林里。但他们几乎没有获得任何支持，项目没能顺利启动。但是，在整个20世纪六七十年代，他们自己掏钱，走遍了许多省市，搜集有关金狮狨的资料，访问多座村庄，和当地的居民尤其和猎户进行交流。这是一项异常辛苦的工作，而结果常常令他们感到沮丧。他们选定了适合放归的两个理想地点，但一年后他们回来时，却发现这两个地点都已经遭到破坏，其他无数的大片森林也被摧毁了。

那的确是一段艰难的时期，但同时也是一段非常宝贵的时期。他们收集的数据证实，金狮狨及其栖息地正处于危急困境之中，必须为它们而战了！在费霍博士坚持不懈的努力下，最终他们得到一片林地，设立了保护金狮狨的普卡达斯安达斯生物保护区。这是巴西的第一个生物保护区。

1972年，在历史上具有开创性意义的名为“拯救金狮狨”（当时是这样称呼的）的会议召开了，汇集了来自欧洲、美国和巴西的28位生物学家。这次会议引导国际社会重点关注如何防止金狮狨陷入灭绝境地这一迫切问题。会议制订了野生动物保护计划，费霍博士的金狮狨繁育计划也得到了支持。会议还制定了一份全球动物园合作开展人工繁育项目的行动纲要。因为这次会议，华盛顿特区国家动物园的金狮狨保护项目得以实施，也正是因为这次会议，戴维拉·克莱曼博士开始了她对这种小型灵长类动物的长期研究。

结识金狮狨家庭

在那次会议的35年后，我参观了国家动物园。我以前从未近距离地接触过金狮狨。在戴维拉·克莱曼和管理员艾立克·史密斯的陪同下，我们走进了为一个金狮狨家族新建的圈养场所。那感觉棒极了！我见到了一对成年狨艾都奥多和拉朗伽，两只处于青春期的雌性小狨萨巴和吉萨拉，还有两只更小的狨马拉和摩。我被它们迷住了。它们就像丛林里耀眼的宝石，金光闪闪的毛发像狮子的鬣毛般披散在身上，遮住了它们的脸庞。我看着它们，它们好像对新家里来了那么多陌生人感到紧张。此时此刻，我特别想感谢那些为保护金狮狨免遭灭绝而付出心血的人们。

我们一组人聚在一起讨论金狮狨。我问戴维拉·克莱曼，她怎么会参与到保护金狮狨工作中来的。她告诉我们，她在纽约郊区长大，既没有机会亲近自然，也没有养过宠物。后来她在医学院读书，因为大学里的一个课题，她去动物

在国家动物园的小型哺乳动物馆里，戴维拉·克莱曼正在检查金狮狨的攀爬能力，之后它将被放归到巴西的热带雨林中。（杰西·科汉，史密森尼国家动物园）

园观察狼群，然后就被吸引住了。她开始研究有关动物的行为。有趣的是，她在伦敦动物园里待了一段时间，并与戴蒙·莫里斯一起工作——跟我从前一样。在了解到金狮狨所处的困境之前，她重点研究的是哺乳动物的比较行为和社会繁殖行为。

她告诉我们："我决定尽我所能去帮助这些可爱的小动物。"所以她着手筹集资金，搜集资料，开展一项联合繁育项目。很多人认为这样的项目是行不通的。她面带着微笑，回忆起当年人们给她的忠告："不要去管那些狨，它们正在走向灭绝。这将会毁掉你的职业前程。"

"我很庆幸我没听从那些劝告，"她说。实际上，这对大家来说都是幸运的，尤其是对于那些金狮狨来说。

戴维拉·克莱曼与所有饲养金狮狨的动物园都保持着联系，她发现人们对狨的繁殖行为一无所知。"没有人知道它们到底是一夫一妻制还是一夫多妻制，"她说。后来她确信，一个野生狨群体里有2—8只个体，可能由一对夫妇和它们的后代所组成。所以克莱曼建议，动物园里只要保证有一对成年狨夫妇，狨家族自然而然就能形成了。克莱曼找到了成功的关键。渐渐地，越来越多关于狨自然食性和社会体系的知识为人们所知晓，并应用于它们的饲养中。金狮狨的情况得到了改善。但即使是这样，至1975年底，巴西国内仅有39只金狮狨，另有83只散布于国外的16家研究机构中。

野放

随着人工繁育的金狮狨数量不断增加，戴维拉·克莱曼开始把注意力放在下一个阶段——把金狮狨放归野外。第一步当然是为它们找到一个安全的环境。"我走遍巴西，寻找一个能够把狨放归野外的保护区。"戴维拉·克莱曼回忆，"大西洋沿岸的森林面积已经大幅减少。我们到达一个保护区，那里也只有很少的森林被保存下来。更让我感到惊骇的是，保护区的门卫居然把金狮狨当宠物牵着。我们要在那里成功放归金狮猿几乎是不可能的。但那里是它们仅存的自然栖息地,我们将不得不根据现有的一切去努力。”

一位科学家同时也是保护主义者的本杰明·贝克(简称本)博士被推选为协调放归项目的负责人。首先必须做好准备工作。戴维拉和本杰明多次前往巴西,与当地同行建立起密切的关系。至1984年,所有的前期工作都已准备好了:落实了一片放归区域,巴西当地的合作伙伴和工作人员也已到位。第一批人工繁育的金狮猿被放归到森林中。

戴维拉告诉我们:“第一次放归之后我们才知道,人工繁育的金狮猿在树上移动有问题,它们根本不知道如何辨别复杂的3D立体环境。”不过它们经过努力,最终克服了这一困难。在这期间,研究团队获得了许多有关它们行为活动的资料。戴维拉告诉我们,有一天她跟踪离开了猿群的3只小猿(一只青年雌猿和它的弟弟罗和马克),它们越走越远,不断探索着新的天地。当日落黄昏时,戴维拉开始担心它们会不会迷路。突然那只雌猿发出奇怪的叫声,很坚定地改变了方向,一边叫着,一边继续向前走。罗和马克立刻跟上——戴维拉随即也跟了上去。“我感觉自己几乎成为这个家族的一分子了,”戴维拉说,“跟随着这种呼叫声,我们没有掉队。”不到半个小时,它们就回到了自己的家。后来研究者发现,这种呼叫声的意思是“我们走吧!”他们称之为“瓦莫诺斯”呼叫。

适应丛林生活

不久之后,戴维拉和本作出了一个大胆而创新的决定——允许一些金狮猿家族的成员在华盛顿特区国家动物园里的一小片森林里自由走动。这样,在被放归于巴西野外之前,它们就能熟练掌握在树冠上移动的技巧。在本的管理指导下,这个计划获得了成功。“举例来说,”戴维拉说,“一旦到了野外,它们本能地发出轻轻的‘瓦莫诺斯’的呼叫,我在野外听到过这种声音。真是太美妙了!”

金狮猿不仅学会了攀爬技能,而且在一个80多平方米的小区域内建立了自己的领地——就像它们生活在野外一样。至此，戴维拉和本认为，狨不太可能再回到地面生活了。令他们感到非常欣慰的是，他们的判断被证明是正确的。

本告诉我们，在这个巴西放归项目中，最吸引他的是放归前的训练（例如教会狨用手指从岩缝中抓取食物，或是教会它们剥水果）与金狮狨在野外生存需要的技能基本一致。最重要的是"软性放归"的方法，即在它们刚刚开始丛林生活时，人们给它们提供食物和居所；当它们开始从自然界取食后，研究人员逐渐减少喂食和观察的次数：从每天1次到一个星期3次，再到一星期1次，最后一个月1次。如果有个别狨受伤或迷路了，它将会被人工收养直至完全恢复，然后再放归到森林中。5年后，所有的群体都能独立生活了。本解释说，决定该项目成功的关键因素是，雌狨有足够长的生命期去繁殖后代。小狨出生在野外是最好的。本说："这样，它们一出生就有一个野生的头脑。"

更多来自野外的故事

我请本分享一些趣事。于是他给我讲起了埃米莉。埃米莉和她家族中的4位成员于1988年来到这里。它们被放归到森林里，引至研究人员在树上为它们建造的巢穴中。第二天傍晚，天气又冷又潮湿，埃米莉看起来好像很迷惑，她攀到树枝的顶端，坐在那里缩成一团。本和同事安德烈娅·马丁斯也坐在那里，缩成一团观察着她。天渐渐地黑了，两人不得不离开了。瘦小的她仍坐在树枝的末端，浑身湿淋淋的，而其他家族成员则在温暖的家里休息。

一群郁闷的人聚在一起吃晚饭，也是又冷又湿。"我们没有一个人好好睡过，"本说。第二天一大早他们就去了，当他们来到那棵树下时，埃米莉奄奄一息地躺在地上，浑身冰冷。安德烈娅用衣服把埃米莉包住，将它带回了营地。慢慢地，埃米莉的体温渐渐回升。到天黑时，她身上的毛干了，也能抖开了。她不仅活下来了，而且还生了好几只金狮狨。"她是我们的心肝宝贝。"本说。

一天，埃米莉和她的孩子不见了。非常不幸的是，有一些人专门偷捕狨，把它们当宠物出售（这是非法的行为），几年下来至少有22只狨被偷。出乎人们的意料，后来埃米莉被找了回来，一名兽医注意到了她身上的记号，意识到她是被偷的。埃米莉很快安定了下来，并重新组成了另一个家庭。几乎令人难以置信的是，后来她再一次被偷走了，而他们再一次把她找了回来。

一个名字还是一个数字？

本告诉我，他们不给保护区里的金狮狨取名，只用数字做代号。在保护金狮狨项目中，这种用名字或数字来识别狨个体的做法有一段有趣的历史。"我开始用数字为狨编号，当时看起来是很科学的，"戴维拉回忆，"但让我为难的是，大卫·凯斯勒（她的一个同事）坚持把亲手养大的一只金狮狨命名为'艾瑟克·阿特拉斯·杜蒙上校'——它产生了效果，从那以后我们就一直使用名字了。"

虽然人工繁育的狨仍然使用名字，但当它们放归到野外后就改用数字。不是因为这个方法很科学，而是因为相当大比例的金狮狨没法使用代号——到野放后的第2年年底，大约有80%的金狮狨死亡或是失踪。工作人员发现，如果不知道这些金狮狨的名字，他们的心情会好受一些。

当研究小组在森林里发现一只未标记过的金狮狨时，他们明白这是一个成功的信号——这是一只在野外出生的个体，说明放归的狨已经找到并建立了属于自己的领地。有些狨甚至将领地扩展到1.6千米外的开阔的农田。研究小组不再花时间对这个狨家族进行近距离的观察了，他们所要做的，只是不定期监测它们的健康情况、繁殖情况以及成活率。

在那些前面介绍过的狨种群逐渐壮大的同时，依然有一些金狮狨种群濒临灭绝。20世纪90年代初的一份详尽的调查报告显示，12个金狮狨种群中的60只个体，居住在9块零散的小片森林中，这些森林将被砍掉后建起海滨公寓。因此，在1994—1997年，人们把6群共43只金狮狨转移到了乌尼奥生物保护区里。

长期成功的关键:移交给当地人

从一开始戴维拉就意识到,重引入金狮狨项目能否成功的一个关键因素是当地农民的态度——他们拥有这些残留下来的森林,而越来越多的金狮狨家庭将被放归其中。因此从一开始,巴西研究组就致力于和当地居民建立良好的联系。开始非常困难,许多农民对研究人员充满敌意,戴维拉告诉我们:"但这可能是最重要的一个方面。我希望我能够退休,并看到这项工作在持续进行着,这些工作只有移交到当地人手中,才能长久开展下去。"

在很大程度上,这项工作已经开始了。1992年,金狮狨保护协会(AMLD)在巴西成立,统一所有有关保护金狮狨以及教育当地居民的工作。该协会由一位名叫丹尼斯·拉波迪的充满活力的年轻巴西人领导。协会跟踪调查金狮狨的数量,帮助当地贫困农民发展农林业技术,对巴西年轻人进行有关环境保护知识的培训。该协会还与巴西的政府机构密切合作,促进整个地区的环境保护。

金狮狨原来列在国际自然保护联盟(IUCN)颁布的《受胁物种红色名录》,即极危级物种名单中,2003年,它退至濒危级,是唯一一个由于保护成功而濒危程度下降的灵长类物种。对于无数献身于该物种生存保护工作的人们和组织来说,这确实具有里程碑式的意义。

当然,与所有的保护项目一样,人们还不可以高枕无忧,栖息地依然遭到破坏,现存森林不断被分割成小片,金狮狨的生存仍旧面临着巨大威胁。令人欣慰的是,金狮狨保护协会正在建设森林廊道,连接起金狮狨的各个孤立的栖息地,防止单个小群体近亲繁殖。第一个开建的森林廊道大约长20千米,即将建设完成。另外,越来越多的私人农场主表示,允许金狮狨在他们的土地上生活。

在我写这篇文章时,金狮狨已经在毗邻波哥达斯安塔斯生物保护区的21个私人农场中安居乐业。在巴西重新设计货币时,巴西人民进行了投票,决定把金狮猴的图像印在面值20元的钞票上。在巴西,金狮猴如今已经成为自然环境保护的一个形象大使了。

戴维拉说:“1972年,当我开始在动物园工作时,动物园里只有大约70只金狮猴。”到20世纪80年代末,金狮猴数量增加到近500只,所以决定对一些个体采用避孕措施,以保持人工繁育种群的稳定。现如今,动物园和水族馆里圈养着大约470只金狮猴,它们受到细心的照顾。“在1984年,当我开始金狮猴新的野外工作时,野外的猴数量不足500只。”由于金狮猴野放工作的成功,现在大约有1600—1700只金狮猴生活在野外。

当我在遥远的伯恩茅斯家里写下这些故事时,我回想起4月的那一天,戴维拉给我介绍艾都奥多和拉朗伽以及它们的家庭。我仍清晰地记得成年雄性猴靠近戴维拉时的样子。戴维拉手里拿着一只管理员给的香蕉,这个小精灵缓缓地伸出手去拿。对我来说,那是一个神奇的瞬间!它体现着这个可爱的小家伙对戴维拉的全部信任。而戴维拉为避免这个令人着迷的物种从地球上永远消失而努力工作,付出了全部热情。

美洲鳄

大多数人(包括我)都会觉得,在水中遭遇一条鳄鱼是相当恐怖的事。我依然清晰地记得,小时候,当母亲给我读吉卜林的《原来如此的故事》里我最喜欢的一个故事“大象的鼻子是怎么样变长的?”时,对那只小象的境遇我感同身受。可怜的小象走到“灰绿的充满油腻的林波波大河”去喝水时,它那短小的鼻子被鳄鱼咬住了。鳄鱼使劲拉扯,小象也使劲拉扯。幸运的是,它所有的叔叔婶婶都及时赶来救它。它们使劲地拉啊拉,鳄鱼也使劲地拉啊拉,最后小象成功获救,它的鼻子被拉成了长鼻子。

一张珍贵的照片—— 一只成年美洲鳄在佛罗里达州的沼泽地里捕食。这种害羞的鳄最近回归野外,这是濒危动物得到成功拯救的又一个实例,但它们的未来还有赖于沼泽地的恢复。(乔·A.瓦斯拉维斯基)

在现实生活中，有数量惊人的羚羊（甚至水牛）去河边饮水时被鳄鱼咬住，它们苦苦挣扎，最后被鳄鱼拖到水底淹死了。我们第一次到达贡贝时，母亲和我被告知，有两条鳄鱼经常光顾我们宿营地附近的湖岸。在那段日子里，我们谁也不敢去湖里游泳。后来果真出了事，一条鳄鱼几乎咬到厨师的妻子。后来我们得知，它们是老爱迪马塔塔的"魔宠"（就像巫师的黑猫一样），当时我们并不知道，老爱迪马塔塔就是当地最臭名昭著的巫医。事实也如此，他搬走后，那两条鳄鱼也失踪了。坦桑尼亚有许多关于巫师与鳄鱼的故事。

"温和而胆小"的鳄鱼

所有那些我听过的故事都是关于非洲鳄（或称尼罗鳄）的，它们的习性与美洲短吻鳄非常相似。在这一章中，我们将介绍美洲鳄。这是一种截然不同的动物，温和而胆小，但非常不幸的是，它们经常被误认为是吃人的短吻鳄。一旦你知道了它们的差异，你就能很容易地区分这两种鳄了。首先，美洲鳄的体色为橄榄绿到棕灰色，间杂着黑色斑点，而短吻鳄是全身通黑，均匀一致；其次，美洲鳄的鼻子更为狭窄，下颌两边第4对牙齿外露在上颌外面。尽管偶尔听到美洲鳄在墨西哥和哥斯达黎加攻击过人，但在佛罗里达州从来没有过正式报道。

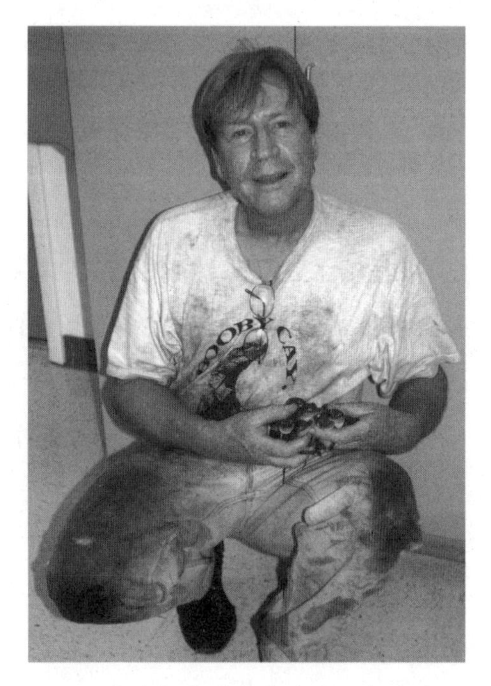

为确保美洲鳄的未来而努力的乔·瓦斯拉维斯基。2007年，与出生在土耳其角核电站附近的3条野生小鳄在一起。（乔·A. 瓦斯拉维斯基）

美洲鳄广泛分布于古巴、牙买加、海地岛和从委内瑞拉到尤卡坦半岛的加勒比海沿岸,以及从秘鲁到墨西哥的太平洋沿岸。在佛罗里达州发现的北方亚种已与指名亚种隔离了至少6万年(最近,一份未发表的研究表明,其DNA与古巴的美洲鳄相近)。到20世纪70年代初,佛罗里达亚种与地球上许多其他鳄鱼一样濒临灭绝。人类为了获取鳄鱼皮而对它们大肆捕杀,人类的发展也破坏了它们大面积的野生栖息地,这导致美洲鳄陷入濒临灭绝的境地。1975年,美洲鳄被列为濒危野生物种:据估计,幸存的个体不超过200—400条。

2006年11月,我有幸与佛罗里达大学的野生生物学家弗兰克·马佐蒂教授通了一次电话,他有着30多年的鳄鱼研究经验。1977年,当弗兰克·马佐蒂还是一名研究生的时候,就开始在国家沼泽地公园协助进行鳄鱼的实地调查。除了知道它们处于水深火热的境地之外,人们对它们没有更多了解。研究人员努力解决的问题之一就是:有多少小鳄鱼存活?是什么杀害了它们?

弗兰克碰巧看到过青蟹吃一条幼鳄,但以为它们可能是在清理一具死鳄尸体。直到在一个难忘的日子里,他看到一只爬行动物的尾巴在水面上挣扎,于是他将它抓住,拉出水面。这是一条幼鳄,被青蟹的螯肢紧紧抓住,青蟹的一只螯夹着猎物的中间部位,其另一只螯钳住它的头。弗兰克救下了这条幼鳄,但它已经停止了呼吸。不久以前,曾有人将《幽默杂志》上的一幅漫画贴在护林站的墙上。

“漫画上是一个年轻人给蜥蜴做口对口的人工呼吸,”弗兰克说,“这个人的嘴唇紧紧贴着蜥蜴的整个颈部,使劲吹气。”弗兰克就这么对待了鳄鱼!几秒钟之后,鳄鱼终于把水吐了出来,不久就完全恢复了。可以肯定,弗兰克是这世界上唯一一个给予鳄鱼生命之吻的人!

荒野之夜的爱

当弗兰克还是个孩子的时候,和我一样,他读过所有关于人猿泰山的书和同类的故事。自那以后,我喜欢上了泰山,而他想成为泰山。“渐渐地,”他说,

“我意识到这不可能在一个身高1.75米的年轻人身上发生。”作为一个大学生，他有机会协助做一些有关鳄鱼的研究工作。鳄鱼是夜行性的，这就意味着它们一般在天黑后开始野外活动，这是他所喜爱的。当时，他们养殖了一些幼鳄，这是他们研究课题的一部分。“我喂养过一对鳄鱼，它们长到了约两米长，我与它们相处得很好，直到它们被放归野外。”当他谈起美洲鳄时，他的声音透露出无法掩饰的热情。“它们是鳄鱼世界中的宝贝，它们最没有防御能力，所以也最不具备攻击性，它们非常害羞，也相当温和。”这时他笑了起来——可以肯定，从猎物的角度来看，它们可能并不像看起来那么温和（主要捕食螃蟹、鱼、蛇、龟、鸟类及一些小型哺乳动物，极少捕捉比浣熊或兔子大的动物为食）。

取得博士学位后，弗兰克在佛罗里达从事对鳄鱼洞穴的调查研究。首先，他汇总自1930年以来所有能找到的有关记录鳄鱼洞穴的资料；接着，他到每一个有记录的鳄鱼洞穴进行调查，查找是否有鳄鱼活动的迹象。终于在1987年，他在国家沼泽地公园的佛罗里达海湾中一个叫钥匙俱乐部的地方，发现了一个有活动痕迹的鳄鱼洞穴。他告诉我“最后一次记录那里有鳄鱼活动是在1953年”。如今距离他发现这个鳄鱼洞穴将近有20年了，但他的声音所散发出的激动，通过电话线从佛罗里达一直传到我伯恩茅斯的家中。

鳄鱼的母性行为

我很惊讶地得知，雌性鳄鱼长到11—13岁时才性成熟（就像黑猩猩一样），它们能活大约60多年（也像黑猩猩）。在冬末或初春交配之后，雌性鳄鱼就会在地势高的地方如海滩或河岸挖洞，产下20—50枚鳄鱼蛋，并用土将它们精心地覆盖好，然后离开。85天后母鳄回到这个地方，这时正好是幼鳄孵化出来的时候，它们需要母鳄帮助，把它们从地里挖出来。当母鳄回到洞穴后，会将它的耳朵紧贴地面，以便聆听幼鳄破壳而出时发出的“嗒嗒”声。接着，母鳄将它们从地里一条条挖出来，用嘴叼到水里去。然后，这些20多厘米长的幼鳄就将依靠自己的努力，找到通向咸水河口的道路。弗兰克告诉我，他记忆中最美好的就是这种母性行为。

幼鳄第一年的成活率大概为6%—50%，影响它们成活率的部分因素是降雨量和自然水流量，因为幼鳄不耐受高盐度。根据历史资料看，淡水流经沼泽地注入佛罗里达湾降低了水的盐度，营造了幼鳄所需的生存条件。但问题是，自然水流在很久以前就遭到干扰了。在过去的几十年里，水被“管理”了起来——人们在国家沼泽地公园外筑坝，拦截水流以供农业生产之用。然后当人们不再需要水时，就瞬间大量放水。这样就改变了原本相对缓慢而持续地通过林间空地的淡水水流，从而影响了湿地的水位和佛罗里达湾的盐度，给动植物造成了严重的破坏。

发电站帮助拯救美洲鳄

尽管如此，科学家估计现在佛罗里达的美洲鳄数量是1975年时的4倍多。很特别的是，美洲鳄数量的增加很大程度上得益于发电站。20世纪70年代，佛罗里达电力照明公司在土耳其角这个地方修建了一条长约240千米的运河，使来自发电站的水在再次流入海湾前冷却下来，为美洲鳄创造了理想的栖息地，它们可以在运河之间松软的土壤上筑穴了。值得称颂的是，当1978年那里发现了幼鳄时，该公司对此表现出浓厚的兴趣，并聘请专职顾问对美洲鳄进行监测。自那以后，筑穴鳄鱼的数量稳步增加。

为了获得土耳其角美洲鳄的资料，我拜访了乔·瓦斯拉维斯基，他从1996年开始就一直在那工作。他工作的一部分就是寻找美洲鳄，追踪温暖而高盐度的运河中发现的鳄鱼留下的每一个足迹和尾巴拖动的痕迹。他捉到的每一条美洲鳄都用微芯片做好标记。

“我已经捉到并标记了上千条美洲鳄，”2008年春天乔与我通话时说，“它们没有危险性。一旦意识到自己被捉了，它们就会屈服。而其他种类的鳄鱼会一直抗争到底。”

从1985年开始，在佛罗里达电力照明公司的土耳其角冷却运河系统和与之邻近的地方，人们采用相同的方法对成年美洲鳄数量进行调查。结果显示其数量大幅度增加：第一年只有19条，10年后数量增加到40条，到2005年，数量已经增加到400条。

美洲鳄还在国家沼泽地公园的南部陆地以及1980年在基拉戈设立的鳄鱼湖国家野生动植物保护区约27平方千米的土地上筑巢。因此，90%的美洲鳄栖息地不是在保护区里，就是在一个非常支持美洲鳄生存的公司所拥有的土地上。随着保护力度和物种数量的增加，美洲鳄也已在居民区出现——从内陆水道到高尔夫球场的池塘。为此，正如弗兰克所说，让人们了解美洲鳄的温顺本性，并教会人们将它与更具攻击性的短吻鳄区分开来，这是非常重要的。

鳄鱼的作用

鳄鱼在生态系统中扮演着重要而有趣的角色。乔说：“例如，在佛罗里达我们碰到一个涉及外来入侵物种的可怕问题——外来宠物，例如绿鬣蜥、蟒被放生到野外。所幸的是，鳄鱼在生态系统中是最顶层的物种，它们吃所有比它们小的动物，从而有助于有效控制外来入侵物种。”

具有讽刺意味的是，健康鳄鱼种群中出现了一个迹象——它们开始猎杀自己的幼鳄。“随着物种数量的增加，它们开始对自己的物种数量进行调控，”乔说，“我们看到越来越多的鳄鱼吃自己的幼鳄，有一些只是为了尝尝味道。”

到目前为止，美洲鳄的恢复可以被认为是个成功的故事。然而它的最终命运与佛罗里达许多其他动植物一样，取决于沼泽生态系统的恢复。我们希望工程师与生物学家相互合作，在确保有更多的自然水流方面取得成果。弗兰克·马佐蒂和乔·瓦斯拉维斯基的热情以及持之以恒，加上美洲鳄自身的努力，将令一切改观。

游隼

当我第一次看到游隼在天空飞过,然后俯冲直下捕捉猎物(一些小的鸟类)时,我的感受就如看到流星疾逝一样,它是如此神奇和令人着迷,我的内心被深深地震撼了。所有鸟类的飞行都是令人神往的——难怪我们地面上的人类一直努力想飞到天上。难怪我们大多数人,不时地梦到自己能飞翔。(事实上,我母亲曾经非常真切地梦到过飞翔,以至于她坐起来,在半睡半醒状态下试图从床尾飞起来,结果重重地摔在地上,惊醒了全家人。)

由于DDT的大量使用,游隼在美国东部完全灭绝。它们在这个地区的恢复完全依赖于人工繁殖技术。图中为在加拿大纽纳瓦特的野外,一位母亲正给它的雏鸟们喂食。(托马斯·D.曼格尔森)

当我还是一个孩子的时候，我阅读过一个小男孩和隼的故事——我不知道那个隼的种类。他们相互喜欢，他从来不用笼子困住或用铁链绑住它。当隼出去猎取食物供他们食用的时候，由于一些我早已遗忘了的原因，小男孩一直在野外躲藏着。我总是对鹰猎行为充满矛盾的心情——对鸟类的驯养和限制是束缚自由的象征。人们笼养鸟类剥夺了它们与生俱来的权利，这就是为什么我感到伤心和愤怒的原因。但是，养隼人在本章所描述的游隼数量恢复中起到了很大的作用，我对他们充满了钦佩之情。事实上，发动并领导这个项目的汤姆·凯德自己也是一位养隼人，依靠那些年轻爱好者们丰富的知识和技能，他们达到了保护的目的。

游隼（和矛隼一起）一直被认为是古代鹰猎技艺中最优秀的鸟类。美国博物学家罗杰托雷·彼特森曾这样写道："一个男人从古迹的阴影中浮现，手腕上站着一只游隼。"虽然游隼有时候被用于狩猎仅仅是人们为了谋生，但更多时候这是一项贵族运动。直到20世纪初，北美才开始出现鹰猎活动，游隼在当地也很快成为人们最喜爱的鸟类。

许多文字都描述过游隼——它的美丽，它的速度，它从高空俯冲直下猎取猎物时的急速下落。然而，一本名为《游隼归来——一个关于顽强和协作的美洲传奇》的书中，记录了游隼在美洲濒临灭绝的境地，以及对它进行救援并让它重返野外的不可思议的故事。上述这本书以及来自汤姆·凯德本人的资料——他在游隼恢复工作中发挥了巨大的作用，都是本章的主要信息来源。

除了南极洲，全球几乎所有地区都发现有游隼。与北美相比，游隼在欧洲的数量更多。事实上，在第二次世界大战期间，英格兰南部的许多游隼因为对信鸽构成威胁而被捕杀。战争结束后，一些鸟类学家开始担心英国游隼非常糟糕的状况。1960年，鸟类基金会（BTO）要求德拉克·拉克利夫（现已去世，时任英国政府自然保护局首席科学家）对全英范围的游隼巢穴进行调查。德拉克·拉克利夫发现，英格兰南部的游隼数量确实严重下降，在英格兰和威尔士的其他地方数量也有所下降，只有在苏格兰的偏远地区，游隼数量维持在一个正常的范围之内。

BTO认为，这可能是由于战后英国的农业生产中大量使用剧毒的有机氯杀虫剂所致。20世纪40年代后期开始，有许多这样的报道：以种子为食的鸟类看起来因为吃了喷过农药的庄稼而死亡；肉食性动物的尸体相继发现，人们推测可能是吃了受污染的猎物而中毒。

1963年，拉克利夫的第二次调查显示，游隼数量进一步急剧下降，尤其是在南部，在那里只发现了3对游隼。同样，只有在苏格兰偏远地区的鸟类没有受到影响。来自欧洲的其他报告也记录了类似的鸟类数量减少的现象，包括游隼在内。

禁用DDT的保卫战

随着越来越多的人了解到众多鸟类的死因，社会上出现了强烈的抗议声，英国政府交给科学家们一项任务，在芒克斯乌研究站对农药的有害影响进行研究。与此同时，一系列的"建议性禁令"推出，建议对有机氯农药和其他有毒农药的使用进行限制。拉克利夫发现，甚至正在使用中的巢穴（鹰和隼的）里也经常有坏的蛋，他怀疑是化学品影响了蛋壳的厚度。拉克利夫拿一个坏的蛋到芒克斯乌检测，结果表明：蛋里有DDE（DDT的衍生物）和其他的化学农药残留。

因此，在蕾切尔·卡逊于1962年出版《寂静的春天》——卡逊自己关于为什么美国成千上万的鸟类和昆虫也在死亡的研究结果——一书时，英国研究团队已经在研究化学农药的影响。来源于欧洲的研究报告记录了类似的鸟类数量下降（包括游隼在内），同样认为这也是由于农药使用所致。

在美国，威斯康星大学教授乔·海琦是众多对游隼数量下降感到担忧的鸟类学家和养隼人之一。1939年，他对密西西比河以东的阿巴拉契亚游隼的活跃巢穴进行了广泛的调查。1963年，他加入了丹尼尔·伯格的研究团队（每年丹尼尔·伯格都对密西西比河沿岸的游隼进行数量调查，已经持续了13年），对之前20多年他所走遍的区域进行游隼巢穴调查。1964年，丹尼尔·伯格和他的同事走遍了美国14个州以及加拿大的一个省，历时整整3个月，他们没有发现任何一只在用的巢穴，也没有看到任何一只游隼。美国东部的阿巴拉契亚游隼总数在急剧下降。

了解到这个令人震惊的消息后不久，海琦从拉克利夫那里得知了英国的农药使用情况。他立即着手组织一个聚会，邀请了所有对此感兴趣的各方人员参加：养隼人、科学家、政府官员，甚至农药公司的代表。这次聚会后来被称为“麦迪逊会议”，于1965年年中在威斯康星州召开。拉克利夫在会上汇报了英国即将开展的工作，依据一份由11个欧洲国家71名科学家组成的委员会（他本人也参与其中）提供的资料。他们的结论是：所有不易降解的农药，特别是有机氯，都对野生生物构成重大的威胁。

“会议一结束，人们就开始检测鸟蛋和已死亡的游隼的组织器官——他们发现了DDT和它的衍生物DDE。”汤姆·凯德这样写道，“根据这一点，很明显，DDT是游隼当前面对的最大问题。”由于受到来自农用化学品工业和农业生产业的坚决反对，人们必须提供更多的科学“证据”，以说服政府立法禁止这些有毒化学品的使用。反对者声称，蛋壳变薄与某些农药使用之间呈现的因果关系只是偶然现象。

养隼人汤姆·凯德，他带领着一大群美国人，努力在游隼昔日的狩猎场上恢复其种群。（J.谢尔伍德·查尔门斯/游隼基金会）

因此，拉克利夫设计了一个测量蛋壳厚度的方法。这种方法以蛋的重量、用卡尺测量的长度和宽度为依据。拉克利夫利用这种方法对全英国采集到的游隼蛋进行检测,发现从1947年起,游隼蛋的厚度显著下降。与此同时,在USFWS帕塔克森野生动物研究中心,科学家们研究DDT和DDE对不同鸟类的影响(包括红隼)。他们的实验表明,各种化学品在相当少量时就能导致红隼的蛋壳变薄,这与野生红隼捕食受农药污染的猎物后的情况相一致。

"限制DDT行不通"

科学证据越来越多,但是反对声仍然很强烈。事实上,林登·约翰逊总统的一个科学顾问在麦迪逊会议上发表声明:"限制使用DDT是行不通的。"

汤姆告诉我:"这份声明的发表对我们许多人来说都是一个挑战。"

农药监管是新成立的环境保护署(EPA)的责任。1971年年中,根据由环境保护基金会促成的一项法令,EPA开始对DDT进行听证,花了8个多月的时间,召集了125位证人。之后威廉·拉克索斯——由尼克松总统任命的EPA第一任负责人,在总统的支持下,开始在全国范围内大胆实施禁用DDT的措施。

反对者必然进行的上诉被美国最高法院驳回。许多科学家都提供了化学物质影响肉食性鸟类的证据,尤其是对游隼、海雕、鹗和褐鹈鹕产生影响的证据,这些证据无懈可击。这是一场长期而艰苦的战斗,结果自然保护主义者取得重大胜利,并开创了环境法领域中的合法先例,对环境保护产生了深远的影响。

在加拿大,DDT已经被禁用。在许多欧洲国家,保护主义者也开始游说,希望立法禁用DDT和其他有害化学物质。在英国,政府非强制性禁止在农药中使用多数有毒化学物质,农民开始减少农药使用量,这意味着大部分有毒化学物质已经逐步被禁用。1979年,欧盟终于禁用有毒化学农药。

发现游隼繁殖的真相

在对最终能够禁用DDT的期望中,汤姆·凯德于1970年成立了游隼基金会，并开始在美国东部开展一个重引入游隼的人工繁育项目。虽然美国和欧洲的养隼人在人工繁育游隼方面取得了一些成功，但有关人工繁育游隼的知识还是很少。20世纪50年代后期，一些养隼人注意到，游隼数量似乎陷入了困境，因此他们成立了北美养隼人协会。1961年，来自各个州的45名养隼人出席了成立大会，谈论目前游隼的现状。一些人建议对游隼进行人工繁殖。

汤姆·凯德本身就是一个养隼人，他设计了雄心勃勃的计划，一步步地推进，并从其他养隼人那里寻求建议和帮助。正是在他们那里，凯德了解到年幼的游隼在没有父母指导的情况下就能自己学会捕猎。从伊丽莎白时代开始，养隼人就对游隼开始一项称为"放养"的训练：他们将放养车(一种货车)拖上山顶，在雏隼会飞之前把它们放在车里，每天给它们提供食物。在雏隼刚会飞之时，它们就能随意地飞来飞去。当它们生长到肌肉发达并能自己捕捉小鸟时，它们就被抓回去进行训练。显然，放养将是汤姆·凯德放归计划的一部分。最重要的是，养隼人知道游隼很适合人工繁育。汤姆·凯德这样写道："虽然游隼被认为是天空的主宰者，野外的居民，令人难忘的风景，但几个世纪以来，游隼也是一种……鸟类，性情温顺平和，这使它成为人类最好的帮手……"

因为在康奈尔大学任教，并与其著名的鸟类学实验室有联系，汤姆·凯德在那建立了一个繁殖基地，那里被亲切地称为"游隼宫殿"。为了获得首批游隼，汤姆·凯德向海因兹·蒙博士求助，蒙是纽约州立大学新帕尔兹分校的一名教授，他是一位养隼爱好者，也是康奈尔大学的校友。蒙博士自己已经启动了一个小的繁育计划，他将自己繁殖的一对游隼及其后代借给了汤姆的项目组。

经过几次试验和失败，汤姆和游隼基金会的工作人员掌握了如何在最短的时间内繁殖出最大数量的游隼。他们的项目结合了游隼的自然繁殖，选几对、后来翻倍、再后来3倍的游隼进行人工授精，产出的游隼蛋由游隼孵化或者在孵化器中孵化。渐渐地他们意识到，成功与否的关键取决于进行人工繁育的隼的年龄和如何管理雏隼(年老的个体很少能繁殖成功)。他们发现，对雏隼最好进行群养，在它们长到5个星期大后，放入设在全国各地的合适的放养箱里。

菲利斯·戴格和吉姆·魏夫尔在整个项目中发挥了重要的作用。"他们俩是在康奈尔大学开展课题研究的，"汤姆告诉我，"菲利斯包揽了所有的工作——秘书、会计、募捐者、雏鸟饲养员、外勤助手。"那些年，自从汤姆觉得应该有人全程照看游隼开始，菲利斯实际上就一直住在"游隼的宫殿"。刚开始的时候，那个地方甚至连一扇窗户都没有。在《游隼归来》一书中，菲利斯这样描述：在月黑风高的晚上，她独自一个人住在游隼基金会的"办公室"里。事实上，这个办公室虽然存在着消防安全隐患，却是一群人用于完成一项伟大事业的地方。

吉姆·魏夫尔也是早期从康奈尔大学聘请来的。汤姆告诉我，吉姆在管理游隼并使它们适应人工养殖方面具有近乎完美的能力。更重要的是，他是一个伟大的管理者和伟大的团队领导者，他招募了一个忠于职守、精诚合作的团队，其中一个成员就是比尔·伯恩汉姆。比尔在为这个游隼恢复项目工作了几年之后，最终创办了猛禽全球中心。他一直担任游隼基金会的主席，直到2006年早逝，享年59岁。

恋爱中的游隼

在这个研究故事中，我最喜欢的是不同游隼的特征描述。我喜欢阅读关于康奈尔繁殖基地的一只特别活跃、名叫"辣椒警官"的雄隼的故事。人们为它提供雌隼作为配偶时，他感到很恐惧而不愿交配。但是，在连续拒绝8只雌隼后，"他爱上了一只来自智利的小雌隼，"汤姆这样写道。这两只游隼很快接受了对方。"它们开始谈恋爱，雄隼给雌隼喂食。雌隼来到我们这里时正在换毛，在某种程度上，她换毛的速度加快了。到春天时她恢复了繁殖能力，从那以后，它们每年都育出许多雏隼。"

当雌鸟拒绝接受雄鸟求爱或雄鸟拒绝与任何雌鸟交配时，人工授精(或称AI)被认为是一个必要的手段。例如，一只名为BC (Beer Can，啤酒罐)的雄鸟，在出生两天后被人从野外救了回来。BC人工养大,具有印痕行为,他完全拒绝与任何雌鸟交配。因此,当他成为繁殖项目的一分子时,就成为了人工授精的精液提供者。威廉·亨里奇的工作就是用手为BC"挤出"精液。这对BC来说是有压力的——"非常不体面!"亨里奇这样说。因此,当他听说兰斯·伯德设计了一款"交配帽"时,他请求兰斯·伯德教会他"交配帽"的操作方法。

兰斯让亨里奇爬上BC房间的栖架,带上一只死鸟。当BC飞来献殷勤时,亨里奇要模仿发出求爱声,并低下头与BC对视,之后弯下腰,让头与栖架处于一个平面上,使BC能与兰斯设计的帽子交配。亨里奇遵从着发出求爱声并弯下腰,可BC只是专注地给死鸟喂食。兰斯示意亨里奇重复这个过程——紧盯着BC看,俯身——直到BC表现出一些兴趣。当亨里奇耐心地重复这些动作到第10遍时,兰斯忍不住大笑起来。亨里奇觉得这样做自己就像一个白痴,于是爬下来说他不干了。

繁殖生物学家卡尔·桑德福耐心地头戴一顶"交配帽"。根据比尔·亨里奇的说法,卡尔是世界上成功繁育游隼最多的人。(游隼基金会)

花了一段时间,兰斯才说服亨里奇,让他相信能够取得成功,他的这些滑稽动作对于旁观者来说是非常可笑的,但只要BC感兴趣,就不是荒唐的。因此,亨里奇继续这项工作,每天重复3次"搞笑"的求爱动作。两天后,BC成为游隼基金会里第一只自愿捐献精液的游隼。从那以后,他每天都数次心甘情愿地捐献优质精液——或许是因为很愉悦的缘故吧。不知不觉中,由BC提供精液繁殖出的游隼遍布了整个北美洲。

重返天空

1974年,游隼基金会将首批人工繁育项目的4只雏隼进行试验性野放。其中两只由科罗拉多州的一对野生游隼收养。这对游隼产下的蛋中,不少都坏掉了(由于蛋壳太薄)。之后,游隼基金会制作了假蛋,让它们孵化。两只雏隼被当作由假蛋孵化出来的,顺利地被那对野生游隼所接受和抚养。另外两只人工繁殖的雏隼被送到了海因兹·蒙那里,他在大学校园10层高的塔顶上搭建了放养设施,幼隼顺利地长大。在美国,这是第一次对人工繁殖的游隼进行试验性放归。

第二年,16只雏隼被送往分布在不同地方的5个放养点。在接下来的一年中,这些年轻游隼中的大多数都回到了放养站,或者回到放养站附近。汤姆说:"1976年,当许多游隼回来时,我对我们能够成功地放归更多游隼充满了信心,我们拥有一个让这个物种得到恢复的好时机。"

汤姆告诉我,在那段时期,"全美各地的养隼人都把他们的游隼借给我,为繁殖成功作出了贡献。"他们分享熟知的鹰猎技术,这对游隼野放是非常重要的。事实上,所有的放归工作最初都是由养隼人完成的。但是,当这个项目很快为民众知晓后,成百上千来自社会各界的志愿者义务充当"放养站服务员",支持他们的工作。这是一项艰苦的工作,他们数个星期都在放养站露营,需要忍受白天的炎热、晚上的寒冷,以及昆虫的叮咬;更不用说还会与熊和鹿近距离遭遇,被响尾蛇咬伤,甚至遭遇野火。所有人对这些困难都毫无怨言,正是他们的帮助,使得游隼拥有了一个光明的未来。放养站的一名义务服务员珍妮特·琳西卡姆这样写道:"我从来没有见过有哪种动物能像游隼一样主宰天空。"许多志愿者依然继续从事着生物保护这项工作。

1976年,放归在5个州的游隼成活率都很高,到20世纪80年代,游隼基金会将游隼引入美国东部的十几个州——从缅因州到佐治亚州——以及位于落基山脉的几个州。当然,这个项目也遭致了批评,一些科学家担心,阿拉斯加的游隼与来自加拿大、墨西哥和欧洲的个体混养会导致其基因纯度的丧失。但是,正如汤姆所指出的那样:"在美国并没有东部血统的游隼存留下来,我们只能用我们所能找到的组合去取代它们。实际上,具有北美血统的游隼在数量上还是占据了优势。"

其他批评人士则担心,这些重引入野外的游隼无法适应新的环境,因为这些种群的个体长距离迁移到美国东部产生了新的种群,而东部的游隼只进行短距离的迁徙。但是,汤姆说:"这一切都很正常,一些被放归的具有北极血统的游隼能够长距离迁徙到南美,尤其是在它们一岁时。"但其他种类的游隼根本无法迁徙,也没有听说过有其他游隼迁徙到遥远的北方去。

完全恢复——实现一个梦想

在这一章中,我更多地关注人们为美国东部恢复项目而作出的努力,以及最终取得的成功。因为在那里,游隼已经完全灭绝,其恢复完全依靠人工繁育和再引入。正如汤姆·凯德所指出的那样,游隼基金会的目标是使这些美丽的游隼在美国恢复到使用DDT前的水平。事实上,正如汤姆所强调的,北美游隼数量的恢复大多数是自然恢复,通过提高存活率和提高禁用DDT后存活种群的繁殖率。北极游隼是自然恢复的,没有通过人工繁殖或重引入。美国西南大部分地区和墨西哥的游隼都是靠它们自己的力量自然恢复的。美国西部——加利福尼亚州、科罗拉多州、新墨西哥州、犹他州、爱达荷州、华盛顿州、蒙大拿州和怀俄明州——游隼的自然恢复是由放归的人工繁育的游隼所推动的。

1975年,游隼基金会在科罗拉多州建立了第二个繁殖基地,由杰里·克雷格领导。到1985年,该项目完成了每年繁殖100只以上小游隼的目标。另外还有一个由理查德·费福负责的加拿大南部游隼恢复项目,它覆盖了整个游隼北美亚种，也只有游隼北美亚种是通过人工繁殖得到恢复的。汤姆告诉我，两个项目加起来，通过放养、收养和交叉收养而放归的幼隼有近7000只。

庆祝活动

1999年，游隼正式从濒危物种名录中删除，游隼基金会为这一具有标志性意义的一天举行了一个庆祝活动，1000多人参加。汤姆在他的致辞中说："我亲爱的朋友们、同事们，我们一起为保护游隼进行了一场漂亮的战斗，我们取得了伟大的胜利……我们取得的成就确实是惊人的。并且我相信，游隼数量的恢复将会作为20世纪一个重大事件载入保护史册中。但众所周知，保护是一场永不停歇的挑战，为保护而进行的战斗永远不会结束。因此我呼吁大家：继续前行，坚定地面对新的挑战，因为挑战一定在等待我们，并会一直等待我们。向那些为保护地球、为使其适合于丰富多彩的生命形式生存而奋斗的人们致敬。"

由于成功地将游隼引入美国的大城市，美国人拥有了一段新的历史。图中一只成鸟正在俄亥俄州辛辛那提市中心联合中心大厦24层楼外孵蛋。（罗·奥斯汀）

斯卡莱特和莱特

——都市英雄

一个令人惊讶的发展提高了公众对游隼的认识:从都市建筑高处放归的游隼又返回它们的巢穴,并在那里养育它们的后代。人们曾经希望这些年轻的游隼能够迁出城市,选择更为自然的地方筑巢。尽管偶尔会发生由于误触电线而导致死亡事件,城市的生活环境对游隼来说还是优越的:它们能躲避两大自然天敌——美洲雕鸮和金雕。2000年,美国中西部70%的游隼巢穴建在城市里,或是在城市附近,有不少还建在发电站上。桥也是游隼喜欢的筑巢地点。在欧洲,最近也有不少野生游隼飞入城市筑巢。

这些年来,人们对游隼产生了浓厚的兴趣。现在,利用视频监视器对游隼巢穴进行监测非常常见,据此公众能了解游隼的最新进展,而监测网点也在逐渐增多。有一个巢穴特别受到人们的关注。斯卡莱特是"辣椒警官"和他的"小拉丁爱人"的女儿,是第二批从马里兰州古炮楼放归的人工繁殖的游隼。1978年,人们在可以俯瞰巴尔的摩港的光明大街100号的保险大厦33楼上发现了她。第二年春天,人们发现她对着窗户上自己的影子发出求爱声。一直对游隼保持密切关注的游隼基金会说服保险公司在窗沿上安装了一个托盘,在不影响建筑外观的情况下该公司这样做了。斯卡莱特在粉红色的西班牙花岗岩上筑了一个巢并产了蛋!她很快引起了人们的广泛关注。

有2只放归的雄隼就在她的附近,但斯卡莱特对它们熟视无睹,没有和它们交配。不过,她产下的3枚蛋(显然是不能孵化的)被游隼基金会用两只雏隼替换了。这两只雏隼成功地被斯卡莱特收养。在后来的4个繁殖季节里,她继续待在它喜欢的窗台上。附近有许多放归的雄隼,都没能与斯卡利特成功配对,直到1980年,斯卡莱特才与莱特结合,但它们的蛋也不能孵化,不过它们成功抚养了领养的雏隼。非常不幸的是,莱特由于捕食了被番木鳖碱污染的鸽子而死亡。第二年，斯卡莱特与刚从枪伤中康复过来的阿什莱结合，但后来阿什莱在弗朗西斯·斯科特·肯大桥上与一辆车子相撞而亡。

与此同时，公众密切关注着斯卡莱特爱情活动的每一步，当她找到一只年轻的雄隼时，人们欣喜万分。这只雄隼被命名为比尔嘉，斯卡莱特第一次产下了能孵化的蛋，并与比尔嘉一起抚养它们的后代。很遗憾的是，斯卡莱特后来死于咽喉感染。但斯卡莱特和比尔嘉一起居住过的建造在粉红色西班牙花岗岩窗沿上的巢穴，吸引了其他游隼入住，人们可以继续关注其他游隼的命运。

斯卡莱特和她情人的故事有助于让民众了解游隼所处的困境。当她的父母死于中毒和枪杀时，人们很伤心。让人们感到吃惊的是，在6年中，在窗台外她的“总部”里，斯卡莱特共抚养了18只收养的雏隼和4只她自己亲生的雏隼。让人们感到自豪的是，从斯卡莱特产下第一批蛋开始的22年间，有超过60只年轻游隼在巴尔的摩光明大街100号大厦上的人造巢穴里顺利长大。

美洲覆葬甲

美洲覆葬甲是数百万昆虫和无脊椎动物中的一种，它们在维持生境和生态系统方面发挥着巨大的作用，但却鲜为人知。人们通常认为它们是“令人毛骨悚然的爬虫”或“臭虫”。一些虫子，例如蝴蝶，因为它们的美丽而为人们所喜爱和称赞（虽然人们对毛毛虫并不感兴趣，甚至厌恶它们）。而另一些虫子，如蜘蛛，则无意间使人们感到厌恶——甚至觉得恐怖。蟑螂也是如此。数百种昆虫

美洲覆葬甲一向以“自然界最高效的资源回收者”著称。20世纪，美洲覆葬甲在野外几乎全部灭绝。如果我们失去了这种分解腐肉的重要甲虫，蚊子和苍蝇的数量将大增，流行病发生的可能性将大幅提高。图为一只在马萨诸塞州的楠塔基特岛发现的美洲覆葬甲。（罗杰·威廉姆斯动物园）

因为损害人类的粮食而遭到赶尽杀绝，例如那些损坏大面积农作物的沙漠蝗虫，还有无数种其他昆虫，如蚊子、舌蝇、跳蚤、蜱等，它们所携带的病菌可能损害其他生物，包括我们人类。

由于这些原因，虫子们遭到农民、园丁和政府的讨伐。不幸的是，这些人选择了化学药品作为武器，在杀死既定目标外，也直接杀死了无数其他生物，另外还造成那些处于食物链顶端的生物中毒，从而导致生态系统遭受严重的破坏。

然而有时候我们并没有看到，每一种损害我们或我们食物的生物，却对其生存的环境大有裨益。当我还是个孩子的时候，我开始意识到它们对环境有益。我会捡起困在路中央的蚯蚓（正如阿尔伯特·史怀哲博士所做的那样），我知道它们对土壤肥沃作出了有价值的贡献。数百万的无脊椎动物向那些处于食物链更高端的生物（包括我们人类）提供食物。在很多地方，人们食用白蚁、蝗虫、甲虫的幼虫，我也尝过这些东西。蜜蜂为我们大部分的粮食作物授粉，如今在北美洲和欧洲，蜂群的减少引起了人们真切的焦虑。

美洲覆葬甲的情况如何？它们在我们的环境中起什么作用？2007年3月18日，我遇到罗杰·威廉姆斯动物园的罗·佩罗迪和杰克·穆维纳。他们告诉我，早在1989年，生物学家们就已经意识到美洲覆葬甲数量在急剧下降，已经成为数量极少的昆虫之一，并将其列入濒危动物名单。1993年，罗杰·威廉姆斯动物园开始为USFWS实施繁殖计划。2006年，美洲覆葬甲成为第一种被列入幸存物种计划的昆虫。罗现在是AZA美洲覆葬甲计划的协调员。

当谈论到甲虫时，罗立即变成了一名完美的代言人。罗对昆虫极感兴趣，他曾告诉我，他从小就喜欢虫子。正如许多在我为这本书收集材料时所接触的人一样，罗的父母理解并支持他对无脊椎动物的热爱。（也支持他对其他动物的热爱——当罗9岁的时候，他的父母就允许他饲养蟒蛇。）

当我们交谈时，罗越谈越起劲，他说："需要有人来这里拯救这些生物（覆葬甲）。"而这正是他现在在做的事情。让我们一起分享这些不寻常的甲虫的故事吧，这些资料都是我从他那里了解到的。大多数人并不知道它们是多么的迷人，以前我也不知道。

在北美洲，美洲覆葬甲是其所在属、种中最大的成员，它们有时候被称为“巨大的腐肉甲虫”。这种甲虫曾生活在覆盖北美洲东部温带35个州的森林和灌丛草原中——这些地方有着大小适中的腐肉和适合埋葬的土壤。但是到1920年，东部种群大量消失。到1970年，安大略湖、肯塔基、俄亥俄、密苏里等地的甲虫种群消失。在20世纪80年代，整个美国中西部的甲虫种群数量急剧下降。

如今，已知仅有7个地方还分布有美洲覆葬甲——布洛克岛（罗得岛州）、俄克拉荷马州东部的一个县、阿肯色州（有零散的种群）、内布拉斯加州、南达科他州、堪萨斯州、得克萨斯州一个军事区有一个新发现的种群。除了栖息地的

罗·佩罗迪，AZA的美洲覆葬甲项目协调员，一位保护甲虫的热心支持者。图中他正在马萨诸塞州的楠塔基特岛查看他的甲虫。他告诉我：“必须有人在那里救助这些甲虫。”（注意他前臂上的刺青）（罗杰·威廉姆斯动物园）

丧失和零星化外，旅鸽的灭绝、黑足鼬和草原鸡的大量减少可能也是该种甲虫数量急剧下降的原因之一，因为所有这些动物都为其提供了合适的腐肉。

为什么我们需要美洲覆葬甲

让我们重新回到我之前提出的问题上来——甲虫消失有什么关系呢？罗和杰克强调，答案是肯定有关系。它们以腐肉即死亡动物的肉为食。罗将它们称为“自然界最有效率的回收者”，因为它们负责将腐烂的动物回收到生态系统中。这样就可以将营养归还给土壤，从而促进植物的生长。这种勤奋的甲虫将尸体掩埋于地下，有助于防止苍蝇和蚂蚁染上流行病。

罗解释了这些甲虫寻觅食物的方法。通过触角上的传感器，它们可以“嗅到”半米开外的腐肉。雄虫通常在黄昏时到处飞行，夜幕降临之后很快到达腐肉所处的方位。尔后，它会和其他也发现了腐肉的雄虫一起释放诱惑雌虫的信息素。然后你就会发现，一大群虫子聚集在一个尸体上。它们似乎两两配对，并且可能发生一场打斗，直至有一对获胜。之后它们一起将尸体掩埋。这是一项艰苦的工作：掩埋像冠蓝鸦大小的一块腐肉将花费12个小时。

甲虫合作育儿

一旦尸体被安全掩埋于地下，甲虫将会剥下其羽毛或毛发，然后用肛门和口腔分泌物将其包裹起来。这有助于保存这些尸体，为甲虫幼虫提供食物。接下来，这对甲虫完成交尾，一天之内，雌虫会在一个已经挖好的靠近尸体的小室中产下受精卵。父母双方都在这里等待这些卵孵化，孵化时间为2—3天。幼虫孵出后，父母亲将它们运送到“食品储存室”。然后——这确实太令我震惊了——幼虫会敲击父母的下颚，以诱使其喂食。成虫将食物反刍给幼虫。多么令人吃惊的昆虫——母亲和父亲共同照顾它们的后代。

通常动物尸体在被安全掩埋于地下时,苍蝇就已经在尸体上产卵了。这些卵迅速孵化成为甲虫幼虫的竞争者。但是,这个过程很快就结束了:成年甲虫身体上有微小的橙螨,这些橙螨迅速爬上尸体,吃掉苍蝇的卵和蛆。大约两周后,获得饱食的甲虫幼虫钻进土壤中化蛹,它们的父母随即离开。此时,橙螨跳回甲虫父母身上一起离开。45天之后,小甲虫破蛹而出。

罗和他的团队已经很成功地开展了人工繁殖计划——到2006年底,他们饲养了3000多只甲虫,并在楠塔基特岛放归野外。人工饲养的雌虫(每一只都和基因合适的雄虫配对)被装进塑料容器中运送至放归地。这些甲虫被放置于一个"冰屋"牌冷却器中,因为如果太热的话,甲虫无法生存。另一个冷却器被用来运输死鹌鹑,这些鹌鹑将被甲虫用作腐肉养育其后代。罗笑着告诉我们:"在旅游旺季的时候,我坐渡轮旅行,我周围一般都空着,因为难闻的气味会从冷却器中发出来。"

在放归地,为甲虫准备的洞已经提前挖好,用牙线绑住脚的死鹌鹑被放进洞内,并插上一面橙色小旗,以帮助恢复小组日后能寻找到被埋的腐肉。然后这些甲虫被放进洞中,在那里,它们将可以很快地启动繁殖进程。罗说,楠塔基特岛之所以被选作一个放归点,是因为那儿像布洛克岛一样,目前岛上没有哺乳类竞争者。但是过了不久,一些鸟,如乌鸦、海鸥,开始意识到橙色旗帜代表食物资源,于是开始挖掘属于甲虫的腐肉。因此,现在恢复小组将一张网罩在每个窝上,用以保护腐肉。

罗告诉我,他很喜欢教小孩子一些昆虫知识。我们同意这个观点:不需要花太多时间就可以引发他们的兴趣——孩子天生好奇。虽然令人毛骨悚然的爬虫可能会引起不安和恐慌,但是对于孩子来说,它们极具魅力。我告诉罗,当我还是孩子的时候,我会花数小时观察蜘蛛、蜻蜓、雄蜂等诸如此类的虫子。当我儿子还是个小男孩的时候,他看到蚂蚁列队出发去突袭白蚁巢,每只蚂蚁将不幸的猎物放在它的上颚上运回来,他被这个景象深深吸引住了。我妹妹的3

岁小孙子，看到蜗牛在地上爬行，一下子捡起来，把它放到窗户的窗格上，然后赶紧跑到屋里，透过玻璃观看它。他显然对此很着迷，并对生物向前滑行的机制充满好奇，感觉那像魔术一般。

罗发现，不幸的是，要使成年人对努力挽救美洲覆葬甲这件事感兴趣并不容易。他告诉我："因此，我被问到的第一个问题经常是，它是否会吃掉花园中的植物？"如果人们愿意花些时间去倾听，保持一份童年的好奇心与求知欲，那么他们的生活将会更加丰富多彩。在我与罗和杰克这次短暂的清晨会面中，我被带进了一个完全不同的令人着迷的世界。在那里，巨型昆虫养育着它们年轻的小不点儿幼虫，它们使"施主"从竞争者手中摆脱出来，作为交换，它们得到一顿免费的午餐和到达餐馆的顺风车。

这次参观后，罗给我寄来一张漂亮的美洲覆葬甲的相片，它的橙色和黑色部位非常鲜艳，闪闪发光。在我写下上述文字时，它就挂在墙上，提醒我自然界充满了魔力。

朱鹮

从国际鹤类基金会(ICF)的乔治·阿奇博那里,我第一次了解到中国科学家席咏梅博士,她成功地挽救了濒临灭绝的朱鹮。乔治说这些鸟儿是他的最爱,他甚至把照片发给我,向我展示它们是多么漂亮。令人惊奇的是,2007年,和乔治谈话两周后,我在上海与席咏梅见面了——这是多么荣幸的事。当我们驱车从一个地方赶往下一个地方时(其间没有停留的时间),咏梅和我谈论这些特别的鸟以及她对它们的爱。

在日本、中国、韩国、西伯利亚的湿地,朱鹮数量曾一度非常丰富。尽管如此,到20世纪30年代时,幸存的朱鹮已经很少了。由于它们美丽的羽毛,也由于妇女们认为吃朱鹮有助于恢复产后体力,它们被无情地猎杀。到第二次世界

这种美丽的鸟在世界上一度只剩下9只,现在仅中国境内就有近千只。(比乔·安德森)

大战结束,由于猎杀、杀虫剂的使用、生境的丧失,1945年,在其曾经分布范围内,朱鹮种群已经濒临灭绝。对朱鹮来说,更具灾难性的是冬季水田的预排水操作——为了控制钉螺将寄生虫传给人类。

有趣的是,随着时间的推移,朱鹮似乎开始依赖人类——它们需要稻田生境。它们在较高斜坡的树上栖息和繁殖,而且当它们选择筑巢的树附近有人居住时才最放心。

1978年,朱鹮在韩国灭绝。乔治·阿奇博尽了一切力量,捕捉朝鲜非军事区的朱鹮越冬池中的最后4只朱鹮——为了进行人工繁殖,但他失败了。1981年,日本仅存的最后5只朱鹮被捕获并被带到繁育中心,但是它们没有繁殖后代。

在中国寻找最后的朱鹮

与此同时,在中国,越来越多的人开始关注朱鹮的命运。中国科学院动物研究所的刘荫增在中国中部开展了一次调查,寻找朱鹮。但在最初3年中,调查小组没有找到朱鹮的任何踪迹。1981年,他们在古都西安附近的秦岭发现了一群7只朱鹮。

林业部门立即同意保护这些珍贵的个体——最后的种群。为了让农民不在水田中使用有毒的化学物质,政府给予补贴。朱鹮的栖息地因此得以逐步改善。同时,他们设计了一些创新的技术,为这些鸟儿提供尽可能多的帮助。用光滑的塑料材料将筑巢之树的枝干包裹起来,可以减少蛇捕食它们的机会。在巢下拉网,可以保护那些被较强壮的兄弟姐妹驱逐出去的较弱的雏鸟。然后,有的被放回巢内,使它们得到第二次生存的机会;如果有的太弱小(有时候雏鸟会再次被驱逐),则进行人工饲养。这些鸟儿后来都成为人工繁殖项目的一部分。

人工繁殖的突破

采取所有这些措施的结果是，野生种群开始增加，但非常缓慢。席咏梅1988年开始研究朱鹮。她告诉我，在野外一对朱鹮每年仅孵化一窝蛋，且平均只有两只雏鸟存活。咏梅发现，在人工饲养条件下一对朱鹮每年可孵化2—3窝蛋，平均有7只雏鸟存活。所以在1990年，他们决定启动繁育项目，到2006年为止，中国总共建成了4个繁育中心。

与此同时，咏梅也越来越熟悉这些漂亮的鸟儿，毫无疑问，部分原因是因为她与它们心意相通。她和她的小组在繁育项目上取得了很大成功。在人工饲养中，咏梅尽可能提供一些朱鹮在野外所吃的食物，例如他们在稻田中发现的泥鳅(一种常见的小鱼)。她告诉我，当人工繁育的第一对朱鹮成功养育它们的孩子时，她是多么的兴奋！在此之前，这对父母有时候会毁坏它们的蛋并杀死雏鸟。咏梅意识到这是因为围栏不适合。

席咏梅以极大的热心和勇气帮助拯救朱鹮这种美丽的鸟类免于灭绝。她拍摄这张快照，为的是有一张与朱鹮在一起的照片，伴随她那拯救朱鹮的漫漫旅程。(席咏梅)

2000年，她在一座山的斜坡上搭起了一个绿色尼龙大网，周围有树木环绕，里面也生长着很多树木。在这个大围栏里的朱鹮繁殖取得了成功。这个例子证明，在人工饲养中，如果提供的条件是朱鹮喜欢的，那么亲鸟可以照顾好它们的雏鸟。

当咏梅观察人工饲养的朱鹮时,她注意到了它们与各种被食物吸引而来的野生鸟之间的互动。她告诉我:“野生鸟停栖在笼顶上,它们呼唤大棚内的鸟,并总能够得到回应。”她认为野生鸟羡慕人工饲养的鸟有充足的食物供给,但是她并不认为人工饲养的鸟满足于颗粒形的饲料,当野生鸟离开时,人工饲养的鸟渴望与它们一起飞离。

咏梅还告诉我,1999年,她将两只人工饲养的年轻朱鹮送给日本天皇作为礼物。出于对它们的了解,咏梅肯定它们在新的环境中会感到孤独,因此,它们天然的食物——泥鳅和原先的食盆被一起送到了日本。在繁殖季节里,人们为这一对朱鹮提供树枝,它们开始产蛋,其中一个最后孵化出来,是一只雄性。第二年中国又送来了一只雌性朱鹮。从这只朱鹮开始,一项新的繁殖计划设立了。2008年,我被告知日本已经有107只朱鹮了。

回归大自然

截至2008年,中国已有1000只朱鹮,其中500只在野外,另外500只则由人工饲养。人们计划将一些人工饲养的朱鹮放归野外。在汉中盆地,大家正在努力恢复它们的栖息地:严格控制农药杀虫剂的使用,那些与河流水网相连的众多人工水库将改善朱鹮和稻农的现状,同时还有一些草地将被淹没。另外还开展了一项教育普及计划,为区域内91个村庄的居民提供关于朱鹮及其栖息地的信息。

有朝一日,我将有可能在野外看到这种漂亮的鸟儿。我非常感谢乔治给我寄来一张飞翔中的朱鹮的照片。最重要的是他把咏梅介绍给我认识,使我能在这里和大家分享她亲口讲述的精彩故事。

最近,北京林业大学著名的朱鹮研究专家丁长青教授告诉我朱鹮的最新消息。据他估计,野外朱鹮种群已达600只左右,主要分布在陕西的洋县。它们并不迁徙,似乎形成了稳定的种群。此外,中国(主要在北京动物园)、日本还人工饲养了600只左右。

在我写这本书时,人工繁殖的朱鹮曾两次成功野放。第一次发生在2004年,15只朱鹮首次放归到洋县。在随后的3年里,至少有3对在那儿繁殖。然后是2007年,26只朱鹮被放归到陕西的宁陕县。在2009—2010年的繁殖季节里,人们观测到这个种群里至少有3只幼鸟成功孵化。

虽然席咏梅博士不再负责朱鹮研究项目了,但她依然关心着朱鹮。她写信告诉我,放归到陕西省的26只朱鹮中,有14只死亡。12只存活的朱鹮中,有3对结成配偶并在2008年春季开始繁殖。一对成功孵出3只雏鸟,其中2只存活。2009年,有5对开始繁殖,孵出8只雏鸟并存活。"2010年繁殖季节的结果还未知,"她告诉我,"但我们现在已开始工作。"

美洲鹤

鹤是很神秘的东西，因为它们是一个古老的物种，它们的声音嘹亮而具有野性，仿佛是历史的回声。它们也是优雅的鸟儿，有着长长的腿和脖子、长而尖的喙，所有这些使它们适应于其觅食的草原和湿地。如今，世界上有很多种鹤，但几乎所有的鹤都濒临灭绝。

本章介绍无数默默奉献的人们，他们在挽救濒临灭绝的美洲鹤时作出了巨大的努力。美洲鹤是北美唯一的本地鹤。它们很漂亮，站立时有1.3—1.5米高，除了头顶上鲜红的冠、黑色的面部标记、飞行时清晰可见的主翼羽，它们通体披着雪白的羽毛。长长的矛状喙和貌似凶恶的黄金眼，在它们保护幼鸟时起到重要的作用。

美洲鹤如今自由地生活在加拿大的萨斯喀彻温繁殖中心。经过无数人的艰辛努力，它们从灭绝的边缘被拯救了回来。(托马斯·D.曼格尔森)

在欧洲人第一次到达北美时，美洲鹤的数量估计至少有一万只。它们在墨西哥中部的山地、得克萨斯州和路易斯安那州的墨西哥湾沿岸地区，以及大西洋东南海岸(包括特拉华州和切萨皮克湾)过冬。它们的繁殖区很多，遍及美国中部大草原、加拿大的阿尔伯塔省中部。但是到19世纪末，美国任何地方的迁徙性美洲鹤都不再繁殖。到1930年，阿尔伯塔省大草原的美洲鹤也不再繁殖。实际上，除了在加拿大某些地方，没有人知道这最后的候鸟在何处繁殖。

在路易斯安那州，整个20世纪30年代，有一群非迁徙性的美洲鹤在此持续筑巢，但到了1940年只剩下13只了。飓风吹散了这个残存的种群，虽然6只活了下来，但是它们前途未卜。这个时候，有不足30只的一群美洲鹤从加拿大北部不知名的繁殖地开始迁徙，秋天抵达得克萨斯州(阿兰瑟斯国家野生动植物保护区)。看起来美洲鹤似乎已时日无多，大多数人认为，没有什么办法可以拯救它们了。

但是有些人决心一试，USFWS及其加拿大同行CWS、奥杜邦协会3个组织通力合作，准备尽一切努力保护这个物种，防止其灭绝。首先他们需要了解美洲鹤的更多情况，得到的大部分信息都令人沮丧：美洲鹤遭到猎人射杀；由于美洲鹤是农民庄稼的破坏者，农民厌恨它们，有人甚至公开发誓“见到就射杀这种令人讨厌的东西”。1953年，只有21只鹤到达得克萨斯州。

作为最后的努力，野生动物保护组织发起了一项宣传活动。美洲鹤保护协会加入了这项活动，帮助进行宣传。他们为那些在美洲鹤迁徙路线(所有已知的路线)上的人们介绍有关鹤、它们的历史、目前严峻的形势等信息，呼吁人们的帮助。宣传很快产生了效果，对美洲鹤的猎杀行为停止了。同时保护组织游说政府采取行动，为鹤的保护立法。

1954年有一项重要的新发现：加拿大林业警长G.M.威尔逊和他的直升机驾驶员唐·兰德尔斯发现了两只间杂有黄棕色的白色鸟类——在加拿大北部偏僻的伍德布法罗国家公园的沼泽和池塘里。他们发现了美洲鹤最后的繁殖地！这些美洲鹤每年两次进行令人难以置信的旅行，飞越3900千米从加拿大北部迁徙到得克萨斯州，然后返回。

由于采取了保护措施，并沿着它们的迁徙路线进行了宣传活动，弱小的美洲鹤种群数量逐渐增加。1962年，42只美洲鹤来到得克萨斯州，第二年它们的数量更多了。但是形势依然严峻。所以，1966年，CWS和USFWS合作开展人工繁育项目。并非每个人都认为这是个好主意，但这两个国家野生动物保护机构依然按计划前进。

与厄尼·库伊特会面，偷蛋贼吗？

在加拿大伍德布法罗国家公园里，厄尼·库伊特从美洲鹤野外的巢中拿走两个蛋中的一个。他拿走多余的蛋——为了人工繁殖，放在他的羊毛袜中带回。(厄尼·库伊特)

厄尼·库伊特是我朋友汤姆·曼格尔森打电话向我推荐的，他是首批投身于繁育项目的人之一。在一次长谈中，厄尼说他是偶然加入人工繁殖美洲鹤事业中的。CWS需要一位野外生物学家帮助寻找鹤窝，并能安全地将多余的蛋送到人工繁殖区。厄尼是唯一一个有经验的人。

他们制订了一个计划：鹤通常产两个蛋，但通常只有一个蛋能存活下来——只孵化一只鹤。所以，一旦他们发现巢中有多余的蛋，厄尼就会进行检测。厄尼说："鹤专家罗德·德瑞恩教过我，只要简单地将蛋放在温水中，漂浮的蛋具有存活能力。”(我对这过程很熟悉,早年在坦桑尼亚,购买鸡蛋前我都这样检验每个蛋。)如果两个蛋都是好的,厄尼会拿走其中一个。如果巢中只有一个坏的蛋,他会将其取走,放入一个从其他巢收集来的好蛋。他把收集到的所有蛋送到马里兰州帕塔克森野生动物研究中心进行孵化,形成人工繁殖种群。

厄尼告诉我,1967年6月2日,他离开基地去收集第一个蛋。他说:“美国人设计了一个专门的聚苯乙烯泡沫盒子,用来运送每一个从巢穴到基地的珍贵的蛋。当飞机准备降落时,我才意识到我忘记带盒子了。”他们不能返回,因为那样会扰乱行程安排和预算。令他记忆犹新的是从总部发来的警告“你要确保万无一失”。危险处处存在,所有的人都在看着厄尼和他的小组。

幸运的是,厄尼知道自己穿过沼泽时会弄湿脚,所以他带了厚实的羊毛袜。他小心地将两个好蛋中的一个放进袜子,直至轻轻碰到袜尖。厄尼把袜子放入袖口,将蛋安全运送到等待的直升机上。厄尼告诉我:“羊毛袜很实用,以至于我都不需要那个特制的蛋盒了。在我25年的鹤研究工作中,我使用厚实的羊毛袜安全转移了400多个蛋,一个都没有损坏。”

野外故事

厄尼告诉我一个关于一对被称为“河马湖”夫妇的美洲鹤的故事。它们将巢筑成河马的形状,搭建在湖边。在一次空中调查中,厄尼注意到它们的巢是空的。几天后他看到一个蛋,但是两天后,“虽然有一只美洲鹤仍然在巢中,但是蛋消失了”。11天后,厄尼出去捡蛋时再次飞过“河马湖”的巢穴。美洲鹤依旧待在巢穴中孵蛋,但是当它站起来时,厄尼看到巢穴依然是空的。

“成年美洲鹤已经在空巢中待了大约两周了。它们是在告诉我们一些事情吗?”直升机着陆了,厄尼将一个从其他巢穴收集到的蛋放了进去。终于,“河马湖”夫妇将这个寄养的蛋孵出来了。厄尼有了一项令他开心的任务,就是在这只幼鹤长出羽毛前照顾它。

只要厄尼在地面上，飞机就在上空盘旋，监测四周，提醒他附近可能有熊或者驼鹿。有一次，当他接近一个巢穴时，“塞斯纳”飞机在上空作燕式俯冲——预定的危险代号，他看见一只黑熊朝他走过来。幸运的是，这只黑熊还没完全长大，可能只有二三岁。厄尼说：“我捡起一根干的落叶松树枝，不停地抽打一棵树，同时用尽力气大声呼叫。”那只熊在大约30米远处看着他，然后转身离开。附近巢穴中的蛋即将孵化，雏鸟特有的吱吱叫的声音清晰可闻。如果厄尼没有将那只熊赶走，它肯定会发现并袭击巢穴。

跟踪迁徙

厄尼不仅收集蛋，而且当美洲鹤迁徙时，他坐上“塞斯纳”206型飞机跟随，利用无线电跟踪它们，收集有价值的新信息。一年秋天，他邀请汤姆·曼格尔森加入，通过录像和拍照，在厄尼忙于策划路线、飞行员集中精神驾驶飞机时，记录下美洲鹤的行踪。

迁徙的美洲鹤利用热气流盘旋上升，然后似乎毫不费劲地利用它们巨大的翅膀滑翔。汤姆告诉我：“在逆风的恶劣天气时，它们只飞一小段或者不飞；但是天气好的时候，它们可以飞行650千米或者更远。”多亏了美洲鹤长着白色的羽毛，巨大的翼展，相对容易看得到。“将近50%的时间我们能够用肉眼看到它们，”汤姆说，“我们可以接收到半径40—160千米范围内美洲鹤发射出的无线电信号。”

汤姆告诉我：“看着美洲鹤在广袤的天空和无限的大地间优雅飞翔，是我一生中最激动人心的事。”

厄尼也有同感。他告诉我：“有机会与美洲鹤一起迁徙，是我25年研究生涯中最精彩的片段。”

一个种群太脆弱了

在厄尼和其他人保护伍德布法罗及阿兰萨斯的美洲鹤种群的同时，美国和加拿大的美洲鹤恢复小组中的生物学家和生态环境保护者们，也开展了其他的计划。只有唯一一个野生群太脆弱了，如果疾病或灾难降临，它可能会像路易斯安那州的种群那样消失掉。

第一个计划在爱达荷州进行，将美洲鹤的蛋放在沙丘鹤的巢穴中。这项计划失败了，寄养的幼鹤的确跟随沙丘鹤到达了新墨西哥州（正如所希望的一样），但它们从来不向本种求爱和交配。幼鹤像很多鸟类那样，孵出不久便会牢记它的父母。如果在这个关键时刻看到的不是同种鸟类的话，它牢记的几乎是任何移动的物体。不幸的是，这些美洲鹤牢记住了沙丘鹤，待它们性成熟时便向沙丘鹤求爱。

与此同时，许多专家，包括乔治·阿奇博尔德——ICF的创始人之一，认为他们应该尝试在佛罗里达州基西米的一片广阔的区域内培育一个非迁徙性种群。1993年，第一批人工繁育的美洲鹤到达那里，并被放归野外。从那以后直到2005年，每年有更多的美洲鹤被放归野外，以增加野外种群数量。这些鹤如野鹤那样两两配对，建立领地，修筑巢穴。但也出现了不少问题——特别是美洲鹤遭到北美大山猫的捕食。2005年，尽管进行了艰苦的工作，曾经满怀巨大的希望，人们还是决定停止放归人工繁殖的美洲鹤，极少数的佛罗里达州鹤能否存活还不得而知，未来十分渺茫。

鹤、人类以及飞行器

虽然一个迁徙种群的繁殖进展得很顺利，但是建立新种群的两次花费巨大的尝试都失败了。根据目前的情况，建立一个新的迁徙种群仍然很有必要，于是有人提出一个新颖的想法：如果教会年轻的美洲鹤跟随超轻型飞机一起飞，结果会怎么样呢？在加利福尼亚的一次会议上，我听到富有创意、充满激情的博物学家比尔·利西姆谈论这个想法。后来他与乔·达夫（以前是生意人）合作，用非濒危物种加拿大鹅开展研究。他们两个人逐渐完善了这一技术，并在大受欢迎的电影《伴你高飞》中得以展示。

20世纪90年代末，在沙丘鹤身上试验成功之后，比尔和乔在每年一度的加拿大/美国美洲鹤恢复小组会议上展示了他们的成果，希望说服恢复小组将这种方法应用于美洲鹤。计划获批花费了5年的时间（很多人认为比尔和乔仅仅是对制作另一部电影感兴趣）。1999年迁徙方案开始实施，目的是教会年轻的人工繁殖美洲鹤从威斯康星州飞往佛罗里达州。

迁徙行动

2006年，我收到乔的邀请，问我是否愿意亲身体验美洲鹤训练的过程，乘坐超轻型飞机飞行？我的日程已经排满了，但是我不能拒绝这次邀请。我从原计划的美国/加拿大秋季旅行中腾出了两天时间。这是令我难忘的两天。

乔·达夫和行动主管利兹·康迪在威斯康星州的麦迪逊机场与我会面。天空无声地下着雨，我们花了整整一个小时，驱车到达尼西达国家野生动植物保护区的活动房营地。晚上我醒来多次，每次都能听到雨水落在活动房的金属屋顶上的滴答声。这样的天气状况，我们早上的飞行计划似乎不太可能实现。

早上的天气确实不适合飞行，所以我和恢复小组的其他组员见了面，对该计划有了更多的了解。今年早些时候，18只45天大的美洲鹤从帕塔克森野生动物研究中心来到这里。为了防止这些雏鹤将养育它们的人类当做父母，饲养和训练它们的人员都穿上白色的长袍类服装，黑色橡胶靴，戴上能遮住眼睛的带帽舌的头盔。他们携带录音机，播放美洲鹤父母育雏的声音和它们将要学习跟随的超轻型飞机的声音。训练员手持一个成年美洲鹤形状的木偶，木偶有头和脖子、金色的眼睛、长而黑的喙和醒目的红冠。训练员的衣袖盖住手和胳膊，与木偶长而白的脖子(白布盖住的金属管)联结起来。"脖子"里放有一些谷物,当木偶啄地面时谷物就会从洞中漏出。

在纳塞达,秋季迁徙前的夏季,实施迁徙行动的飞行员、生物学家、兽医、实习生等工作人员继续对年轻美洲鹤进行训练,这项工作在美洲鹤幼年早期就在帕塔克森开始了。

同一天上午,我参观了生活在封闭围栏中处于青春期的美洲鹤。一半的美洲鹤在浅水中,宛如披有美丽的金色和白色羽毛的"翩翩少年"。我穿上鹤衣,借了一个鹤木偶头,跟随乔和两个飞行员布鲁克和克里斯来到围栏中,路上穿过一个消毒池。我简直无法相信自己正参与一个非凡而鼓舞人心的计划,泪水刺痛了我的眼睛。我们一进入美洲鹤的听力范围,马上就安静下来。

这些年轻的美洲鹤已经学会作为群体成员而在一起生活,它们如成年美洲鹤一样高大,但是仍然长着青春期的白色和金色羽毛。经过每天的飞翔训练,它们长长的、黑而尖的羽翼变得更强壮了。它们几乎已为飞往佛罗里达州的近2000千米的旅程作好准备了。它们充满了好奇心,用它们的喙轻轻地探索着每一件它们感兴趣的东西。我的扮成鹤的同伴不时递给我葡萄,我用一根杠杆使木偶的喙张开,叼住水果,喂给一只鹤吃。它们喜欢葡萄。

我的心中充满了神秘感,我感受到了这种古老鸟类的智慧,与超越自我的生命力量相连。我的人性在不断衰减,一只鹤拉我的"羽翼",第二只叼我的靴子,第三只试图碰木偶的头,以至于我不得不移开木偶头,与鹤嘴对嘴地密切接触。我感觉不到时间的流逝。时间过得太快了,最后我们不得不离开。

与鹤翱翔

第二天早上6点我往外看时,天高云淡,几乎没有风。飞行的绝好天气!我在飞机库内穿好白色的鹤衣,戴上耳机和头盔。飞行员将超轻型飞机推出机库,我爬进乔后面的小小的乘客座位。我们系好安全带,乔将我的耳机连上系

在登上超轻型飞机前，我和乔穿上了鹤衣。人们利用超轻型飞机训练人工繁育的美洲鹤跟随飞机"父母"，从威斯康星飞到佛罗里达。(www.operationmigration.arg 版权所有)

统，保证我可以听到他说话。然后他拉动绳索启动引擎，滑向跑道，我们起飞了。

四周是金色和淡蓝色的天空，我们从中掠过，令人振奋！这是我有史以来第一次感到自己在真正地飞翔，成为空气、白云、蓝天的一部分。美丽的风景延绵不断，另外3架超轻型飞机飞向美洲鹤围栏附近的着陆场。我们都在那儿降落。美洲鹤们被放出来，加入奇怪的各类体型的"父母"行列——伪装的人类和一点也不像的飞行器。4名飞行员的一位——克里斯驾机小心地穿过18只鹤的鹤群，其中的7只鹤尾随着他，在飞机后面奔跑。当他起飞时，它们也跟着起飞。它们向上飞，载着人类"父母"的超轻型飞机和美洲鹤一起向上飞。地面上那些剩下的年轻鹤围住飞行员布鲁克，使得他难以起飞，他用尽所有的方法，最后还是有一只跟在他后面。他飞了一个大圈，一个俯冲掠过地面上剩下的鹤，这些鹤马上就跟了上去。

很快我们所有的人都在空中了。由于额外增加了我的体重，乔没法降低速度使鹤能跟随我们并行飞行，但是我们还是经常能接近它们。飞行员互相进行交流，所以他们能转回去接迎自主飞行的美洲鹤，也知道什么时候有两三只或更多的鹤加入它们的小群体。突然，一只美洲鹤被它所跟随的超轻型飞机螺旋桨形成的滑流挂住，几乎不能展翅。

我简直无法描述我坐在乔后面时的感受。我感觉我成为了其中的一分子：搭乘体型小巧的飞机在野生动物保护区上空飞翔，其他超轻型飞机像巨大的鸟，每一架飞机后面都有成行展翅飞翔的美洲鹤，瑰丽的清晨——初升的太阳、雨后清新的空气、金色的云彩。下面平静的水面映出飞机和美洲鹤的倒影。我对美洲鹤产生了新的情感，我感觉我和它们心意相通。

我希望一直这样飞翔着，和那些美丽的年轻美洲鹤一起在天地间翱翔。要是引擎一直保持沉默就好了，那样的经历犹如一种梦幻，我相信我自己就是一只鹤。

在迁徙的漫长日子里，我定期给乔打电话。由于气候恶劣，浪费的飞行时间之长，令我震惊。最后终于传来我一直等待的消息——所有的美洲鹤已经到达佛罗里达。在经历了近2000千米的旅途后，所有的美洲鹤都安全到达了查萨霍维茨卡国家野生动植物保护区内宽敞的冬日新家。

对于美洲鹤来说，生活最终安定了下来。有经验的训练师会在晚上将它们关进围栏，每天早晨把它们放出去，探索新的栖息地。围栏建在一个大湖旁，建围栏有两个目的：阻止夜间天敌捕食这些美洲鹤，继续让它们夜间在水中栖息。

几个月后，乔再次打电话给我，告诉我一个令人震惊的消息。除了一只美洲鹤，其他美丽的美洲鹤都死了。围栏中的它们在一次异常的暴风雨中被闪电击中而亡，这次闪电还造成20人死亡。但是，在一次又一次拯救被我们推向灭绝边缘的动物的斗争中，这样的打击我们必须忍受。乔和其他的迁徙行动工作人员将继续努力。

同年也有好消息，2006年夏天，在纳塞达至少有6对美洲鹤筑巢并产蛋。虽然只有一只雏鹤长大，但是它跟随其人类训练“父母”到达佛罗里达州。第二年春天（2007年），两只成年个体——以“第一家庭”为人们所熟知——再次在纳塞达筑巢并产蛋。

看到了蛋和其他鸟类

在我和乔坐上超轻型飞机飞行的5个月后，在一个美丽的春日里，我探访了位于马里兰州的帕塔克森野生动物研究中心的美洲鹤繁殖项目组。那儿饲养了三分之二野放的美洲鹤。美洲鹤项目的主管约翰·弗伦奇和小组的几位成员一起在那儿迎接我，告诉我所发生的事情。目前帕塔克森负责饲养和训练所有进行迁徙行动的美洲鹤。这种训练由一组人执行，包括科学家、兽医、志愿者、直接照料美洲鹤的训练员。许多人在帕塔克森已经工作了10—20年，保证了美洲鹤项目的连续性和稳定性。

这些蛋有的是帕塔克森繁育出的鹤产的，有的是国际鹤类基金会和其他机构繁育出的鹤产的。我参观时，已经有45只蛋处于孵化以及“呈现雏鹤形态”的不同阶段，正如帕塔克森工作人员所说的那样，它们正在全力以赴。当我在那里时，正好有一只蛋在孵出，我去探望了它。正如之前提及的那样，虽然还是一只未孵化的蛋，但不能让它们听到人类的声音，从早期开始，它们听到的就应该是美洲鹤父母育雏和超轻型飞机的声音录音。他们告诉我，整个孵化过程中，这些录音一天至少播放4次。

当我们接近正在孵出的雏鹤时，我们可以听见它挣扎突破蛋壳时发出的急切的吱吱声。小小的喙不时从它凿出的小方孔中显露出来。我渴望去帮助它，但是乔说，为了出壳而进行的最初的搏斗是雏鹤能够生存的关键。那些不能自己出壳的雏鹤通常比较虚弱，在野外它们也不能照顾自己。那些自己破壳而出的鹤通常比较强壮，这长达两天的艰难历程似乎可以助长它们的毅力和坚韧——这对于美洲鹤在野外的生存很重要。(在我的朋友安德森为迁徙行动慷慨捐款后，我们为那只挣扎出来的雏鹤取名为安德森。)

第二天，我再次穿上鹤衣，和美洲鹤训练师凯瑟琳·奥马莉、丹·斯普拉格一起，陪伴一只两周大的雏鹤散步至湿地区域。这种有规律的训练对强化其迅速发育的腿来说是必须的，同时也能使雏鹤适应湿地环境。在那儿它们要学会捕食，学习像人类操控的美洲鹤木偶头那样探查地面和水面。

在回来的路上，雏鹤和它的“父母”跟在发出嘈杂声的超轻型飞机后面，围绕一个小圆形轨道行走。待它长大一点后，训练师驾驶飞机围绕轨道飞行时，它将学会跟随飞机。这时候，正常的木偶头被换成另一个有着很长脖子的木偶头（被称为“机器美洲鹤”），以使训练师坐在飞机上也能不断地与这些鹤互动。就像我在纳塞达使用的木偶一样，每次训练师按动触发器，机器美洲鹤就能给那些总是处于饥饿状态的雏鹤分配虫子吃。对于这些经常跟着飞机的鹤来说，奖赏十分重要。雏鹤在5日龄的时候开始这些每日的训练，直到它们被送往威斯康星州的乔和迁徙行动小组那里。这时它们已经在地面上跟随飞机好几个星期，准备好开始飞行训练了。

疾病、心碎和持之以恒的决心

拜访帕塔克森4个月后我获悉，当时在那儿的45个蛋中，只有17只雏鹤可以送往威斯康星的迁徙行动小组。凯西（凯瑟琳的昵称）解释说，各种疾病和基因问题，如脊柱侧凸、心脏问题、虚弱的腿等，是美洲鹤损失的主要原因。自从1984年她参与美洲鹤繁育项目，已经饲养了300多只美洲鹤，一项世界纪录！她绝对有从事这项工作的天赋——在她负责的第一年里，美洲鹤存活率从低于50%上升至97%。

凯西告诉我，很多个夜晚她努力拯救美洲鹤，不得不连续几个星期和兽医轮流工作24小时。有一次，饲料里长有毒霉菌，90%的鹤（沙丘鹤和美洲鹤）生了病。“为了救它们，我们不得不给几乎所有的鹤灌食，”凯西回忆道，“我们连续工作6个星期，其间没有一天休息……那是很糟糕的一段日子，但我们挺过来了。”

乔告诉我，他的梦想——在秋天带领更大一群鹤飞行——没有实现。“但是我们至少还有17只鹤可以接受训练。当我们第一次努力挽救美洲鹤时，整个世界还没有那么多只。”安德森向我保证，正在做的事情真的很棒——“坚强而充满活力”。

拜访得克萨斯州最早的群

在这期间，为帕塔克森第一次人工繁育美洲鹤项目提供第一批蛋的阿兰萨斯和伍德布法罗野外种群稳定增长。2006年秋天，237只美洲鹤带着45只羽翼丰满的小鹤从加拿大返回位于得克萨斯州的阿兰萨斯国家野生动植物保护区。这45只鹤中有7对双胞胎（即两个蛋从同一窝中孵出）。第二年266只野生美洲鹤在保护区越冬。

阿兰萨斯国家野生动植物保护区于1937年由富兰克林·罗斯福总统创建，用以确保候鸟及其他鸟类在沼泽地的咸水湖里找得到丰富的食物资源——蓝蟹和其他水生生物。如果那时候这片土地没有得到保护的话，我们就没有现在的故事可以讲述了。不幸的是，由于人口增长的压力，繁忙的商业运输，以及外来物种的引入，得克萨斯州海岸的湿地在日益退化。为沿海航道而修建的隧道穿过面积约22平方千米的沼泽地，占用了保护区约6平方千米的区域。

新千年伊始，保护区面积与原始面积相比估计丧失了20%。最后大家决定采取行动，着手开始保护和恢复沼泽地的工作：他们在航道的堤岸边铺上厚重的垫子，这样可以完全阻止盐水的侵蚀。新堤岸建立起来了，从隧道里挖出的泥土堆积在围栏内，并播上适应沼泽地的植物种子。我们希望美洲鹤最终能迁入这个人造的栖息地。

2002年，我在阿兰萨斯参加庆祝美国国家野生动物保护区系统成立100周年大会。我的行程由康菲公司安排。多年以来，康菲公司为保护沼泽地捐献了大量资金。晚宴上，USFWS美洲鹤项目协调员汤姆·斯蒂芬将一支珍贵的美洲鹤羽毛（以及政府颁发的所有权许可证）赠送给我。在这之前，我有一些时间乘坐调查船出去转了转。当我们缓慢地沿着航道驶过，一只玫瑰色琵鹭飞过，夕阳照亮了它粉红色的翅膀。尔后充满了魔力的空气中,传来美洲鹤的叫声。一对美洲鹤傲然挺立,不时低下头去寻觅湿地中的蓝蟹和青蛙。在夜幕降临我们不得不调头前,我们看到了不止两对的美洲鹤。我们不想靠得太近——知道它们在那儿,看到它们返回了祖先的冬季觅食地就已经足够了。再一次,我们听到美洲鹤野性的叫声响彻沉入黑夜的湿地。

当我坐下来回想过去几年的经历时,一幅幅画面在我脑海中浮现。尽管一切都很艰难,但这些古老的鸟类存活下来了。这要感谢那些在这次探索旅程中我所遇见的和没有遇见的所有的人,多亏了他们的创造力、无私奉献和毫不动摇的决心。这些人献身于美洲鹤事业,确保了美洲鹤将不会从北美洲的沼泽地、大草原、河流上销声匿迹。

乔治和德克斯的罗曼史

乔治·阿奇博将毕生精力献给了鹤。他在美洲鹤的保护中发挥了很大的作用——不仅仅在采用传统方法上。他和一只名叫德克斯的美洲鹤“恋爱”的故事令人陶醉。

德克斯1966年出生于圣安东尼奥动物园,由人类亲手养育长大,并视人类为同类。她是一只携带着独特基因、稀有而珍贵的鸟,让她繁殖是件很重要的事,但10年中引进合适的雄性鹤都没有成功。德克斯更喜欢男性白种人。乔治了解到,如果人工饲养的鹤与人类关系密切,她将会产蛋——所以他主动“追求”德克斯。

1976年夏天,德克斯来到国际鹤类基金会,那儿已经为这对非传统的夫妇建好了一座住所。德克斯的旁边配备了两个水桶——一个装着淡水,另一个装着营养颗粒。乔治的旁边有一张小床、一张桌子和一个打字机。

很多时候德克斯站在乔治的旁边,看着他,但是有时候她会赶他出去。

鹤类跳一种引人注目的求爱舞蹈,包括低头、跳跃、奔跑以及将物体抛向天空。为了加强他们之间的联系,在他们交往的最初几个月里,乔治同意每天多次进行这种复杂的表演。

乔治的努力起作用了——第二年春天德克斯产出第一个蛋。不幸的是,虽然通过了人工受精,但这个蛋仍是不育的。所以求爱舞蹈依然继续。第二年春天德克斯再次产下一枚蛋,但在孵出时雏鹤死亡了,乔治十分失望。接下来的3年中,乔治去了中国工作,所以换其他人与德克斯跳舞,但是她再也没有产蛋。

乔治告诉我:"1982年春天,我全力以赴与德克斯合作。"在6周的时间里,他每天从黎明到黄昏,每周、每个小时都和她在一起。德克斯再次产了一枚蛋。这一次雏鹤孵出了,命名为吉·威兹。

3周以后,当乔治即将参加约翰尼·卡森的"今晚现场秀"电视节目时,听到了德克斯被浣熊杀死的消息。他被这个坏消息击倒了,但最后他还是上了那个节目,和2200万观众分享他的"恋爱故事"。

乔治·阿奇博与吉·威兹共舞。吉是德克斯唯一的后代。德克斯是一只著名的雌性美洲鹤,为了诱导她发情,乔治耐心地向她"求爱",与她待在一起。(戴维·汤普森/ICF)

"观众们叹息,全国民众都很痛苦,"他说,"我认为,通过她的舞蹈和死亡,德克斯对提高公众了解濒临灭绝种群所处的困境作出了巨大的贡献。"

吉·威兹茁壮成长,最后和一只雌性美洲鹤配对,他的许多后代都已被放归野外。德克斯的基因依旧活着,在人工饲养和野外的美洲鹤种群中保存完好。

安哥洛卡陆龟

我的朋友艾略森·乔利是一位著名的灵长类行为学家和作家，他第一个告诉我有关安哥洛卡陆龟的有关知识。安哥洛卡陆龟生活在马达加斯加西北偏远地区的苏阿拉拉半岛。这种龟被称为犁头(或犁铧)龟，因为它腹部的外壳部分在前腿之间伸出来的样子就像犁。

“它们是奇异而有趣的动物，”艾略森告诉我，“雄龟之间的竞争是用长‘犁’带动下巴下面的腹甲向前顶，目的是使对手翻转过来。它们个子很大，像个足球。那只被翻个底朝天的雄性安哥洛卡陆龟疯狂地摇晃身体，因为它要找到立足之地，好努力翻身。”但是，对于失败的雄性来说，毫无疑问，这是非常有损尊严的事，一点也不好笑！

这些龟生活在约1500平方千米的灌木状竹丛和广阔的稀树草原上。几乎

图中为两只雄性安哥洛卡陆龟正在为争夺统治地位而打斗，胜者将与它所选择的雌龟交配。人工繁殖前，这种陆龟在马达加斯加只有8只，5只雄性，3只雌性。(邓·瑞德)

可以肯定,如果没有一群保护主义者保护它们,它们的数量将低于最低存活种群数,跌入灭绝的深渊。这种龟不仅被当作食物而遭猎杀,在稀有物种的国际贸易中,不负责任的经销商还把许多安哥洛卡陆龟卖给收藏家。另一方面,安哥洛卡陆龟的栖息地正遭到从非洲进口的南非野猪的破坏。当地人认为,把一只安哥洛卡陆龟和他们的鸡一起饲养,能神奇地保证鸡的健康。在马达加斯加的南部,分布着一个与安哥洛卡陆龟亲缘关系很近的种,出于同样的原因,人们把它们和家禽放在一起。也许这里面有一些道理。

1986年,在世界自然基金会(WWF)的支持下,杜雷恩野生动植物保护信托机构(DWCT)与马达加斯加政府合作,启动安哥洛卡陆龟计划。这一计划在邓·瑞德领导下进行了十余年,他的名字将永远与恢复安哥洛卡陆龟联系在一起。我跟邓通过电话,他告诉我,当他第一次赶到当地时,发现自己身处森林中的一个小型野外保护站内,保护站周围住着村民。他们不仅对这些保护主义者的到来感到迷惑,而且还怀疑白人所做的几乎任何事情。一些WWF的生物学家偶尔来一次,很快又走了。保护站靠近一条主要的公路,但是这条公路在雨季极难行走。邓的工作是开展人工繁殖计划,拯救濒临灭绝的安哥洛卡陆龟。

邓·瑞德,一个将永远与安哥洛卡陆龟的种群恢复联系在一起的名字。图中邓在马达加斯加西北部与一只雌龟在一起,雌龟背上背着一个微型无线电发射器。(邓·瑞德)

反复试验

“刚开始时，”邓告诉我，“一切都是从零开始。没有人掌握任何关于安哥洛卡陆龟行为的资料。我们不知道它们吃什么。因此，我们必须走进森林采集植物，并且猜测它们可能会喜欢其中的哪一种。”通过反复试验他们发现，安哥洛卡陆龟喜欢吃一种引进的仙人掌。邓笑着说：“它们如此喜欢仙人掌，以至于我们都可以用这种叶子给它们喂药。”邓告诉我，安哥洛卡陆龟是一种很奇特的生物，为了度过为期数周的漫长旱季，它们围着趴在一起，什么都不做。

他们开始人工繁殖安哥洛卡陆龟，使用了8只个体，其中5只是雄性。这些龟都是从当地居民那里没收来的。这些年来，没收的安哥洛卡陆龟加上孵化的幼龟，人工饲养的安哥洛卡陆龟数量在逐步增加。

1—7月，雌龟会挖1—7个数量不等的15厘米深的洞，从打第一个洞到最后一个洞完成相距28—30天。邓告诉我：“陆龟只在晚上筑巢，午夜时分在每个洞中产一个蛋，很大的蛋。”令人惊讶的是，所有的蛋都在高湿度雨季的两个星期之内完成孵化。

1987年11月，繁殖计划开始的第一年，当邓在午餐时间出去检测温度时（他每天检查3次），他注意到一个巢洞中心的土壤有点下陷。“我看到有动静了，”他说。他拿来一把勺子，非常细心地感受沙子下面的动静，“幼龟孵出来了！”更多的幼龟陆续孵出。

第一步是信任

和我长谈的另一个人是乔安娜·杜宾，她于1990年参加安哥洛卡陆龟拯救计划。她告诉我关于她和团队的其他人如何努力争取当地村民的信任和兴趣，最后赢得村民支持的有趣经历。

她告诉我，起初当地村民唯一感兴趣的是如何让龟不影响到他们的鸡，对保护龟毫无兴趣。乔安娜被告知,她应该向村里的长老请教。长老告诉她(他们同意与她交谈后),保护小组首先必须被祖先接受。她了解到,该地区19世纪最后一位国王纳加诺卡萨经常回到他的臣民中间,通过一个长老的声音和他们交流。他经常参加各村的庆典活动。

有一天,邓带着乔安娜去一个村庄,那里有一个病人正在寻求帮助。他们坐下来观察,看了整整一天一夜。有很多人在念咒,一些村民进入了一种恍惚的状态,各式各样的过去的人物出现了,老太太变成了年轻人。经过了一段马拉松式的引荐,乔安娜见到了国王本人——当然是通过与长老对话。这是一次成功的会见。会见结束时,国王宣称祖先应该接受保护小组,因为他们是安哥洛卡人的朋友。他们应该举办一个庆典,将各个村的村民聚集起来,一起讨论保护安哥洛卡陆龟及其栖息地的必要性。

最后一切准备就绪。开辟场地以传统方式进行:庞大的牛群被驱赶着,一次次地穿过矮树丛—— 一部分牛来自各个村庄。国王亲自出席盛大的庆典,庆典上有人歌唱,有人跳舞,还有人唱诵。记得在参加贡贝庆典时,我也有过同样的经历。祭祀用上了鸡、白色长袍等,为的是驱除来自北方土地上的邪恶的黑魔。我问乔安娜谁来付这笔账,她说:“村中长老组织,由DWCT付账。”

最后,大家开始讨论安哥洛卡陆龟,大家作出了保护其栖息地的核心区域的决定。一个长老说:“过去我们自己管理环境,我们知道如何去做。不会再有任何人扰乱了。”

安哥洛卡陆龟的栖息地位于距离繁育中心250千米的偏远地区。邓告诉我,栖息地太远了,无法把繁育中心建在那里。邓亲自参与了一些野外工作,但安哥洛卡陆龟的野外详细研究则由劳拉·史密斯负责。她的工作也是杜雷恩项目的一部分——研究龟的行为和生存必要条件,使保护小组尽快找到能建立保护栖息地的最好的区域。

欣喜、祈祷、放归

实现繁育计划的最终目标——把安哥洛卡陆龟放归野外——需要有足够大的安全栖息地,否则一切将前功尽弃。1998年,马达加斯加西北部地区的巴里湾地区宣布成为国家公园,对龟来说,该区是它们的最佳栖息地。有8名专职人员保护公园,40名村民护林员与当地警方密切合作,监管偷猎者和森林火灾。

最初仅放归了少数幼龟,并对其进行监测。这些龟迅速适应了当地的野外环境,它们的生长速度与人工繁殖中的同龄个体相当。那里没有死亡,没有偷猎,也没有严重的火灾。

第一次大规模的放归是在2005年年底,20只年轻的安哥洛卡陆龟被放归到森林中的临时大围场里。英国海龟集团(BCG)的内部通讯对该事件进行了报道,这个组织致力于为龟和海龟谋求利益,并为全球范围的保护项目筹款。

理查德·路易斯是DWCT马达加斯加保护项目的协调员,他写道:"我们到达村庄时已是黄昏时刻,在一片热烈的欢迎声中,村民将我们带入一个特别的棕榈茅草棚,草棚上挂满了用绿色植物和花编成的花串。"经过演讲和整夜的跳舞(对于那些吃得消的人来说),保护小组和龟最终在第二天早上向森林进发。大家聚集在森林边的一个小型野外站里,宗教长老做了祈祷,请求得到国王和祖先的祝福。一个长老进入恍惚状态"代表"国王讲话,欢迎保护小组所作的努力。

最后,经过了艰难的筹备、详细的计划和庆祝活动,20只年轻的陆龟5只一组放归到野外围场。它们在那里待了一个月,在放归前熟悉新的栖息地,无线电发射器用胶水粘在它们的龟壳上。在后来的几年里,更多的安哥洛卡陆龟被放归野外。该计划之所以获得成功,首先要感谢许多人无私的奉献精神,特别是杜雷恩团队和邓·瑞德。另外,正是由于当地居民友善的帮助,项目才得以持续。

我童年的小龟

写这个故事把我带回童年时的记忆，当时我有2只龟（不是安哥洛卡陆龟）。那时我们并不了解宠物贸易危及了动物的野外生活，恶劣的运输条件对它们来说也很危险。雄龟珀西·比希先到我家。

有一天，我到处寻找却没找到他，他似乎永远消失了。出乎我们的意料，大约6个星期后，他出现了，后面还跟着一只雌龟！因为龟在我们地区并不常见，我无法想象珀西·比希是如何找到雌龟的。我把雌龟取名为哈丽雅特，它们俩成为不可分割的一对。我猜测，当雌龟乐意接纳雄龟时，雄龟一定紧紧跟随着她；在靠近雌龟后，他就缩回头，猛冲向前撞击雌龟的壳，发出响亮的声音。

当我的祖母在花园里喝茶休息时，珀西总是表现得特别热情。当祖母不再能吸引它们的注意力后，这两只龟就抛开羞涩，一次次地铆在一起。珀西努力攀上爱人坚固的壳，一次次摔下来。当哈丽雅特厌倦了这个过程之后，就径直走掉了！做一只龟好辛苦！

我儿子从进口到英国的最近一批货物里救出两只壳受损的雌龟。一只龟死了，另外一只看起来也是无精打采，我们以为她会死掉。让我们吃惊的是，她与隔壁小黑猫结成了朋友。日复一日，我们看到小黑猫蜷缩在孤独的小龟身旁。后来她去了切斯特动物园，很快就适应了那儿的生活。

台湾大麻哈鱼

1996年,我第一次访问中国台湾时听说了这种鱼。我去那里是受胡志强的邀请,当时他是新闻办公室主任,负责对外事务方面的工作。身为两个孩子的父亲,胡对环境问题极其关注,他认为以一种高调的形式邀请国际保护组织的著名人物来访,将有助于更好地保护环境。我与主要决策者进行了有意义的会谈,对此大量媒体进行了积极的报道。就在我正要离开时,当时的台湾地区领导人接见了我。

这是一次积极的会谈,我们谈论了有关动物、环境以及各方面的保护问题。我向他展示了一些我随身携带的标本,例如美国加州神鹫的飞羽,我问他是否有象征台湾成功拯救野生动物的东西,以便我能带走。他告诉我他们为挽救濒临灭绝的台湾大麻哈鱼所作出的努力,我对这个故事感到很惊讶。当然正如他所建议的,随身携带一条鱼干不适合旅行。

冰河时代的幸存者

在冰河时代后期,台湾大麻哈鱼成为内陆动物,它们被困在了冰冷的山区溪流中。它们生活在海拔高于1500米的七家湾溪沟中,那里的水温可以低至-18 ℃(-65 ℉左右)。研究表明,这种鱼只有在这样的温度和非常清洁的溪流中才能生存。

这种鱼的数量一度很多,居住在那里的原住民以它们为主食,当地人叫它们"帮本"。但由于过度的捕捞和污染问题,到20世纪末期,已知存在的就仅有400条了,成为世界上最稀有的鱼类之一。为了不使这种鱼陷入灭绝的境地,对它的保护工作提上了议事议程。

20世纪90年代末,当地就采取了一些措施——雪霸公园的一个小组决定保护台湾大麻哈鱼并且恢复该种群。小组里的一位重要成员——廖林岩(当时

拯救珍稀物种的欢乐。图为带领工作小组拯救并恢复中国台湾大麻哈鱼的廖林岩博士。(廖林岩)

还是一名博士生)对这项事业特别投入。可惜的是,我最后一次访问台湾时,没能与廖林岩博士见面。他不会讲英语,我也不会讲汉语,我们甚至在电话里也不能交流。但台湾的JGI负责人凯利·库克与廖林岩博士进行了交谈,并且翻译了廖博士提供的相关信息。

廖博士自小就喜欢动物,刚开始他想成为一名兽医,但后来被水产养殖专业录取。"这是同样的事,"他说,"鱼同样会生病,不同的是,我是给一群鱼治病,而不只是给单个动物治病。"毕业之后,他成功地在雪霸公园找到了一份工作。

廖博士说:"因为这种大麻哈鱼是一种对环境很挑剔的(要求很高的)物种,它需要温度合适并且清洁的水,食物也很特别,所以想在自然环境中恢复重建其种群是件困难的事,但我们小组决心做到这一点。"他们绞尽脑汁想办法增加鱼苗的数量,然后彻夜给这些小鱼喂食。"麻烦的是,它们喜欢活的生物体,"廖博士解释说,"但是在山区,水蚤是很难获得的,而虾又不是合适的食物选择。"所以不得不训练这些鲑鱼进食。廖博士描述了他如何让食物漂浮在水面上,看上去就像是活的猎物一样。"一旦大胆一些的鱼开始进食,其他胆小的也就跟着吃起来了。"他如是说。

廖博士开始这项保护工作的时候,恢复种群所用池塘的环境十分恶劣,因为这些池塘是由频繁的台风和洪水作用所形成的,看上去就像是废弃的矿井。

当时设备和经费也不足,一切只是权宜之计。"我们那段时间真的很困难,"廖博士回想说,"池塘位于很远的山区,就连最简单的工具也不容易获得。"尽管如此,他们还是渐渐地改善了条件。

冒着生命危险保护大麻哈鱼

2004年,特强台风袭击了台湾,而在实地工作的小组成员,不得不眼睁睁地、无助地看着池塘水位上升,珍贵的鱼苗被洪水冲走。他们与洪水搏斗,竭尽所能挽救更多的鱼。那是一项危险的工作,他们完全是冒着生命危险——随时随地会被洪水卷走。最后他们不但失去了鱼苗,连水和电的供应也被台风切断了。那些抢救下来的鱼被放置在室内的容器里,由于容器漏水和水温升高,鱼受到了威胁。小组找来了一辆紧急供水车,从当地饭店借来冰块使水降温。过去几年的辛苦努力几乎都被冲走了。廖博士说:"这太可惜了,但我们还可以从头再来。"

因为这场灾难,大麻哈鱼种群恢复小组认识到这种珍贵的鱼需要一个安全的环境,他们决定在雪霸公园建立台湾大麻哈鱼生态中心。筹集一笔资金并不容易,但经过几个月的努力,他们成功了。2007年该中心完全建成,其综合设施确保了水电的持续供应。在庆祝该中心建成的大型活动上,当地小学的舞蹈队表演了传统舞蹈,泰雅族原住民演唱了民歌。每位客人都种植了一棵树,象征环境的恢复和对"帮本"的保护。"在团队合作下,我们可以在生态中心进行大麻哈鱼鱼苗繁殖,使种群数量保持在5000条。"公园的园长这样说。

这一庆祝活动还启动了中心的第一个教育项目——"与大自然对话",强调了保护环境和保护濒危物种的重要性。当然,尤其是对"国宝鱼"——中国台湾大麻哈鱼的保护。自项目启动以来,这些年,这种小鱼的生活史、生态和行为等吸引了许多科学家的目光。台湾人民以他们拥有这种独特的大麻哈鱼而自豪,他们决定尽全力去保护它们。

后备种群的需要

显然，台风或疾病使台湾大麻哈鱼种群面临灭亡的危险，恢复小组决定，有必要尝试建立更多的种群以防万一。经过全面的调查，他们发现泽前览河和南湖河这两个区域似乎很合适。廖博士告诉我，大约1000条鱼已经被放养到这两个新地点。一项调查结果显示，两年后泽前览河有80—90条大麻哈鱼(怀孕)产第二代，在南湖河发现了约40条小鱼。

就这样，台湾大麻哈鱼长期生存前景得到逐步改善。到2008年，公园小组在七家湾地区开展的大麻哈鱼保护工作已进行了10年，那里的大麻哈鱼数量一直相当稳定，在过去几年里，其数量约为2000条左右。这个数字与保护工作开始时仅存的百来条相比，确实有很大的提高。

不一般的记忆

我不止一次请凯利联系廖博士，看他是否能与我们分享其个人故事。廖博士写下了关于他1999年加入该小组时候发生的一些事情。“第一次尝试捕获大麻哈鱼来进行人工授精时，我很关心能否捕到我想要的大麻哈鱼——雌性大麻哈鱼，并为它进行成功的授精。在七家湾溪沟里大约有500条野生大麻哈鱼，我如何才能保证自己捕获到正确的鱼呢？面对任务，我提心吊胆，同时也希望得到所有的好运。”

小组发现用渔网捕获成年大麻哈鱼是最好的方法。这项工作在夜间进行，以便没有阴影投在水面上。廖博士领着一组人负责捕捞，另一组人则在实验室里做好准备，接收捕捞到的鱼。“我们花了整整3个小时进行捕捞，”廖博士回忆，“我们每撒一次网，都怀着激动的心情检查捕获结果。”但一次又一次，渔网是空的，3个小时快过去了，他们才捕到一条大麻哈鱼，但却是雄的。当时他们已经筋疲力尽了，所以决定收工。

“就在那时，”廖博士说，“我发现岸边有一条雌大麻哈鱼，它肚子里明显充满了鱼卵。我捉到了它，带着它和那条雄性大麻哈鱼冲回实验室。”他的话语里透出兴奋和担心。“结果发现，我捉到的那条雌性大麻哈鱼正准备产卵，所有我们必须做的，就是轻轻地将鱼卵挤出并为其授精。有600多颗鱼卵！他们告诉我，那是他们所见过的最好的一条雌大麻哈鱼了。它真的是我的幸运之鱼！”

廖博士家住基隆，离这儿有3个小时的车程。由于工作，廖博士不得不花费大量的时间用于工作，无法顾家。尽管工作辛苦，但他却说：“看到大麻哈鱼自由自在地在河里游来游去的情景，足以补偿我所作出的牺牲了。”廖博士始终提醒人们，每个人都必须尽自己的一点力量来帮助保护我们的地球。他告诉我：“鱼和我们一样，都不能生活在被污染的水里！”他还预言：“如果台湾大麻哈鱼灭绝了，那么人类最终也可能从地球上消失。”

温哥华旱獭

温哥华旱獭跟家猫一样大小，重约2—7千克，非常吸引人。它们长着棕褐色的厚毛，白色的口鼻，外表迷人，就如迪士尼公园中的米老鼠、唐老鸭等经典角色一样。历史上，它们生活在温哥华岛由雪崩、积雪、暴风和自然野火形成并维系的次高山草甸上。这种草甸在温哥华岛上比较罕见，这就是这些旱獭种群数量无法大量增长的原因。

1910年，一些旱獭被捕捉做成博物馆标本。这时科学家才确认温哥华旱獭为一个种。此后就几乎再没见到这种动物，直到1973年英属哥伦比亚大学的道·赫德开始研究两个旱獭种群的行为。几年后，当地的博物学家开始进行系统的种群数量调查。1987年，安德鲁·布莱恩特开始一项研究，原本打算作为短期的硕士研究项目，最后却持续了20多年！布莱恩特把全部身心投入其中，保护温哥华旱獭免于灭绝。

图中为奥斯陆——一只多伦多动物园人工繁殖的温哥华旱獭，正从温哥华岛海利湖的一个洞口向外张望，期待它美好的未来。它的女伴海德也是人工繁殖的旱獭，2004年放归野外后，第一个成功地繁殖了后代。（安德鲁·布莱恩特）

与安德鲁·布莱恩特会面

2007年12月，我打电话给居住于温哥华岛纳奈莫市附近一个农场中的安德鲁，我们谈论(关于旱獭)了很长时间。因为本书包括了很多物种保护的详细故事，所以我渴望能和他一起坐下来，面对面地交谈。2008年12月，我原本打算去实地考察旱獭，但我只能待在温哥华岛的酒店里享用一顿安静的午餐。这个时间不对，它们在冬眠。事实上，它们每年都会冬眠很长时间。安德鲁给我带来了一个毛绒旱獭玩具。事实上，有机会和这位努力挽救旱獭的人坐下来交谈，比看到旱獭更难得。他与我心目中的形象一致，富有幽默感，对工作极富热情，深深地热爱着他倾注了一生心血的旱獭。

温哥华岛上的砍伐

安德鲁告诉我，在“青少年时期”(通常是2岁时)，年轻的旱獭会按惯例离开它们山顶上的家，去到附近的另一个山顶上建立自己的领地，在那里生长繁

安德鲁·布莱恩特把他毕生的精力投入到保护温哥华旱獭这种迷人小动物的身上。图中他与芭芭拉在英属哥伦比亚温哥华岛的帕特湖上。(安德鲁·布莱恩特)

殖，度过余生。但是，在他开始这项研究的20世纪七八十年代，人类长期无节制地砍伐森林导致了旱獭行为上的改变。木材公司在无意间创造了一个新的环境，和旱獭喜爱的自然环境相似——开阔的没有树木的区域，杂草覆盖，有其他植物可食，还有旱獭可以做窝的肥沃土壤。

很多年轻旱獭不再费力地跑去另一个山头，反而喜欢移居树木被砍光的地方。栖息地的增加使它们的种群数量得以迅速增长。到2010年底，旱獭数量将可能会从150只翻倍到300—350只。安德鲁告诉我："如果没影响肉食动物的数量，树木被砍光可能有利于旱獭。"

然而，在它们新的栖息地里，旱獭更愿意利用伐木道路行动，这样它们更容易成为美洲豹、狼和同样生活在那里的金雕的捕食对象，特别是在那些树木开始重新长出而得以提供掩护的地方。安德鲁告诉我："移居此处的旱獭只有少数能成功地存活较长时间，这片富饶的新区域成了旱獭的'数量陷阱'。"因此野外种群数量急剧下降，到1998年野外只有70只旱獭，5年后数量下降至30只。具有讽刺意义的是，促使野外数量最终下降的原因是需要为人工繁殖项目捕捉旱獭——1997—2004年，56只野生旱獭被带回进行人工饲养。

"如果没有伐木公司的话……"

在研究早期，安德鲁几乎每天都上山，他进入私人伐木场，观察并记录旱獭的栖息情况。经常是在凌晨3:30或4:00，他在登记处签上"旱獭先生，爬上绿色山岗"。几个月后，伐木者对他凌晨时分在山上所做的事情开始感到好奇。一天早上，一个就职于麦克米兰·布勒德尔有限公司的伐木人韦恩·奥基夫决定开车上山，看看"旱獭先生"到底在山上干些什么。

"那个早上一切都很完美，"安德鲁说，"我捉住了一只雌旱獭，做了标记。还拍摄了一张韦恩身着闪着荧光的安全背心、头戴阳光下闪闪发光的安全帽、怀抱旱獭的照片。"韦恩说："哇，太酷了。你应该下山来，在午餐时间跟大伙谈谈。”

韦恩·奥基夫，麦克米兰布·勒德尔有限公司的伐木工人，怀抱着埃里斯。这是导致伐木活动发生重大改变的时刻，温哥华旱獭因此得到了保护。(安德鲁·布莱恩特)

这次谈话非常成功，安德鲁与伐木工头、然后与森林主管、最后与公司高层管理人员斯坦·科尔曼见了面。“我在伐木公司的会议室里，用照片、幻灯片、地图，告诉这些人我所了解的旱獭以及伐木对它们的影响。”在耐心听完后，斯坦问：“你希望我做些什么？”

安德鲁说：“我告诉他，他应该对这些动物负起道义上的责任。否则这个物种慢慢减少，最终会死在他的手上。”那次见面之后，斯坦成为保护旱獭最有力的支持者之一，他鼓励公司尽一切力量支持保护旱獭的工作。

安德鲁很乐意指出这一点，虽然温哥华旱獭是加拿大第一个被正式列入濒危名单的物种，同时也被列入IUCN和USFWS的濒危物种名单，但列入这些名单“最终对旱獭提供了很少帮助或几乎没有帮助，而当地伐木工人对风景、森林环境的热爱最终起了些作用”。加拿大人捐款100万美元建立了旱獭恢复基金会(MRF)，安德鲁继续在这个非营利性的组织里做科学顾问。

后来在1999年，惠好公司买下了这些土地，随后又出售。如今木材岛公司和西部森林木材公司拥有这片旱獭的栖息地。迄今为止，两家土地拥有者不断出资支持对旱獭的保护。安德鲁说：“最具有讽刺意味的是，如果没有伐木公司，我们根本没有机会开始！”他告诉我，虽然伐木仍在继续，但是现在已经有了保护区，一旦森林再生，保护措施就可以马上实施。

积极开展恢复工作

旱獭恢复小组估计，旱獭种群需要扩大到400—600只，分散到温哥华岛上3个独立的地方，才能构成完整的物种“恢复”。从1997—2001年，恢复小组制定了一个恢复和重建计划，在多伦多动物园、卡尔加里动物园、私人所有的位于兰利(温哥华市附近)的山景保育中心，以及温哥华岛华盛顿山上一个专门设计的设施等处开展人工繁育项目。放归则选择适合旱獭生活的地方，捕食压力较小些。2000年繁殖项目中的第一批旱獭出生。2003年，这批人工繁殖的旱獭第一次放归野外。

放归后的野外观察表明，人工繁殖的旱獭保留着天生固有的识别天敌的能力，当美洲豹、狼接近，或雕在天空中呼啸而过时，它们会吹口哨向其他旱獭发出警报。2004年，工作小组取得了一个里程碑式的成就：一只人工繁育的旱獭与一只野生雌性旱獭交配，第二年，一对人工繁育的旱獭生下第一只小旱獭。它们都生活在一个完全受保护的自然栖息地里，早期的旱獭种群在那儿已经完全灭绝。

我与安德鲁见面后，他告诉我，2008年对旱獭繁殖来说是获得巨大成就的一年。旱獭人工繁殖计划“繁育出了有史以来最大的一窝(9只幼崽已经断奶)，57只旱獭被放归野外”。人们记录在册的野外旱獭有11窝共33只幼崽，大多数幼崽都由人工繁殖的旱獭生育。截至10月份，人工饲养繁殖的旱獭共190只，野外种群大约130只。“与1998年的大约70只个体相比，320只旱獭在数量上增加了很多。”安德鲁自豪地说。此外，5年前只有不到5个山头被旱獭占据，现在这些个体分布在12个山头上。

每一只野生幼崽都被做好标记，种群中的每一只个体都得到识别——所有个体都以数字标记，有一些还有名字。每只个体的遗传特征也是已知的。恢复小组成员为旱獭遗传多样性得到保持而倍感自豪——自从人工繁育计划开始，没有一对等位基因缺失(当整个种群灭绝时，一些遗传多样性无疑会丢失)。

恢复计划每年需要放归一定数量的人工繁育的旱獭，以增加野外种群，直至达到400—600只，从而实现旱獭种群的自我维持，这需要15—20年的时间。安德鲁相信，从长远角度来看不得不考虑很多因素，例如天敌数量、持续的全球气候变暖，但总的来说，对于温哥华旱獭最终将在山头上全面恢复其传统栖息地，他仍保持乐观。

奥普拉、富兰克林以及其他

当然，每一只旱獭都有自己的个性和贡献。当安德鲁开始为他的学位论文整理数据时，他的导师责备他不该用名字代替编号来识别个体。他告诉我，对他来说，名字更容易记住。当然！我同意这一点。他了解每一只旱獭，"我知道它们住哪，做什么，如何可以找到它们。"他为自己最喜欢的雌性旱獭取名为奥普拉，他认识她已经10年。"在被杀害之前(可能是被狼杀害)，她已经生下了11只幼崽。"尔后，有一只从小就标记的当时还没有名字的旱獭被取名富兰克林，她被监测了一段时间，但第二年就消失不见了。5年后她在富兰克林山——她名字的来源处——出现了，活着并且健康状况良好。安德鲁告诉我："从此之后，富兰克林生下了一大群幼崽。"

安德鲁对那些为恢复种群付出努力的人们给予高度赞扬。"我很幸运地站在巨人的肩膀上，并拥有很多支持者。更重要的是，如果没有一大批才华横溢的人们(工作人员和志愿者)参与和支持，梦想依然只能是梦想。是合作给予这个物种光明的未来。"

为了确保这种讨人喜欢的生物的生存，安德鲁比别人做得更多。我问他在过去20年里，当出现问题的时候，是什么使他坚持下来了。他笑着回答说："我真的喜欢那些小家伙，它们是真正的幸存者，它们已经学会生活在其他生物不敢生活的地方。"

苏门答腊犀

2001年秋天，在辛辛那提公园里，一头苏门答腊犀安德拉斯出生了。他刚出生几小时我就被他吸引住了。这是多年期盼的结果，他奇迹般地来到了这个世界。我惊叹他是如此的可爱，一双大大的眼睛，身上长着令人惊讶的厚厚的红毛。犀牛有很多的特点，但"可爱"不是这种动物的典型特征。安德拉斯是112年来首头人工繁殖成功的苏门答腊犀。因为他长有又长又红的毛，人们给他取了个绰号叫做"毛犀牛"。苏门答腊犀是最濒危的大型哺乳动物之一。在马来西亚和印度尼西亚，野外濒危犀牛种群数量已经下降到不足300头。

这是一种长期隐蔽生活在森林深处、鲜为人知的动物。人们花费了大量的精力，甚至可以说是巨大的心血，去弄明白这种动物难以捉摸的生存方式，期望使这个物种一直存活在我们的世界里。

当世界上第3头人工繁殖的苏门答腊犀出生6年之后，"今日之秀"节目资助了一个征集名字的比赛，最后"亨利潘"胜出，成为犀牛的名字，"亨利潘"在印尼语里面代表的是"希望"。我想不出比这更好的名字了，因为亨利潘确实是这一濒危物种的希望的象征。他刚刚出生一个小时就开始尝试着爬行，我们都为他揪心。我们毫不怀疑他会长成大家伙。在他刚出生的几个星期里，每隔15—30分钟就有人看望一次。(这种有资料记载的物种的生长速度是惊人的：亨利潘刚出生时约重40千克，而4周大的时候达到了90千克。当他完全成年时，他可能会重680千克。)

安德拉斯、亨利潘和它们的妹妹苏西成功出生的传奇故事，是一个成功挑战人工繁殖难度的极好的例子。1990年，经过美国动物园联盟和印度尼西亚政府的共同努力，苏门答腊犀基金会成立了，人们制定了一个大胆的帮助拯救苏门答腊犀的计划。打算从因为木材和耕地的需要而遭到砍伐的南亚森林地区引进犀牛，开展人工繁殖。7头犀牛被运到美国繁殖技术先进的动物园，其目的不仅是饲养这个物种，防止其灭绝，同时也是为了提高公众保护东南亚野生动物的意识。

一开始人工繁殖计划就充满争议，如同当年从野外捕捉加州神鹫开展人工繁殖一样。反对者中还有一些保护主义者，包括来自世界自然基金会亚太分会的人。他们关注的主要问题之一是，人们对这个珍贵的物种几乎没有任何人工繁殖的经验。

事实证明，正是由于缺乏经验，导致了最初在1990年引进的几头人工饲养犀牛的死亡。事实表明，如何照料好这种特别脆弱的动物比实施任何计划都要重要。当这种犀牛第一次来到美国时，一切都显得那么顺利。它们吃掉了数量庞大的牧草和苜蓿干草。虽然天性不喜欢社交，但是人们希望它们像非洲犀牛兄弟一样，在动物园里定居、繁衍。

然而，苏门答腊犀与平原上的犀牛不同，它们不吃也不消化草类。它们来自与世隔绝的茂密热带雨林，人们不知道它们的习性和食物喜好。因此，即使给它们喂草，它们也不能从中得到它们所需要的营养物质。很快，动物园里的苏门答腊犀都生病了。1994年，引进苏门答腊犀4年之后，犀牛只剩下辛辛那提动物园的3头。

接下来就到了生死攸关的时刻。那时，在哀伤而充满争论的会议上，兽医、饲养员和动物园主任爱德·马鲁斯卡一起讨论，目前他们能为几天都没吃东西和站起来的"爱普"做些什么，他正在慢慢地衰弱，即将走向死亡。经过激烈的争论，大家认为这个物种太稀有了，如果对具有繁殖能力的爱普实施安乐死，代价实在太大。必须继续努力。

解决方案出人意料。文身、脾气粗暴的犀牛负责人史蒂夫·罗蒙解决了爱普的健康难题，虽然他不是营养师。罗蒙(动物园里人们都这么叫他)这样认为,"马哈图(一头雌性犀牛)吃着我们喂给的干草和药丸,依然一天一天地消瘦,最后死亡。根据这个推断,这些干草和药丸对苏门答腊犀不起任何作用。"

罗蒙告诉我,1984年,当美国动物园联盟派他到马来西亚,协助他们拯救第一批苏门答腊犀——杰拉姆和艾龙合的时候,他初步了解了苏门答腊犀的天然食谱。他回忆道,人们给杰拉姆喂食"很多有黏液的木菠萝和榕属植物"。虽然在美国找不到木菠萝,但罗蒙认为榕属植物还是找得到的。

罗蒙告诉我:"没有人认为爱普可以活下去,包括我自己。"所以他订购了榕属植物作为爱普的晚餐。当罗蒙把榕属植物拖到谷仓并开始清洗的时候,坐在椅子上看着爱普的饲养员大叫起来:"嘿!我不知道你干了什么,但这是两天来爱普第一次抬头!"

爱普待在30多米以外一间房门坚固的围栏里,但他嗅到了榕属植物的味道。当他们把榕属植物拿给爱普时,他站起来并开始吃了。事实上,他两天就全部吃光了。第三天开始吃从加利福尼亚用冷藏箱空运过来的无花果和榕属植物。这使得苏门答腊犀成为世界上吃得最昂贵的动物!

爱普已经13岁了,他是历史上现存的唯一一头人工饲养的雄性苏门答腊犀。他已经有了3个后代,包括可爱的亨利潘。而且他还将继续繁衍生息。罗蒙传授给大家的有关犀牛食谱的知识已经在全球范围内被广泛采用,从展出苏门答腊犀的动物园到人工饲养小种群以保护该物种的印度尼西亚保护区。

繁殖的困境和谜题

如何饲养爱普的问题已经解决,接下来的是如何让它们繁殖。事实表明,最重要的是如何成功地让他和一头雌性交配。每当饲养员把雄性和雌性放在同一个饲养圈里时,它们就会打架,驱赶对方,朝对方尖叫或者猛撞对方,直到双方流血了才停止。你可以想象犀牛饲养场外是怎样的混乱,我敢确定并不单单只有犀牛在尖叫。

年复一年，一次又一次尝试，饲养员要用消防水管才能把它们分开。这种状况一直延续了5年，直到辛辛那提动物园聘请了一位年轻的生殖生理学家泰瑞·罗丝，这个问题才得以解决。泰瑞·罗丝以前一直在华盛顿国家动物园研究和救护中心工作。泰瑞·罗丝和她的研究小组来到辛辛那提动物园后，用了几个月的时间来研究艾米的尿液和粪便中的激素水平。后来，兽医技术人员抽取艾米的血液，对她的卵巢进行日常超声波检查。最后，在1997年，泰瑞·罗丝的团队判定，艾米的发情期（或称交配期）只有大约24—36个小时，这是她成功交配的关键。

消防水管准备就绪

泰瑞确切地判定了艾米和爱普的发情时间，这样饲养员就可以把它们放在一起进行交配了。交配的那天早上，所有的人都是又紧张又兴奋。当然，饲养员像往常一样在旁边准备了消防水管，但在那个春天的早晨没有派上用场，消防水管被放回了消防栓处，犀牛为大家展示的是一幅出奇友好的交配场景。

那天爱普尝试了47次想与艾米交配，但都没有成功，但没有发生我们担心的单一追逐或者打斗的场面。21天后，泰瑞再次把两头犀牛放在一起，这次爱普成功了。令大家高兴的是，艾米怀孕了。然而，挑战远未结束。在接下来的几年里，艾米每次都可以成功地怀孕，但都在最初的90天里流产了。在1997—2000年，她一共流产了4次。这促使泰瑞决定，在艾米下一次妊娠时给它每天口服一剂黄体酮，这种做法在马怀孕时使用得很普遍。

泰瑞成功了。2001年9月13日，名叫安德拉斯的雄性小犀牛在辛辛那提动物园出生了——安德拉斯是苏门答腊岛的曾用名之一。艾米在经历了多次的考验和磨难之后，终于成为一位非凡的母亲。安德拉斯出生时重约33千克，出生15分钟后他就站了起来并开始行走。他像其他野生动物一样被精心照顾着，一岁生日时已经重达410千克了。4年之后，安德拉斯被从洛杉矶公园送到

图中为艾米与它的幼崽苏西在一起。苏西是第二头在辛辛那提动植物园出生的苏门答腊犀。与加州神鹫一样，刚开始时，采用人工繁殖的形式帮助恢复这种稀有动物引起过很大的争议，但是付出得到了回报。安德拉斯 —— 第一头人工繁殖的苏门答腊犀已经成功地回到了原栖息地印度尼西亚的野外，生活在苏门答腊的保护区里。(戴维·珍妮科)

了印度尼西亚的一个保护区，那里有一小群人工饲养的苏门答腊犀得到保护。

安德拉斯返回故里印度尼西亚，他不但受到国际媒体的关注，同时也是一个故事的完美结局。他证明人工繁育这种极度濒危的物种不仅可能，而且已经取得了真正的成功。我们希望在公园附近建立人工繁育种群，使小犀牛更容易放归野外，增加种群数量。

几年来，艾米和爱普继续成功地生儿育女，现在，艾米已经是一位经验老到的母亲了，她在怀孕期间不再需要黄体酮的辅助。紧接下来的计划是把安德拉斯和两头年轻的雌性犀牛放归到印度尼西亚的乌兽禁猎区，以增加人工饲养种群的遗传多样性。

饲养一些犀牛就可以保护这个物种了吗？事实并非如此。向居住在野生动物生活区的人们展示它们对人类的价值，是保护它们及其栖息地的一种方法。也许，这个成功的人工繁育案例最重要的结果是提高了公众意识，让人们致力于保护全世界，尤其是印度尼西亚的野生犀牛。

灰 狼

我第一次看见野狼是在黄石国家公园北部地区的拉马山谷里。看到这些狼时，我相信这是一个奇迹，一个不折不扣的奇迹。因为灰狼曾经一度在这个地区被捕杀殆尽，现在它们又返回黄石公园了。

长期以来，人们都因为狼是凶残的肉食动物而感到害怕，但是这种群居动物对于人类来说是非常重要的。它不但是我们心爱的宠物狗的祖先，而且对野生动物的保护具有重要的象征意义。在美国西部的大黄石生态系统中，成功地重引入灰狼不但是一项令人瞩目的生态恢复成就，同时也充满了争议。也许最大的奇迹是牧场主首次与狼群共同生活。虽然有部分牧场主一直抵制狼的再引入，但是狼群回来了，留在了现在的地方。

结果，灰狼回归黄石国家公园位列官方"世界十大保护项目"之首。生态保护主义者、牧场工人、联邦生物学家和梦想家联合起来，经过几十年的努力，教育、争论、解释……最后取得了这项工作的成功。

在我看来，狼数百年来不断遭到干扰和破坏，是这个恢复项目显得如此重要的一个原因。从17世纪开始就有文件提议，灰狼种群过于庞大，希望从大地上消灭这种物种。几个世纪以来，美国人积极捕杀灰狼，到20世纪早期，这项工作完成了。一个曾经遍布48个州大部分地区的物种现在几乎灭绝了(只有少数残存个体在明尼苏达州存活下来)。

狼几乎被彻底消灭不仅仅是因为人类使用了陷阱，或者是狩猎甚至悬赏捕杀；最后起作用的是在大范围内大规模地使用毒药。灰狼重新回归，起作用的是公众的抗议，以及他们对在美国西部恢复狼群适合的栖息地的支持。

灰狼回归原栖息地——黄石国家公园事件位列官方“世界十大保护项目”之首。尽管狼群的人工繁殖在美国西部仍存在很大的争议，但它们的回归证明人类和肉食动物可以共存。(托马斯·D.曼格尔森)

迈克·菲利普斯是特纳濒危物种基金会的执行主席，基金会总部设在蒙大拿州波兹曼市。1994—1997年，迈克在黄石国家公园从事灰狼恢复项目。在这项工作开始前的10年，他投身于美国东南部重建赤狼的工作，本书中也有提及。迈克告诉我说，在多项的重建项目过程中，他从与村民的交流、特别是倾听中学到了许多东西。

“你必须确定当地居民清楚地了解你将要干什么，因为他们会问你‘不，你想干什么?!’整个西部的牧场主经常告诉我：‘我们并不是特别对灰狼怀有敌意，我们能和灰狼相处。但是，我们不希望我们的生活方式被进一步改变，我们不想让联邦进一步干涉我们的生活，我们不想让政府干扰我们的行为。’他们把这些看作是他们眼中的西部正在发生改变的另一个预兆。”

当然，我们并不是要在私人牧场里恢复狼群，而是在联邦的黄石国家公园里。联邦调查表明，绝大多数的美国人想在那里再见到狼群。最激励迈克的是，“两党联合支持《濒危物种法案》有30多年了。这个法案饱受争议，但是美国人民坚定地告诉他们的议员们，他们不想、也不愿眼睁睁地看着濒危动物在他们的国家灭绝。”

1995年3月的一个早晨，迈克站在那个笼子旁边，看着第一只69岁高龄的狼被放归到黄石公园。使得这个项目显得如此复杂的原因是，狼群的重建工作不仅仅是对社会政治的挑战，也是对行政管理和后勤工作的挑战，同时还是对生物学的挑战。

“我们从其他种类的狼重建计划中知道，如果我们只是简单地把灰狼放归到黄石公园的话，它们都会跑掉。”迈克告诉我，“但是这个项目的目的是在黄石公园重建狼群，所以我们需要有一个方法保证狼群愿意留在指定的地区。因此，我们应该制订一个可行的计划，让狼群在既定的放归区域内停留一段时间。这样人们就必须给它们提供食物和水。”

供水是一件容易做到的事。“因为老天爷的恩赐，冬天它们吃雪就可以。”迈克告诉我说，“但是，我们每天要给每头狼提供约2.3千克的食物，想象一下，我们必须提供多少食物！如果我们要喂养20头狼，那么，每天就需要约45千克的食物，一个星期就需要约320千克，一个月就需要约1360千克。一点点积少成多。”

迈克对狼群成功重建感到惊讶。“用你喜欢的任何方法来检验，这个项目都是成功的。狼种群数量的增长比预计的还快。尤其让人惊讶的是可以看到大批狼群。游客在黄石国家公园北部地区看见野生狼群，现在是很正常的事情了。”

狼的未来会怎样？迈克说出了一个生物学家的心里话：“另一件你必须牢记的事情是，灰狼是一个伟大的生态学通才，它们不需要人类给它们提供很多机会。它们独立，希望有机会捕食比自己体型更大的猎物。你给狼群一大片地和一些食物，它们就可以很好地生存下去。”

基本上，他不担心黄石公园里狼的未来，也几乎不担心落基山北部的狼的未来。迈克·菲利普斯和其他参与灰狼恢复项目的数百位工作者的成就十分出色，所以今天大家仍能在西部见到野生狼群，就像两个世纪前路易斯和克拉克远征时所看到的那样。

第三部分

永不放弃

引 言

前面我们所讲的故事都是关于拯救那些濒临灭绝的物种，之后再重新放归大自然，虽然这些物种在完全没有人类管理的情况下很少能存活下来。随着人口的持续增长，栖息地的不断丧失，环境的污染，偷猎行为的加剧和气候的变化等，为保护好它们及其栖息地，我们必须时刻保持警惕。

本部分介绍那些前景尚不明朗的物种，它们已经从灭绝的边缘被抢救回来，但是由于诸多原因，其野生种群仍未恢复。

栖息于蒙古国和中国那一望无际沙漠中的野骆驼面临着偷猎以及缺水的威胁。周围山脉大量冰雪融化，雪水被转用于农业。由于全球变暖，这些融雪还可能会消失！野生双峰驼的未来取决于中蒙两国政府的继续对话以及政治愿望，找到野生双峰驼的一个栖息地，以满足它们的安全和生存需求。野生伊比利亚猞猁的未来取决于当局在保护其自然栖息地和减少人类干扰方面的力度，以及猞猁学习如何安全横穿马路的能力！

一些动物必须在人工饲养期间不断训练，才能适应它们以后真实的生存环境。人工繁育的大熊猫就必须采用这种方法进行养育，将来它们在自然栖息地里才能找到合适的食物并存活下来。虽然教导隐鹮沿新路线迁徙的工作仅处于试验阶段，但这也是令人鼓舞的事情。

我见过很多人为确保野生物种的安全未来而努力工作，他们中的一些人已经坚持了很多年。不论面临什么挑战，他们都没有放弃，这对于动物以及它们的后代来说是幸运的。

此外,还必须指出的是,本书叙述的仅仅是无数拯救行动的代表,所有的类似工作都值得宣传。在我写这本书的时候,所面临的问题是,世界上到底有多少为拯救濒于灭绝的物种而做的令人钦佩的工作。举例来说,就在今天,我看了关于生活于英国我家附近的一种美丽的隆头蛛的书后才知道,它们的野生数量已经下降至50只。由于采用了人工繁殖技术,现在它们的总数量达到了1000只。我真诚地希望,在我们的网站上,大家可以看到有更多的项目在开展,有更多的科学家及普通人为维持和恢复我们地球的生物多样性而努力。

我们不知道未来地球上到底有多少生物存活,也不知道我们的共同努力是否能拯救它们和恢复它们的生存环境。重要的是,我们永不放弃努力。

伊比利亚猞猁

2006年6月，从西班牙回英国的飞机上，我第一次在伊比利亚航空杂志《伊比利亚环球》上看到伊比利亚猞猁。伊比利亚半岛特有的这种地方性猞猁是世界上最濒危的猫科动物之一。杂志上的这篇文章介绍了一位生物学家密古埃·安吉尔·西蒙，他领导一项猞猁恢复计划。我立刻产生与他会面的想法。

一年后，当我在巴塞罗那时，这个愿望实现了，密古埃从野外工作站乘飞机前来与我交流。我见到他时，他正和自愿为我们做翻译的西班牙JGI执行主管费伦·古安拉一起坐在我下榻的小旅馆里。密古埃是一个留着军人样短胡子、消瘦但结实的男人，看起来既务实又能干。我清楚地感受到了他对猞猁恢复计划的热情。

如果西班牙失去最濒危的伊比利亚猞猁，将是一个悲剧！幸运的是，人工繁殖计划进行得非常顺利，野外的种群正在慢慢恢复，我们所要做的是保护它们的栖息地。图中是猞猁莎和它的两个小崽——出生于2006年的卡玛丽娜和卡斯塔妞拉。（赫克托·加里多）

2001年,密古埃和他的团队第一次开始调查安达卢西亚境内的猞猁数量。他们安装了照相抓拍设备来寻找猞猁留下的痕迹,例如粪便。结果表明这个物种遇到了大麻烦。由于栖息地减少、被猎杀以及陷入为捕捉其他动物而设的陷阱里,猞猁数量受到很大影响。而且,它们的主要猎物——兔,由于流行病暴发而几乎全部消失。事实上,兔子已经从这片被腓尼基人称为Hispania的某些地区彻底消失了,Hispania的意思是“兔子之乡”。毫无疑问,密古埃说,许多猞猁由于没有食物而饿死。他的调查显示,只有大约100—200只猞猁分布在西班牙南部的两个地区。在过去的20年里,猞猁在西班牙中部和葡萄牙已经灭绝。如果不希望这些美丽的动物完全灭绝,就必须采取一些孤注一掷的措施。

为猞猁赢得朋友

他们向欧盟申请到了一笔2600万欧元的基金,这是有史以来用于拯救濒危物种数额最大的基金,用于2006—2011年开展工作。猞猁恢复项目有11位成员,分别是4个保护组织、4个政府部门和3个狩猎组织。因为大部分幸存下来的猞猁生活在哈恩的安杜哈尔地区、科多巴的卡迪南地区和韦尔瓦的多南那地区的私人领地里,所以,很明显,争取与这些土地所有者的全面合作是最重要的。

起初这并不容易。猞猁捕食幼鹿,因此许多农民担心猞猁也会杀死他们的小羊羔——有时猞猁是会这样干的。因此,刚开始,密古埃和他的团队调查每一例收到的死亡小羊的报告,给予农民补偿费——即使有时凶手是狼。同时他们还实施了一项奖励计划,奖励对保护工作作出贡献的土地所有者。

渐渐地,土地所有者的态度发生了改变,他们中越来越多的人,无论他们拥有的是60平方千米还是0.2平方千米的土地,或仅是带有花园的郊区避暑别墅,都愿意与这个猞猁恢复团队签订协议:首先,他们保护自己土地上的猞猁;第二,他们不再射杀兔子,而是把它们留给猞猁;第三,允许猞猁恢复项目小组在他们的土地上实施猞猁和兔子的恢复计划,并进行监测。声称在你的土地上发现了猞猁已经成为有身份的象征。因为在一些地区,猞猁实际上是一种图腾动物。就这样项目组与土地所有人签订了98份协议,涵盖面积1400平方千米,猞猁终于被保护起来了。

当然,密古埃告诉我说,恢复进程是极其缓慢的。一只雌猞猁每隔一年才产崽,而且雌猞猁通常不会一次抚养两只以上的幼崽。尽管如此,2005年春天,在一个主要的研究地点,20只雌猞猁生下了大约40只幼崽。到了秋天,大约有30只幼崽存活下来。密古埃告诉我,当这些年轻的成年猞猁离开原先居住的地方去寻找新的领地时,问题出现了。雄猞猁在一岁大的时候要离开出生群,雌猞猁在原地待到另一季。但是无论年龄大小,它们一旦自行离开,许多成员就永远不回来了。密古埃告诉我,现在他们已经开始使用无线电项圈设备,利用全球卫星定位系统进行跟踪。这样无论它们去了哪里,最后都可以找到。

我问密古埃是否有好故事与我分享,他告诉我,可以确定的是,这个保护项目在正常运转中。1997年,从相机抓拍照片辨认出一个地区有7只成年猞猁,其中2只雌性,5只雄性,还有1只幼崽。没有人想到这个微小的群体依然有生存的机会,特别是在兔子普遍患病死亡后。然而,当我们询问一位护卫者的儿子,叫他给小猞猁取名时,这个小男孩脱口而出"皮卡丘"。让大家都异常兴奋的是,皮卡丘和7只成年猞猁一起存活了下来。今天,这个地区有45只猞猁。"而且,"密古埃说,"皮卡丘是国王。"

参观猞猁

这个恢复种群项目包括了一个人工繁殖计划。一组科学家与密古埃团队紧密合作,为了确保遗传多样性,他们仔细确认用于人工繁育的猞猁的来源地。他们制定了非常严格的规定:只有当一个母亲生下的3只幼崽都存活了6个月,其中的1只才能被带走用于人工繁育。这些幼崽被送到2个繁育中心。

密古埃和阿斯特丽·瓦格斯密切合作,后者是位于多南那的艾尔艾克布希

阿斯特丽·瓦格斯和她的团队日日夜夜地为拯救西班牙珍贵的伊比利亚猞猁而工作。图中瓦格斯在喂养艾斯普利格，一只被母亲奥里亚格抛弃的小猞猁。(约瑟夫·M.派瑞兹·德阿亚拉)

繁育中心的负责人。密古埃在电话里把我介绍给了她。一年后，我和姐姐朱迪到达塞尔维亚，驱车前往繁育中心。因为前一晚发生了一件悲剧，阿斯特丽没能亲自去机场迎接我们。那个晚上她被志愿者叫醒了，后者一直通过电视监控设备监控着雌猞猁及幼崽。志愿者告诉她幼崽之间发生了一起严重的打斗事件，这已经是一个月里的第6次打斗了。这一次，受伤的是艾斯布拉扎最小的孩子。当阿斯特丽到达时，这只雌性幼崽的喉咙遭到了致命的撕咬。

我了解到，自繁殖计划实行以来，这是第二次幼崽间严重打斗导致死亡的事件。当我们到达时，迎接我们的是一支沉闷的队伍——阿斯特丽、安东尼奥·里瓦斯(托尼)、朱纳·贝加拉(主管)和一些忠实的志愿者。他们如此难过我一点也不感到奇怪，看完猞猁幼崽打斗的录像后，我也对打斗的突发性和猛烈程度感到震惊。

阿斯特丽告诉我，她可能永远也无法忘记发生在繁育中心的第一次同胞厮杀。猞猁妈妈叫萨里吉亚，大家都叫她萨里，她是人工繁育中心出生的第一只雌猞猁。萨里是一位非常优秀的母亲，她的3个孩子表现很好——直到大约6周大时。最大的孩子布雷佐本来在和一个妹妹玩耍，突然玩耍变成了致命的猛烈打斗。萨里似乎很迷惑，她用两只爪子一边抓住一个孩子，摇晃着，试图分开它们，但是布雷佐始终没有松口，最后他咬断了妹妹的喉咙，同时自己也受了重伤。

阿斯特丽说：“我们一下子从拥有一个快乐的家庭跌入可怕的危机中，一只小猞猁死亡，一只受伤，还有一只被完全失控的母亲抓着，不停地绕圈。”

阿斯特丽发疯似地联系她可以联系到的所有专家。最后，她找到了赛格雷·奈德科博士，一位俄罗斯科学家，已经研究了20年的欧亚猞猁。奈德科博士告诉她，他已经有18年的人工饲养猞猁同胞之间的打斗记录，他认为这是正常的行为。但是没有人相信他，其他人把这些打斗归因于管理不善。阿斯特丽和奈德科进行了很愉快的沟通交流，她告诉我："就像找到了一个古鲁(精神导师)。"

阿斯特丽问奈德科，是否可以让那些受伤的幼崽回到母亲身边。他说没问题，100%能成功。但是他警告，这必须要非常慎重、非常仔细。这时，阿斯特丽要作出一个艰难的决定，她明白布雷佐需要母亲和母乳，也知道媒体和野生动物当局正在密切关注这件事。如果她作了个错误的决定，导致另一只珍贵的猞猁死亡，结果将会如何？她将受到指责，而且可能破坏整个繁育项目的进展。但是，让猞猁回到野外是他们整个团队的目标，为了实现这一目标，让幼崽的母亲来抚养它们是至关重要的。所以即便有顾虑，阿斯特丽也决定冒一次险。

布雷佐已经离开妈妈一天半了。他们先把萨里的尿撒在布雷佐的身上，其实萨里自己也经常用尿喷她的幼崽。阿什琦说："我们尽可能用萨里的气味来覆盖我们人的气味。"萨里一看到布雷佐就开始"发出高兴的声音"。布雷佐一回到围栏里，萨里就开始照料他，用尿喷他，让他躺下来并给他喂奶。阿斯特丽说："布雷佐生活在猞猁天堂里，我们都非常高兴，也被这个画面深深地触动了。但是当我回想起前面发生的打斗场景时，我仍然会感到不寒而栗。"

自那之后，随后的几窝幼崽们也爆发了战争。战争总是发生在幼崽大约6周大的时候，而且没有什么明显的征兆。

母亲和幼崽

在这个项目中，我亲眼看见了阿斯特丽是多么投入地照顾这些猞猁。她和主管朱纳·贝加拉带我去看头天晚上失去了孩子的母猞猁艾斯布拉扎。尽管发生了悲剧——也许就因为悲剧——艾斯布拉扎看到阿斯特丽和朱纳时非常高兴。在这个中心，所有饲养长大的幼崽都严格限制与人类接触，尽可能为它们的野外生存提前做好准备，但艾斯布拉扎是他们亲手抚养长大的，和人类有一种特殊的关系。

当我们穿着防护靴、戴着橡胶手套走近时，艾斯布拉扎用微弱的声音向我们问候，并不断地摩擦铁丝网。她反复地用头撞铁丝网。阿斯特丽说这是一种情感表达的方式。显然，在此之前，艾斯布拉扎没有得到过这样的关注。我觉得这次与人的会面有助于减缓她前晚的压力。我听到她像家猫似的快乐的叫声。艾斯布拉扎是2001年被发现的，那时她差不多一周大，已经快死了。后来她被杰瑞兹动物园里的兽医们救活，并亲手抚养长大。在一岁之前，她从没见过任何一只同伴。

为了让幼崽们有机会跟随它们的妈妈学习，一个家庭的成员都放养在一个大的户外笼舍里，妈妈教幼崽捕猎。饲养兔子当然就是为了这个目的。在一个大的笼舍中，3只幼崽在玩耍。妈妈让它们去追一只漂亮的黑兔，但它们根本不想去捕捉这只兔子，而兔子也根本不感到一丝害怕。它们似乎只是想玩！管理员告诉我，有一只猞猁拒绝杀死一只在笼里放了几周的兔子。当然，这只兔子目睹了它的同伴被快速杀死的情景。这也是这个项目中让人为难的部分。阿斯特丽告诉我，她总是觉得对不起这些兔子。她4岁的儿子马里奥每次来到这里，总喜欢去看看兔子，这让阿斯特丽尤其难过。而且她儿子总要求把这些兔子带回家。

阿斯特丽带我去看了两只育种的雄猞猁，它们相当漂亮。一只静静地躺着，远远地看着我们。另一只紧挨着铁丝网，但我们一靠近，他就向我们吐舌头并发出嘶嘶声。阿斯特丽告诉我，他一直在野外生活，3岁后被带到这个中心。由于他受伤太严重了，因此不能再放归了。此刻阿斯特丽提起了另一只受伤的雌猞猁维西奥莎,她是从安达卢西亚送来的。我记得在巴塞罗那时,密古埃给我讲过有关维西奥莎的故事。当他根据无线电项圈信号发现维西奥莎时,她已经快死了。在繁殖季节,由于与其他猞猁打斗,她受了重伤。她的体重只有5千克(平均数为11千克)。令人惊讶的是,经过细心的照顾和饮食调养,她在3周内就康复了。

当阿斯特丽接收维西奥莎时,她已经有密古埃团队给取的名字(意思是"凶猛的")。但阿斯特丽告诉我:"她根本就不凶猛,只是吃东西时没完没了!"人们把维西奥莎放回她的领地时已是繁殖季节晚期,她很快就和一只雄猞猁结合,并在9周后生下了2只幼崽。

阿斯特丽的设施给我留下了非常深刻的印象。为了让每个区域以及所有笼舍的所有地方处于监控之中,人们安置了多台摄像机。工作人员和志愿者们可以全年进行24小时的电视监控。尤其在分娩期和哺乳期这3个月更要加强监控。这些影像完整地记录下了所有有关猞猁行为的信息。

不论是试图麻醉猞猁,还是以任何方式控制它们后采集血样,对于猞猁来说都是极其痛苦的事。我被一种独特的采血方式所震撼。此方法来自一位德国科学家,他用大臭虫采血!在猞猁晚上睡觉的地方铺一层软木,在软木上挖一个小洞,把一只饥饿的臭虫放在里面。饥饿的臭虫会径直进入猞猁温暖的身体并吮吸猞猁的血液。20分钟后(也就是当臭虫开始消化血液的时候),把臭虫从猞猁身体拿开,用注射器把它吸进去的血液吸出来。猞猁依然在平静地睡觉,而臭虫还可以再次利用。(毫无疑问,这将在倡导人性对待臭虫的人群中引起公愤。)

一起悲惨的谋杀案

在离开以前,我和朱迪在红外线镜头前看到了当晚的致命打斗。这个场面持续了8分钟。午夜时分,当受害者爬上一个栖架时,突然,没有任何先兆,他的兄弟无缘无故地从背后攻击了他。然后这两只猞猁开始疯狂地打斗起来。刚开始时,受害者只是防守,躺在地上,用后肢踢对方。两分钟后他踢不动了。艾斯布拉扎立刻赶来,抓起受害者,试图把他拉开。母亲努力了3次,但进攻者却不放弃。阿斯特丽被叫起,5分钟到达现场。虽然最后阿斯特丽救回了这只幼崽,但是已经太迟了。他断了几根肋骨,而且肺也被刺穿了。

死了的幼崽被带走后,艾斯布拉扎的表现很奇怪。每当这只攻击者试图回到窝里时,他的妈妈——似乎不想以揪着他的脖子这种可接受的方式——都把他拖出去,尽管他不停抵抗。这样重复了很多次。看来艾斯布拉扎不想让他待在这个窝里。

后来,我听阿斯特丽说,经过仔细验伤后发现,真正的致命伤不是由他兄弟造成的。正如预料的那样,真正的致命伤是因为妈妈尽力分开她的幼崽们而造成的。阿斯特丽告诉我:"艾斯布拉扎对她的幼崽们很关心,但也很粗鲁,虽然她本能地想分开它们的愿望是好的,但她是人工饲养长大的,她没有和幼崽们玩过,所以她没有机会学习如何把握好自己的力量。这才是那只幼崽真正的死因。"

野生猞猁的未来

当天晚上,阿斯特丽、托尼、贾维托克苏、我和朱迪一起驱车去了多南那国家公园的猞猁栖息地。我们没有看见猞猁,虽然贾维托克苏告诉我们,上一周他刚看见一只母猞猁带着3只幼崽在低树之间的一个开阔地带玩耍。

开车途中,我们讨论了未来即将遇到的困难和问题,如适宜栖息地的保护。即使国家公园也不再是安全之地。多南那国家公园的部分缓冲区已经成为高尔夫球场。而且在罗西奥节期间,每年都有成千上万的人前来朝拜圣母玛利亚,向圣母玛利亚的一小尊塑像表示敬意,据说圣母玛利亚的形象曾神奇地出现在此地的一棵树上。不幸的是,在繁殖季节,这些朝圣者们径直穿过国家公园，正好穿过猞猁的主要栖息地。而且现在有更多的游客进入这个地区，他们被这里美丽的海滩所吸引。随着交通流量的增加，许多猞猁被撞死在路上（占死亡总数的5%）。

尽管如此，当我们在一家虽小但很舒服的饭店里，一边品尝着美食，一边讨论时，我们发现许多情况还是很乐观的。例如，现在多南那国家公园里的猞猁数量稳定在40—50只，当然这个数据包括繁殖期的雌猞猁和每年出生的幼崽。近年来，这里有10—15只雌猞猁。

而且，人们已经开始在道路下建造隧道，希望猞猁可以像其他地方的动物一样利用这些通道。他们还打算在路上架座桥。最后，也是最重要的工作，他们努力增加兔子的数量。

我们往杯子里倒满西班牙红酒，然后举起酒杯，为伊比利亚猞猁的种群恢复以及那些倾其所有实现这个梦想的人们而干杯。

附言

后来在2008年秋天，我从阿斯特丽那听说，到2008年年中，人工繁殖计划的进展速度快于预期。阿斯特丽说，繁育中心有52只猞猁，其中有24只在那儿出生。这意味着一旦放归地准备就绪，在2009年，人工繁殖的猞猁再引入野外栖息地就可以实施——比计划提前了一年。2006年底以来，在多南那国家公园，没有一只伊比利亚猞猁因交通事故而死亡，这个地区似乎很适合重引入人工繁殖的猞猁。

我听密古埃说，当地饲养的雌猞猁数量已经达到了19只，2008年9月，有17—21只幼崽存活。神奇的西班牙伊比利亚猞猁是否有合适的栖息地允许它们在野外生存，此问题尚无定论——安全的保护区应远离朝圣者、高尔夫球场等。但至少到目前为止，消息还是令人鼓舞的。

野骆驼

在蒙古和中国的戈壁沙漠，在世界上最荒凉的一些地区，一些真正的野生双峰骆驼（野骆驼）仍然存在。大约4000年前，野骆驼被捕获和驯化。随着时间的推移，第一批被驯化的骆驼群的子孙后代与野生种产生了基因分化。

有关这些骆驼的所有事情，我是从约翰·海尔那里了解到的。为了拯救这些骆驼，海尔比别人做了更多的事。事实上，要不是他和中国、蒙古的工作伙伴一起努力，彼此鼓舞，这些野骆驼几乎不可能归来。1997年，我第一次遇见约翰·海尔，正好在他出版《鞑靼消失的骆驼》这本书之前。

约翰曾在英国外交部工作，他虽不魁梧但很健壮，而且有能力，有决心，还热衷于冒险。多年来，我们就他拯救野骆驼的使命交流过许多次。当我们第一次见面时，我对野骆驼的了解不比他对黑猩猩的了解更多。在斯德哥尔摩的科尔莫登动物园，我骑上了一只驯化的双峰驼，只是为了看清楚它的样子；约翰在

分布在中国和蒙古的特有野骆驼，比大熊猫还要濒危，现已通过人工繁殖和栖息地恢复得到拯救。这是拍摄到的唯一一张野骆驼和新生小骆驼的照片。（母亲独自走进茫茫的戈壁沙漠深处生产，这只幼崽生下不到一天。）（约翰·海尔）

尼日利亚工作时，曾瞥见过几只野生的黑猩猩。但我们都是纯粹的野外“生物”，我们现在远离野生动物只是为了拯救它们。约翰很慷慨地和我分享他的知识。他把这几年在中国、蒙古与野骆驼打交道的经历写信告诉了我。

“在过去的12年里，沙漠探险活动使我有机会游览了中国和蒙古戈壁的4处交界地，这里仍然有野骆驼存在。”他写道，“我的沙漠探险是从莫斯科开始的，而不是从中国或蒙古开始。1992年，我在工艺博物馆出席一个环境摄影展。在招待会上，我发现一位穿着深色西服、留着斯大林一样胡子的男人。我和他搭讪。那个时候，对野骆驼和戈壁沙漠我毫无概念。

“彼得·古宁教授迟疑地用英语说道：‘我在俄罗斯科学院工作，每年我都要离开莫斯科，带领俄罗斯和蒙古联合考察队去戈壁沙漠。’

“我问他：‘你的考察队里有没有外国人？我和你们一起去，做一名得力助手。’

“彼得·古宁抚摸着他浓密的胡子，笑着说：‘在莫斯科，外国得力助手是没有任何市场的，即便是黑手党也不感兴趣。你能做什么？你是科学家吗？’

“‘不好意思，我不是。’我回答，我拼命地寻找与其有关的事情，‘我会拍照。我可以当你们的摄影师。’

“彼得说：‘我的同事阿纳托里将在下一次考察时做我们的官方摄影师。你没有科学背景，又能做什么？我没有理由让你进研究院啊。’

“我问他：‘你们考察队用骆驼吗？我有在非洲和骆驼打交道的丰富经验。’

“‘就这样，’他喊道，‘骆驼！我们需要一位骆驼专家。我们需要有人在蒙古戈壁从事野骆驼数量的调查工作。’

“我答道：‘我不知道什么野骆驼，一点都不知道。以前根本没听说过有这种动物。’

“彼得·古宁说：‘如果你和我们一起去的话，你将会学到更多有关野骆驼的东西。’然后他给我使了个眼色，‘如果你能兑换一点外币的话。’

“你要多少钱？

“1500美元,再加你的机票。

“我会想办法筹到这些钱的。”

我既没有多想自己将如何筹到这笔钱,也没有考虑是否能请到假,就毫不犹豫地回答。我只知道我必须和这位友好的俄罗斯教授去蒙古戈壁。

自这次偶然的会面之后,约翰已经7次远征去中国和蒙古沙漠,他可能比其他任何人知道更多关于野骆驼的事情,像它们的栖息地、活动范围、数量状况和历史等。

双峰驼主要以灌木为食,它们的驼峰起到储存多余脂肪的作用,这样可以使它们在长期没有食物的情况下也能生存。它们还可以在长期没有水的情况下生存,而这并没有违背常理。一旦找到水源,它们一次可以喝重达约60千克的水,用来补充它们丢失的水分。200年前,双峰驼种群穿过了蒙古南部的沙漠,经过中国西北部,进入哈萨克斯坦。它的栖息地包括多岩石的山地、平原以及高高的沙丘。长年累月遭受迫害使得这个物种减少到只剩下4个零星的小种群,其中3个种群分布在中国的西北部(大约650头),1个在蒙古(大约450头)。

约翰·海尔,探险家,积极提倡保护野骆驼。图中他带着驯化的骆驼队行进在中国西藏北部,为处于极端危险境地的野骆驼寻找庇护所。(袁磊)

最主要的敌人——人类

它们的敌人是人类。人类在它们努力生存的沙漠中勘察石油，在它们家园的核心区进行核试验，人类利用氰化钾寻找黄金，污染了它们有限的牧场。野生双峰驼已少于1000头，比大熊猫还要濒危。

"为了寻找这些胆小的令人难以捉摸的生物，"约翰写信告诉我，"我率领着探险队出发，有4次骑着驯养的双峰驼，进入意想不到的美丽禁地。我还穿越了一片关闭了近40年的禁区。创造了首个从北向南穿越甘肃戈壁沙漠的记录，而且有幸一瞥遗失了的楼兰古城哨站。所以，不管我是跟在一头驯养的骆驼（双峰驼或单峰驼）后面走，抑或是观测它们野生物种的活动范围，骆驼总能让我把我最喜欢的探险工作做到最好。"

约翰对这些奇妙的生物怀有极大的敬意，它们的确适合沙漠这种环境。他告诉我："最近，我和帕莎（一只单峰驼）用了3个半月的时间穿越撒哈拉沙漠。因为我每天都骑着它，所以它已经成为我要好的伙伴。后来它像狗一样到处跟着我，嗅我的裤子口袋，因为里面有它钟爱的干枣。"

1997年，约翰在英国注册了一个慈善机构，成立了一个野骆驼保护基金会（WCPF），募集保护基金用来保护野骆驼。WCPF和中国著名的科学家一起，说服中国政府建立了一个有175 000平方千米的阿尔金山罗布泊野骆驼国家级自然保护区——这个保护区比整个波兰的面积还要大，与得克萨斯州的面积相差无几。

阿尔金山罗布泊野骆驼国家级自然保护区位于偏远荒凉的沙漠地区，很少有生物能够在那里生存，因为除了盐浆像气泡一样从地下冒出，基本上多年都没有水。以前曾有春天融化的雪水从山上流下来，但现在除了保护区南部的山区外，其他地方或多或少因为水坝的建设和农业的过度用水导致无水。野生双峰驼已经学会喝盐水来生存，而驯养的双峰驼不行。但如果野骆驼可以喝到淡水的话，它们也更喜欢。

我第一次见到约翰的时候，他正在为在这个自然保护区内设立5个保护站寻求资金。我说服了我两位慷慨的朋友弗雷德·马斯特和罗伯特·谢德，他们捐赠了建立3个保护站的费用。其实说服这两位朋友并不是什么难事，因为他们都被我描述的骆驼野外栖息地状况，以及约翰冒着生命危险来拯救它们的事迹而深深打动。而且他们俩都热切关注大自然的保护。

我和约翰在JGI根与芽北京办公室再次相遇，当时，他正在和来自中国和蒙古的政府代表们召开专题讨论会。他需要双方的合作，以确保野骆驼在两国毗邻的沙漠栖息地生存。早在1982年，蒙古的野骆驼在大戈壁A自然保护区受到保护，它们也在中国新成立的自然保护区里受到保护，但这两个国家没有交流。此次讨论会达成了一个历史性的协议，由中国和蒙古政府双方共同签约，保护国际边界处的野骆驼。他们还同意在野骆驼的数据交换项目上进行合作。

然而，虽然保护野骆驼的行动很成功，我们仍然十分关注它们的未来。为了获取它们的肉和毛皮，人类千百年来对它们进行大肆捕杀。现在它们仍然被捕杀，原因可能是人们为了“狩猎消遣”，也可能是因为它们与家畜竞争珍贵的水和沙漠牧场。另外，作为野骆驼唯一的避难所，甘肃戈壁沙漠已经做了45年的核试验场，受到严格的管制；现在一条输气管道又穿过了这个曾经的禁区；而且这个地区的环境还被非法开采金矿所附带的剧毒物质——氰化钾所污染；家骆驼与野骆驼的杂交对野骆驼的生存产生了进一步的威胁。基于这些原因，约翰和WCPF认为开展野骆驼人工繁殖计划非常重要。

2003年，蒙古政府不仅赞成这种想法，而且慷慨地为人工繁殖计划捐助了一个合适的地区——扎金-乌斯(这个地区在大戈壁A自然保护区附近)，这个地区的地下泉水可以提供全年的淡水需求。在繁殖基地的外围竖立起坚固的栅栏，还建造了一个储存干草的谷仓，后来又建造了3个圈养骆驼的围栏。这样新生的小骆驼在极端气候条件下也可以有一个避难所了——更重要的是，雌骆驼在每年最冷的12月到次年4月期间产崽，而蒙古冬天的温度可以降到零下

40 ℃。

到了夏季,疯狂的交配活动慢慢平息,繁殖季节也结束了。圈养的骆驼从栅栏里放出来,它们可以像牛群一样在它们自然家园的附近吃草。在这期间,它们由WCPF雇佣的一个蒙古牧民及其家庭24小时看护。同时,栅栏内的青草也有机会得到恢复。

"第一个3年行动结束,"约翰写信告诉我,"7只野骆驼生了11只雌性幼崽和一只雄性幼崽,而这只雄性幼崽被蒙古牧民抓走了。"

我最近一次碰见约翰时,他告诉了我很多好消息。近来,在伦敦动物学会举办的一期训练课程结束后,他邀请了两位年轻的科学家——一位来自中国,另一位来自蒙古—— 一起在英格兰约翰自家土地上建造的蒙古包里交谈了两个晚上。约翰说:"在这里,我们边唱歌边喝威士忌,消除了彼此的偏见,加深了友谊。"这两位科学家现在已成为亲密的朋友,定期通过电子邮件联系,讨论各自国家中野骆驼面临的问题。约翰说:"虽然我们的技术创造了很多奇迹,但更重要的仍然是(而且将继续是)人之间的交往。"

在说再见之前,约翰送给我一顶冬帽。这顶冬帽是用繁殖项目中骆驼褪下的毛编织而成的6顶冬帽中的一顶。不久会有更多这样的帽子——牧民的妻子建了一个小小的加工厂,通过WCPF的网站出售她的产品。那顶软软的帽子是我的一项宝贵财富,我写作时就放在我的身边,它是人类以及中国和蒙古沙漠中野骆驼未来希望的象征。

约翰·海尔最近告诉我,现在在塔克拉玛干沙漠保护区之外也能看到野骆驼的踪影。显然,调查清楚有多少野骆驼,它们分布在哪里,考虑是否有必要再建一个保护区是很重要的。2010年秋天,塔克拉玛干沙漠地区的罗布泊野骆驼国家级自然保护区(此处曾看到野骆驼)将进行科学考察活动,约翰已经被邀请加入其中。这些都是关于中国野骆驼的好消息。

大熊猫

我从来没有在野外看到过大熊猫。即使是在野外研究熊猫多年的人们，也很少在野外看到过它们。我见过很多由中国政府借给那些重要动物园的大熊猫，其中第一对熊猫于1972年送给华盛顿史密森尼国家动物园。最近我去北京动物园看熊猫，我惊讶地发现一只雄性大熊猫在树杈上休息。当然，我知道它们经常爬树——特别是年轻的熊猫，我只是没有想到它们会爬到树杈上。对于这些也不用感到惊奇，因为最近许多动物园开始为大熊猫提供爬树的机会。

这是苏琳 —— 名字的意思为“非常乖巧的小东西”，2005年8月2日出生于美国圣迭戈动物园，最后它回到了中国的自然保护区内。大熊猫保护面临的最大一个难题是缺少适宜的栖息地。(肯·伯恩)

大熊猫的家在中国西南部,在青藏高原东部温带的针阔叶混交林里。虽然现在野外的大熊猫可能已达1600只,但它们的未来还不确定。存在的问题之一是,它们的食物比栖息地消失得更快。它们是熊,但又不像其他的熊,它们依赖于少数几种竹子为生。因为竹子的营养极少,所以大熊猫需要吃大量的竹子。1978年,熊猫栖息地里的竹子大量死亡,情况特别令人担心。人们无法想象,大熊猫——一个国家的象征,将要面临灭绝的境地。因此中国政府派出科学家,到野外调查到底发生了什么问题。

第一次野外调查

胡锦矗教授和他的同事,在邛崃山脉的卧龙自然保护区修建了一排房子,后称五一棚。3年后,我的老朋友乔治·夏勒教授加入他们在卧龙自然保护区进行的项目,乔治·夏勒曾经参与由WWF资助的中国野外研究团队。但是,中国的这个项目进展很困难,4年半后,乔治觉得他在这个项目上难有作为,后来就离开了。回忆起那个时候,他后来写信告诉我:"我渐渐感到绝望,因为大熊猫似乎越来越临近灭绝了。"

实际上,1975—1989年,四川省大熊猫的栖息地有一半由于伐木业和农业的影响而消失,余下的森林被道路和其他发展设施分割得四分五裂。森林的砍伐影响了竹子的再生,因为竹子在林冠覆盖下生长得最好。大熊猫种群开始分散成小的相互孤立的小群体。正如乔治所写的,这就是"动物灭绝的路线图"。大熊猫还被一些偷猎者非法捕杀。

潘文石也在20世纪70年代开始研究大熊猫,他在秦岭山脉开展自己的研究。他的研究由于"文化大革命"而中断,所以他没有其他大熊猫研究者那样的学历背景。然而,他的项目持续了13年。在这期间,他和他的全由中国人组成的团队利用无线电颈圈跟踪21只大熊猫,获得了大熊猫习性方面的有价值的信息。

自1978年第一次访问中国，戴维拉·克莱曼就参与了大熊猫保护工作（她有关金狮狨的工作在本书第二部分有详细介绍）。她非常了解潘文石。在1992年10月一次访问中国期间，潘文石承诺带她去看她从来没见过的野生大熊猫，以此来庆祝她的50岁生日。她和他的科研小队一起向着一个住着一只雌熊猫和它幼崽的山洞进发。但是当他们到达的时候，这些熊猫已经离开了。潘很沮丧，但是突然从河谷传来了熊猫的叫声。戴维拉·克莱曼说："我不止看到一只，而是看到了三只！一只在树上，两只在地上。这是非常难得一见的景象。除了春天繁殖季节，研究者们几乎从来没有（尤其是在11月份）看到熊猫们在一起。潘和我一样兴奋！"

20世纪90年代中期，加入卧龙自然保护区项目的另一位生物学家是马特·杜宁博士，他现在是JGI中国理事会成员。他告诉我，在他跋涉于这些浓密的、树木丛生的陡峭山坡，寻找熊猫出没痕迹（吃剩的竹子残体和熊猫的粪便）的10年时间里，他只在野外见过一只大熊猫。

马特·杜宁在中国卧龙自然保护区工作，图中他正在为一只7个月大的大熊猫做检查。（马特·杜宁）

不断地有学生为了获得几个月的野外经验而加入这个科研团队。因为这个研究区域很大，所以团队划分成很多小组，每个组在不同的范围内调查，晚上分享获得的信息。马特说："一天晚上，我结束了没有看到熊猫的一天刚回到营地，就意识到发生了一些事情。一个加入这个项目仅仅两个月的学生不仅近距离地看到了大熊猫，而且还拍下了照片。"显而易见，这个学生和他的伙伴们在这只大熊猫睡着的时候偶然碰见了它。他们惊动了大熊猫，它迷迷糊糊地醒来，等它完全清醒直到急忙离开之前，他们已经观察它五六分钟了。马特唯一一次看到大熊猫,只是瞥见它在远处一个山脊上慢慢消失。

待在卧龙自然保护区期间,马特结识了许多当地雇佣的工作人员。他告诉我:“我从他们身上学到了很多东西。虽然他们的薪水很低,但他们做事很积极,看起来对所做的事情充满激情。可能你会认为他们自己选择了这个工作,但事实上,由于山区偏僻,他们别无选择。”

护林员魏鹏(英译)来自少数民族,他在卧龙自然保护区工作了将近15年。他对这个地方和他的工作充满自豪。马特说:“一直以来,这名男子总在看守着这个地方,在森林里生活。”虽然他从事这项工作可能迫于生计。一天,魏鹏告诉马特,自从他参与这个项目以来,他就没有回过家,因为他负担不起回家的费用。马特以为他的家人远在这个国家的另一边,事实上,他告诉我:“只有两个小时的车程。”因此, 马特理所当然地开车送他回家了。

人工繁育

中国投入了大量的精力和财力开展人工繁育项目,但多年来收效甚微。一些西方科学家被邀请到卧龙人工繁育中心,与中国科学家一起工作一段时间。戴维拉于1982年在那里待了几个月。那时候,这个地方很难到达。他们必须步行约一个小时,从一条主干道上山。此外,戴维拉说:“他们必须用手搬运大熊猫,每只大熊猫由两名工作人员抬着,走在陡峭而泥泞的路上,还要穿过两条在山腰处炸出的长长的隧道。”

戴维拉告诉我,当时人工繁育的问题之一是,由于对大熊猫行为缺乏了解而进行了不适当的饲养。大熊猫分别被关在不同的笼子里,没有机会交流。即使在繁殖季节,雄性和雌性大熊猫也很少有机会互相认识,因为害怕它们打架。人工授精是让大熊猫怀孕的首选方法,事实上,几乎没有一只雄性大熊猫具有与雌性自然交配的能力。戴维拉认为,部分原因是因为它们没有机会爬树,它们的前腿和后腿往往不是很发达。在交配期间有时雌性很难支撑住雄

唐纳德·林德伯格，圣迭戈动物园大熊猫项目负责人，正抱着第二只在他的机构内出生的大熊猫幼崽美生。美生4岁回到中国，加入卧龙自然保护区大熊猫繁殖计划。(圣迭戈动物园)

性，而雄性也很难维持它在上面的姿势。

在20世纪90年代中后期，圣迭戈和亚特兰大动物协会回应来自中国的请求，派出他们的科学家与卧龙自然保护区的中国同行进行交流。我的好朋友唐纳德·林德伯格和他的博士后学生容·斯怀古德，还有来自亚特兰大的吕贝卡·斯奈德在卧龙自然保护区做了大量有效的工作。同时，中国的动物园，特别是卧龙自然保护区和成都动物园也在进行着大熊猫的繁殖工作。

成功繁殖

从2000年开始，大熊猫的出生数超过死亡数。从2005年开始，人工饲养大熊猫的数量有了显著的增加。戴维拉说："这与改变管理方式有直接关系，人工饲养的大熊猫数量明显增加是因为有了更好的饲养环境，还有就是增加了自然状态下的交配次数。"另一个原因是发明了一种新方法，帮助生了双胞胎的熊猫妈妈抚养两只幼崽。这个方法在成都动物园人工繁育中心得到首次应用。以前，拥有双胞胎的熊猫妈妈通常会丢弃两只幼崽中的一只——不要感到惊奇，因为抚养两只幼崽是非常辛苦的一件事。像小猫一样，熊猫宝宝在没有受到刺激的情况下，几周都不会排尿和排便。熊猫妈妈照顾一只还可以，照顾两只就很困难了。现在饲养员向大熊猫妈妈伸出了援助之手：双胞胎幼崽被轮流照顾，如果熊猫妈妈照顾这一只，那么饲养员就照顾另一只。通过这些努力，2008年在卧龙出生的熊猫幼崽中，95%存活。而20年前存活率只有50%。

大熊猫出生的第一个月

最近,我和老朋友,维也纳动物园园长亨利·施瓦姆一起吃饭(维也纳动物园也参与了大熊猫人工繁育计划)。他告诉我,最近,他们体验了维也纳动物园第一只大熊猫诞生的经历。饲养主管伊芙琳·登格告诉我,熊猫妈妈洋洋在她的围栏外建造了一个铺着树枝的窝,但后来人们把她搬进了为她特别准备的窝里。两天后的一个早上,伊芙琳听到了吱吱声,"那肯定不是洋洋发出的。"

洋洋是一位非常称职的妈妈,直到她的幼崽福隆两个半月大的时候,她才一次离开几个小时去找吃的。伊芙琳写信告诉我:"福隆现在差不多有一岁了,对探索自己周围的环境充满自信。虽然他主要还是喝母乳,但已对竹子产生了浓厚的兴趣,而且他还试着吃树叶和其他植物的枝条。在他的围栏里,没有他没爬过的树,也没有他没睡过的台子。"

亨利·施瓦姆和他的工作人员与中国科学家一起讨论把大熊猫放归野外的计划。亨利和其他人都认为,最重要的是让熊猫幼崽与饲养员少接触。我们都知道,野外有很多的挑战等待着它们。

野放的问题

1991年,让大熊猫重新回到野外的想法在中国遭到否决,1997年和2000年又连续被否决,理由是对大熊猫还没有充分的了解,尤其是缺少有关野生大熊猫的生长以及栖息地方面的知识。另外也没有足够的资金来进行这样一项长期的项目。而且,在目前的人工饲养种群中,还找不出一只合适的可野放的候选大熊猫,直到2006年,一只在卧龙繁育中心出生的雄性大熊猫宝宝祥祥,被放归到卧龙自然保护区。从一部纪录片中,我看到它表现得非常好。饲养员教它如何选择好的竹子。它的无线电项圈里的数据也显示,有时它一天的活动距离长达9千米,而且总能回到原来的地方。然而,这个看似好的开端最终却以悲剧收场。它遭到该地原来生活着的大熊猫的攻击而受伤,尽管它从伤病中恢复过来了,但最后因再次遭到攻击而死亡。

旅游业和人们的认识

今天,中国许多学校都教学生有关大熊猫的行为以及保护的知识,尤其是在四川省成都市,本地人对大熊猫怀有强烈的自豪感。而且,大熊猫使成都市成为一个旅游城市,它是参观卧龙大熊猫繁殖中心的门户城市。中心工作人员给游客讲解关于大熊猫的知识,播放关于大熊猫的电影,而且还允许他们与熊猫宝宝玩耍。当2008年可怕的地震摧毁四川省山区的时候,一群美国游客正在享受这样的经历,受到了强烈的震撼。《纽约时报》的一篇文章报道说,这个团的所有人都赞扬大熊猫饲养员的“善良和勇敢”。这些饲养员帮助他们回到大路上。“这些饲养员冒着生命危险,”一位游客说,“他们做的任何事情都充满了危险。”当所有的游客都到达安全地带后,饲养员们匆匆返回去营救那13只熊猫宝宝。当他们越过危险的到处散落着岩石的道路时,饲养员把熊猫藏在他们的胳膊下。地震期间,许多围栏被破坏,1只熊猫死亡,2只受伤,还有6只失踪(最后找回了4只)。

当然,人们最迫切关注和担忧的是数以千计的群众的生活受到了影响,不少孩子因简陋的学校教学楼倒塌而丧生。(四川根与芽小组所在的10所学校全部受到影响,绝大多数老师和学生失去了他们的家园,很多人还失去了他们的亲人。他们学校的建筑不是变成废墟,就是变成危房不能再用,还有一名小男孩死亡。)

国内和国际方面都在密切关注着野生大熊猫。野生大熊猫生活在四川山区的44个自然保护区里。吕植博士是杰出的大熊猫研究专家和国际保护组织的中国地区负责人,她说,在帮助人们走出这场人间悲剧的同时,研究者们也在努力查明野生大熊猫所受到的影响。

大熊猫时代已经来临

20世纪90年代期间,长江流域爆发的特大洪水使中国的环境资源保护政策发生了改变,政府颁布了禁止商业砍伐树木的条令,并且在陡坡(保护水域必需的自然植被已全部被破坏的山坡)上开始大面积地植树造林。对于大熊猫来说幸运的是,这样的大部分地区都是它们的活动范围。对于中国来讲,大熊猫是国宝,为大熊猫设立新的保护区一下子成为可能。2006年,政府对保护大熊猫栖息地表现出极大的支持,四川省和甘肃省政府已经同意扩大保护区范围,并且将岷山山脉中各个分散的自然保护区连接起来,据悉约1590只野生大熊猫中的一半生活在这条山脉中。

多年来,讨论大熊猫保护的会议分别在柏林(1984年)、东京(1986年)、中国杭州(1988年)、华盛顿特区(1991年)举行。2000年,圣迭戈动物园协会汇聚来自中国、欧洲和北美的科学家,一起讨论大熊猫目前的状况。被称为"大熊猫2000"的这次会议建立了新的合作关系和友谊,提供了大量新的信息,并且汇集出版了一本名为《大熊猫:生物学与保护》的论文集。唐纳德·林德伯格在前言中写道:"从这个事件得出的一个最清楚的共识是:现在是大熊猫的时代。"

20世纪80年代,乔治·夏勒带着悲伤离开了中国,他在书的引言中写道:"现在,拯救大熊猫的前景无可限量。"

最近我从成都大熊猫繁育基地保护教育部主任塞娜·贝可索那里了解到,科学家们计划于2010年5月建立一个野外研究基地,为大熊猫野放做准备。但她指出,大熊猫真正实施放归前还有很多工作要做,很多问题还需要解决。例如,哪个保护区是最合适用于放归的?那里是否已有野生大熊猫活动?或者以前有但现在没有了?她还指出,野放的一个重要方面是提高当地群众的保护意识。在这一点上,我希望JGI(中国)能够与大熊猫科学家合作,把根与芽环境教育项目引入到当地的学校。

一只大熊猫的诞生:新的合作标志

几个月前,我在加利福尼亚遇到了我的朋友唐纳德·林德伯格,我们讨论了他这些年在卧龙和圣迭戈参与的大熊猫繁殖计划。他说他亲眼看见了大熊猫的出生,我请求他描述一下经过。1999年在圣迭戈诞生的这只大熊猫,是20世纪80年代末美国国家动物园有了熊猫之后诞生的首只大熊猫。

白云的怀孕过程很顺利。唐纳德·林德伯格在信中写道:“最近,通过超声波,兽医已经证实白云子宫内幼崽的存在,而且根据她的激素分泌情况预测,她将在这几天内分娩。现在开始对她进行24小时的监控。在她分娩的窝内,我们设置了一个视频监视器。工作人员静静地等待着。许多证据表明,在最后的关键时刻可能会出现一些问题,而且是很严重的问题。人们的心情很复杂,混合着希望和焦虑。

“大清早,分娩的迹象就很明显了。例如,白云的步伐越来越重,接着突然一声刺痛般的大叫,这是焦急的观察人员之前从没听到过的。听到叫声后,两名以前见过熊猫分娩、来自中国卧龙中心的工作人员立刻竖起了大拇指。

“所有的眼睛都专注地盯着监控器的屏幕,看着第一次做妈妈的白云弯腰从地上抱起她刚生下的幼崽。白云把幼崽放在腹部,使劲地舔它。很快,幼崽发出了一种新的声音,我们后来把这个声音称为满足的叫声,就像它准备打瞌睡一样。

“空气中充满了激动和兴奋。房间里的每个人都想呼喊、鼓掌,但由于害怕打扰到旁边窝里的熊猫妈妈而抑制住了。在随后的几天里,‘早安美国’和‘今日秀’以及当地的媒体都最新报道了这次罕见的事情。外交信息秘密地从中国发送到洛杉矶领事馆,熊猫宝宝100天后将起名为‘华美’,意思就是‘中国—美国’。

“这具有很明确的象征意义。虽然一只熊猫的诞生并不能拯救这一物种,但它表明了这个物种保护的新方向。”

扬子鳄

胆小、神秘的中国扬子鳄约2米长——它们曾经更长一些。扬子鳄主要在晚间觅食,大量地采食硬壳的软体动物,也捕食鱼类,偶尔捕食鸟类和鼠类。冬天它们爬到复杂的洞穴中休眠长达6个月。历史上,扬子鳄广泛分布在长江下游地区的缓流江河、溪流、湖泊、池塘等水体中。

到目前为止,野生的扬子鳄只有不足200条,多数分布于中国东部安徽省约450平方千米的保护区内。扬子鳄面临的主要危险来自栖息地的消失,许多湿地因农业发展的需要而被改变。由于它们夜间活动,因此可以隐藏在农田里而不被发现。由于它们的洞穴会引起农田排水的困难,有时它们还会偷吃家鸭,因此当地群众不喜欢它们,一旦发现就会将它们杀死。现在猎杀扬子鳄

扬子鳄是一种神秘、胆小的动物。历史上,它们曾经广泛分布在长江下游地区,如今面临灭绝的危险。(约翰·赛博加纳森)

的行为已经被禁止了，违法者会被绳之以法，扬子鳄可以安全地生活在大自然里了。

WCS保护和研究扬子鳄项目的约翰·赛博加纳森是一位扬子鳄保护的忠实倡导者。他告诉我，他生长在新泽西州，孩提时代就对野生动物感兴趣，"在溪沟里闲荡，捕蛇抓蛙。"在观看了电视纪录片后，他对鳄鱼着了迷。"我自孩提时起就具有的对爬行动物的兴趣从未衰减，"他说。20世纪80年代，还是佛罗里达大学研究生的他就开始研究美洲鳄。但后来他对中国的扬子鳄更感兴趣。1997年他到了中国，参加WCS与中国政府、华东师范大学专家合作的扬子鳄调查项目，寻找扬子鳄种群。

约翰告诉我，"我们探访每一个有文献记录的扬子鳄的分布点，"结果令人震惊。"我们确定的野外种群数量低于150条，只有三四条母鳄筑巢。"

截至2008年，政府已经建立了两个繁殖基地，一个是安徽扬子鳄研究中心——扬子鳄大多生活在此；另一个在沿海的浙江省东部，此外部分动物园中也有小规模的饲养。在大家的努力下，人工饲养繁殖的扬子鳄种群数量达到了10 000多条。同时，中国政府采取措施保护和恢复野生扬子鳄的栖息地，建立新的栖息地，鼓励和支持人工饲养繁殖种群重引入野外的计划。WCS和中国的同行们正在寻找适宜放归的栖息地。

第一批3条成年扬子鳄已成功放归到红星保护点，此地距安徽扬子鳄研究中心不远。另外，安徽省政府还在保护区的一些人工池塘中放归了少量的扬子鳄。

扬子鳄的繁殖和回归

约翰告诉我，在2007年初，6条扬子鳄被放归到崇明岛受保护的淡水湿地中。其中有3条是在美国动物园孵化并送回中国的，目的是支持野放计划和改善种群的遗传多样性。

学生们通过无线电遥测，跟踪所有野放的扬子鳄个体。回归自然的扬子鳄开始时表现正常，它们寻找食物、挖洞穴，在冬天进入正常的冬眠。但不幸的是，后来有两条扬子鳄离开了放归地，被渔网困住后死亡。人们跟踪发现，扬子鳄建了5个巢，还繁殖了后代，种群中增加了新的成员。看来，野放项目要想取得成功，还有很多工作要做。

WCS与当地政府一道开展宣传教育活动，帮助更多群众了解扬子鳄的习性以及保护的重要意义。但由于农村巨大的人口压力，这项工作开展得并不顺利。约翰说："生活在这个地区的另一个大型物种是长江里的白鱀豚，现在被认为已经灭绝了。希望白鱀豚的厄运不会降临到扬子鳄身上。"

2008年夏天，约翰告诉我关于扬子鳄的最新消息，"一年前释放到崇明岛上的扬子鳄度过了上海有记录以来最寒冷的一个冬天，今年又有6条扬子鳄已经释放到安徽的高井庙试验点，使得野放的扬子鳄数量达到了22条。这些工作还在继续……"

2010年，我们听到一个悲伤的消息。中国扬子鳄保护的主要倡导者约翰·赛博加纳森，与野外的短吻鳄和其他鳄鱼近距离打了无数次交道都幸存的他，在乌干达研究倭鳄时感染上了一种致命的疟疾。2010年2月，他在新德里一次野生动物保护组织的集会上演讲时，突发并发症，随后逝世。约翰为国际野生生物保护学会（WCS）工作，负责世界各地短吻鳄和其他鳄鱼的拯救工作。1997年，他把注意力集中在扬子鳄身上。虽然约翰令人遗憾地走了，负责WCS中国项目的解焱博士向我们保证，这项工作会继续下去。

解博士告诉我们，中国政府支持扬子鳄拯救工作，目前中国扬子鳄繁殖研究中心饲养着12 000多条鳄鱼，有6个引种试验直接得到政府的资助。所有的试验表明，人工饲养的扬子鳄放归野外是可行的，而且许多可以成功繁殖。

我们也从王小明博士处了解到有关信息。王博士曾与约翰·赛博加纳森合作出版了《中国扬子鳄：生态、行为、保护和文化》一书（约翰·霍普金斯大学出版社，2010年）。2010年5月，王小明告诉我们，他刚刚访问安徽扬子鳄繁殖研究中心回来，在那里他得知，214条人工饲养的鳄鱼在2009年野放到安徽省扬子鳄国家级自然保护区高井庙片区内，另外240条在2010年放归到同一地点。最近，王博士还访问了浙江长兴扬子鳄繁育中心，得知他们计划在不久的将来，在浙江省实行另一批人工繁殖扬子鳄的野放。他没有确定野放的地点，不过有一个确定的计划是未来将在浙江省的长兴进行另一次野放。

2008年，约翰和他的团队设定了一个目标。他们希望，到2013年，野放计划的成功，将使IUCN红色名录中的扬子鳄从“极危级”降低到“濒危级”；随后经过10年的努力，再降到“易危级”。我们希望，所有野放的扬子鳄能生存下来，它们的环境得到很好的保护，这样2013年的目标就能实现。如果是这样的话，那时候，扬子鳄就不再是濒危物种。这是对赛博加纳森这位致力于鳄鱼保护、并为此奉献了一生的勇士的最好纪念。

倭猪

我一直喜欢猪科动物，我第一只“很熟悉的”猪背部呈马鞍状，名为格朗特（我取的名）。那时它与大约10名伙伴一起生活在野外。在暑假期间，每天午餐后我给它苹果核，最后，它愿意让我挠它的背了。好成功呀！

在贡贝期间，我最珍贵的一次记忆是一群薮猪朝我走来，当时我一动不动地在森林里坐着。它们没有发现我，一直向四周张望，用鼻子不停地嗅着空气。它们离我越来越近，直到把我包围起来。其中一只朝我喷鼻发出警告声，然后跑开了几米，但很快又掉头回来静静地瞪着我。最后它们离开了，刷刷地

印度玛纳斯国家公园中存活着最后的倭猪野生种群，1996年开始人工繁殖计划时，人们从野外种群中捕获了6只。以此为基础，现在人工繁殖种群就达到了80只。（高坦姆·那拉扬）

踩着落叶，吃着掉落的果实。我也花好几个小时观察过另一群野猪：一种塞伦盖蒂草原上的疣猪，它们有的跪着吃草，有的尾巴翘得高高地奔跑，相互争抢最好的窝过夜。在德国、匈牙利和捷克共和国，晚上开车时我也看到过野猪。

倭猪种群一度减少到只有在印度的玛纳斯国家公园尚有少许幸存者。通过人工繁殖技术，许多人付出大量心血，帮助拯救这一珍奇而且极其聪明的动物。(高坦姆·那拉扬)

我第一次看到倭猪(一对)是在瑞士的苏黎世动物园，我简直不敢相信自己的眼睛。一头猪，最多30厘米高，体重不超过100千克。我以为我看到的是两只小猪，然而它们是完全成熟的个体，粗粗的深褐色毛，四肢粗短，长着一条小小的尾巴。前额上有一个小发冠，颈部裸露，猪嘴向前逐渐变细。我还看到雄猪的獠牙从嘴角露出来。

第一个描述这些小家伙的人是布赖恩·霍德森，那是1847年，当时他一定很惊讶。他推测这是一个不同的物种。虽然后来有其他科学家宣称倭猪与野猪有亲缘关系，最终证明他是对的。最近的基因分析证实倭猪属于独立的属，实际上与野猪没有任何关系。

倭猪生活于高而茂密的草丛中，属杂食性动物，采食树根、块茎、各种无脊椎动物、鸟蛋等，它们一般在白天觅食，除非天气非常炎热。它们的洞穴精致而独特。通常它们用嘴和蹄子刨出一个槽，四周堆上土，每一面铺上折弯的草，然后用嘴叼回更多的草搭成一个顶。每个窝穴由几只雌体和它们的后代共享，雄倭猪通常独居，自己建窝。倭猪的主要天敌是蟒蛇和豺，当然还有人类。(对于那些关心细节的人，我可以告诉他们，倭猪是倭猪吸虱唯一的寄主，这种虱子极度濒危,并以IUCN中的猪、西貒和河马专家组主席威廉·奥利佛的名字命名)。

当我第一次在苏黎世动物园看到这一对倭猪时,我没有想到倭猪如此濒危。曾几何时,它们的分布范围遍及不丹、印度北部以及尼泊尔。但是在过去的一个世纪里,由于各种原因,它们的野外数量急剧下降。这些原因包括布拉马普特拉冲积平原上的人口扩张、过度放牧、商业造林和洪水控制计划、收割茅草铺屋顶,尤其是放火烧荒等。结果,在20世纪50年代末,人们相信倭猪已经灭绝,1961年它被列入灭绝名录。

10年后,J.塔西亚-杨戴尔,一位来自阿萨姆的茶叶种植者,拜访了杰拉德·杜雷恩及其在英国泽西的动物园。塔西亚问杜雷恩,阿萨姆是否有他感兴趣的特殊动物。杜雷恩笑着说:"是的,给我一只倭猪吧。"塔西亚做到了,他在茶园的市场上发现有4只倭猪正在出售。当附近的一小片森林被烧毁时,它们藏在一片种植地里,然后被抓住了。人们希望它们能够繁殖,但这儿没有专家指导,所以也没有结果。随后又有多只倭猪被抓获。很显然,倭猪没有灭绝。杜雷恩非常高兴,准备开展人工繁殖计划,并得到了在野外开展研究的经费支持。

当时,威廉·奥利佛是杜雷恩的泽西动物园的科学官员,他在20世纪70年代中期组织了大量的野外考察活动,发现仅存的倭猪小种群只分布在阿萨姆及喜马拉雅山脉的南部平原,数量不超过1000头,而且它们的栖息地仍在遭受破坏。

1977年,我看到的那一对倭猪被送到了苏黎世动物园。刚开始一切顺利。母猪下了一窝健康的幼崽,但是它在一次"意外"中死掉了。小猪们很健康,但不幸的是,唯一的一只雌体离开父亲和兄弟们后,在一岁时就怀孕了(太年轻了),然后在分娩时死了。这样,期望实行的人工繁殖计划只好终止。1998年,送到欧洲的倭猪到达伦敦动物园,这一对倭猪也没有留下后代就死掉了。

1996年,在欧共体的资助下,DWCT(后来的泽西野生动植物保护信托机构)获得许可,在谷哈提(阿萨姆的首府)开始人工繁殖计划。从玛纳斯国家公园仅存的最后倭猪种群中捕获了6只倭猪。

2008年前期，在杜雷恩妻子的建议下，我跟这个项目的负责人高坦姆·那拉扬通了电话。来自印度的声音非常亲切，高坦姆非常健谈。他告诉我，他们的团队里从开始就有一位非常优秀的兽医帕拉格·德卡，在他的帮助下，繁殖计划进行得很顺利。他说："我们遵照明确的繁殖指南和常识。"通常一年有4—5只幼崽出生，刚出生时它们的净重约为140—170克，身体呈浅粉红色，第二周长出浅黄色的条状斑纹。在野外它们可活到8岁，人工饲养则可活到10岁。

我询问高坦姆，在项目开展的这么长的时间里，是否有故事与我分享。他告诉我一个玛纳斯当地护林员发现并拯救一只小倭猪的故事。那是2002年10月一个寒冷的日子，这只倭猪从一条河里漂下来，几乎冻僵，快死了。兽医德卡赶到玛纳斯，尽最大的努力救醒了这只小家伙。但是小猪的状况很差，于是德卡把它带回到谷哈提的救护中心。这只小公猪奇迹般地活了下来，为繁殖计划提供了有价值的补充资源——从野外带来新的基因。在最近的6年里，它已经成功繁殖了好几窝。

高坦姆告诉我："倭猪已经从原来的6只发展到了现在的80只，分成了两个繁殖中心。"他说，他们已经做好了将倭猪放归野外的准备，"但主要问题是，野外的环境依然在不断恶化。"他的声音充满了无奈。他解释说，倭猪是"一个很好的指示物种"，它们对草场中草木组成的变化非常敏感。他继续强调说："它们必须用草来筑窝。"它们藏在洞穴里躲避酷热和寒冷，"它们一年四季都需要草，"他重复道，"所有的倭猪都需要。"

同时，DWCT与倭猪保护项目一道，在奥利佛的指导下，和阿萨姆林业部门合作，制订了一个管理这个物种的长期方案，为放归寻找合适的栖息地。2008年春季，正好是我与高坦姆通话4个月之后，3群倭猪共16只（7雄9雌）被转移到纳眉瑞国家公园附近的一个场所，目的是建立第二个野生种群。在那里，倭猪与人接触的可能性降到了最低。它们在一个为后期放归做准备的大围栏里生活5个月,围栏内模拟自然草场的环境,为野外生活做准备。

终于,倭猪回到它们最后归宿之地的日子来到了。它们被带到离谷哈提约180千米的索奈鲁派野生动物保护区。在适应性围栏里待了两周后,门终于打开了,它们自由了。人们通过在投食点的直接观测、粪便和洞穴的检查了解它们的行踪。高坦姆在最近的邮件中告诉我,大多数倭猪生活得很好,其中有一只雌性倭猪已经在野外挖洞了。

在位于那个区域的村子里,一个重大的教育拓展计划已经启动。毫无疑问,没有当地民众的配合,这些小猪没有机会生存下去。在我写这篇文章的时候,人们在阿萨姆的纳眉瑞和欧兰两个国家公园里找到了两处合适的放归点。如果我去印度,我一定接受高坦姆的邀请,去看看这些令人着迷的小倭猪,以及那些为了拯救它们付出千辛万苦的人们。

隐鹮

2008年2月,我看到了鲁比奥,位于奥地利格兰诺的康拉德·劳伦兹研究所饲养的32只隐鹮中的一只。这些鸟身长大约70厘米,并长有所有鹮类特有的长而弯曲的喙。它们的颈部覆盖着与众不同的羽穗,但是,除了幼年期外,它们的头都是秃的,没有面羽及冠羽。我真的很希望能坐在草地上,看着它们像往常一样在我身旁自由自在地飞翔。但是很不幸,它们都被暂时保护起来了,因为它们遭到捕杀的概率仍然很高。

我与一名饲养员以及负责这个项目的弗里茨·乔纳斯博士一起走进一个巨大的鸟棚。我们的运气真好,遇到了一个好天气。近距离观察这些鸟类时,我发现它们真的很美:寒冬的阳光照射在它们那几乎全黑的羽毛上,呈现出彩虹

在超轻型飞机的带领下,第一批人工繁殖的隐鹮学会了从奥地利沿着新的迁徙路线飞行,图中的斯皮德是其中的一只。能够在冬季迁徙到意大利的温暖栖息地越冬,是隐鹮在欧洲生存的关键。(马库斯·翁泽尔德)

般的光芒,阳光还映照着它们长而粉红的喙和粉红的双腿。幼年的隐鹮羽毛为古铜色,它们的羽冠还没脱落。

一开始,鸟儿们不断地从饲养员和弗里茨的手中抢食面包虫,只有鲁比奥认为我也可以喂他,于是他从弗里茨的肩上飞到了我的肩头。美美地享用完了一顿虫餐后,他开始认真地梳理。让我惊讶的是,当他用喙梳理我的头发时,我感觉到他的喙是那么的温暖,动作是那么的小心与温柔!他还试图用喙挑我的耳朵和鼻孔——我不得不承认没有什么比这更让我兴奋的了!

最后他不得不回到饲养员身边——在这之前,他在我的夹克背面留下了白色液体。这当然是个幸运的好兆头,我为此感到高兴!

我在那儿跟奥地利JGI的成员一起,了解他们如何教会隐鹮从奥地利迁往意大利南部。待在鲁比奥隔壁鸟笼里的鸟儿们将在春季迁徙中越过阿尔卑斯山脉。

在欧洲灭绝

隐鹮曾经广泛分布于欧洲南部至非洲西北部以及中东的干旱山区。然而到今天,它们成了极其罕见的鸟类。由于杀虫剂的使用,越冬地的丧失以及人们为了食用其鲜美的肉而大肆捕杀它们,隐鹮在它们原来分布的地区内几乎绝迹。17世纪,最后一只隐鹮在欧洲绝迹。20世纪80年代,当人们在土耳其捕尽最后一个野生隐鹮种群进行人工繁育时,野生种群在中东灭绝了。

1950年至20世纪80年代后期,隐鹮最后的迁徙群在摩洛哥山脉消失。幸运的是,那个种群的成员在20世纪60年代被捕获(目的是在欧洲动物园中展出),它们成为隐鹮国际动物园繁殖项目的奠基者。我在因斯布鲁克(奥地利西部城市)见到了那些最初用于人工繁殖的隐鹮的后代,它们已经人工饲养了40年了。

到2000年为止,人们估计野外只有大约85对非迁徙繁殖个体生活在摩洛

我非常幸运地在奥地利见到了鲁比奥，一只人工繁殖的隐鹮。他已学会在冬天飞到南方越冬。(马科斯·乌苏尔德)

哥的苏斯马萨国家公园。而令鸟类学家们感到又惊又喜的是，人们发现有一小群隐鹮生活在叙利亚沙漠。虽然只有7只，但有3个巢穴，而且它们都养育雏鸟——到2003年，有7只鸟进入了成年期。

人为引导的迁徙

我在奥地利参观的(经常)自由飞行的隐鹮繁殖种群建立于1997年。整个夏天，隐鹮在奥地利的阿尔卑斯山脉生存状态良好，它们以昆虫和其他无脊椎动物为食，但是，它们不能在野外过冬。要培养一个能自我维持的种群，就得让它们学会迁徙——如以往一样——冬天迁飞到更温暖的地方。因此人们制订了一个切实可行的方案(以前文提及的训练加拿大雁和美洲鹤的先驱性工作为基础)，教会隐鹮学会跟随超轻型飞机——他们称之为三轮飞车——按迁徙的路线飞越阿尔卑斯山脉，到达意大利的托斯卡纳区。

隐鹮与美洲鹤不同。我们已经知道，美洲鹤是人工饲养长大的，饲养员披着一身奇怪的白袍，模仿着美洲鹤，以免给美洲鹤留下人的印象。而这些隐鹮是饲养员手把手喂养的，它们与饲养员之间建立了亲密的关系。这些隐鹮已经习惯了三轮飞车的声音和抚育它们的"妈妈"——弗里茨的妻子安格里克戴着头盔的形象（驾驶飞机要戴头盔）。

在训练过程中，这些鸟儿开始时离三轮飞车很远，尽管安格里克不停地召唤它们。后来它们的表现越来越好。第一次成功的迁徙行动始于2004年8月17日，9只隐鹮跟随着两架三轮飞车出发，一个月之后的9月22日，三轮飞车带着7只隐鹮顺利降落在一块选定的越冬地，位于托斯卡纳区南部兰古纳德奥巴特罗的WWF自然保护区内。（有两只不能独立完成迁徙，被装在盒子里一起带到目的地。）

第二年，使用另外一架三轮飞车（有旧式的机翼和功率更大的马达），沿着同样的路线，减少中途停留次数，只用了22天（从8月18日到9月8日），鸟儿们就到达了目的地。因为这架三轮飞车飞得慢，鸟儿们可以靠得更近，所以整个过程更顺利。

在2004—2005年的冬季，到达托斯卡纳之后，这些年轻的鸟儿们晚上栖息在一起，很少相距一千米以上。然而，在夏季来临准备返回繁殖地之前，它们开始飞到较远的地方去，有时飞出30多千米。有一些个体沿着迁徙路线朝奥地利的方向飞行，几周之后再回到托斯卡纳。这表明它们仍然保持着迁徙的本能，令乔纳斯、安格里克和团队里的其他成员深受鼓舞。

2006年春季，所有在2004年跟随三轮飞车从奥地利飞往意大利托斯卡纳的隐鹮开始另一轮长途飞行，返回繁殖地。而2005年第二次成功迁徙的鸟儿则停留在越冬地。这些鸟儿似乎年龄越大，越愿意在春季迁徙时节飞回奥地利的繁殖地。隐鹮表现出的这种行为是由基因决定的。

从超轻型飞机上看到的隐鹮在意大利北部迁徙时的飞行队伍。(马科斯·乌苏尔德)

2007年秋季迁徙前,所有17只隐鹮都做好了准备。(马科斯·乌苏尔德)

对弗里茨、安格里克和其他小组成员来说,2006年春天是个激动人心的时刻。他们收到了许多观察报告(主要来自观鸟者和猎鸟人),隐鹮进行了长距离的飞行,有些飞行距离达500千米。它们当中的大多数按照人类训练它们时的飞行路线返回,也有少数偏离了路线。这可能是因为在人为引导迁徙的过程中,有一段路程它们被关在笼子里(这些少数派不跟随飞机飞行,所以不得不把它们关着),所以它们对于旅途的“记忆”是不完整的。

2007年春季,试验最终成功了! 4只在2004年人为引导着从格兰诺飞往南方的隐鹮性发育成熟了,令每个人都高兴的是,它们——雌鸟奥莱利亚,3只雄鸟分别叫做斯皮德、波比和美狄亚——飞回了奥地利。它们都安全回到了格兰诺——“首次不依赖人类而独立完成迁徙”,弗里茨自豪地告诉我。它们中途选择停留的地方与人类引导迁徙时停留的地点不完全一致。一回来,奥莱利亚就与斯皮德粘在一起,它们繁殖和养育了3只后代。

2007年秋季,隐鹮飞往托斯卡纳越冬地的迁移过程出现了一些混乱,17只迁徙鸟与近40只劳伦兹研究所喂养的自由鸟混群了。迁徙鸟群失去了迁徙的动力,情愿与其他鸟类待在一起也不想飞往南方。最终人们决定捕获混合群里迷失了方向的隐鹮,往南运送约60千米后放飞。一只成鸟和一只奥莱利亚的后代逃脱了捕捉而留在了格兰诺。而4只成鸟,包括奥莱利亚和斯皮德以及它们的两只后代,如我们所希望的那样飞往南方。

这些鸟中有几只戴着GPS数据记录仪。这种仪器每5分钟储存一次鸟儿所处的位置,研究人员可以下载这些数据。只要鸟儿在可接收范围内,研究人员就可以重绘它们飞行的详细路线图。最后的数据显示它们确实按2004年被引导的路线飞行。9月15日,美狄亚、波比和奥莱利亚及其后代——不是斯皮德——在意大利北部的欧索普被发现。5天之后——比人类引导的结束于兰古纳德奥巴特罗的迁徙晚了一天——没有带着幼鸟的奥莱利亚和美狄亚到达了意大利的托斯卡纳。波比在两周后到达,而另外两只幼鸟从此失踪了。

斯皮德怎么了? 他的故事很吸引人。在第一次迁徙中他就是单飞的。2007年春天,他开始单独飞往意大利北部,然而又飞到斯洛文尼亚,并从那儿到达奥地利。未作任何停留,他继续飞到里奥本邻近的斯泰里恩,再向东北方向飞到更远的维也纳附近。然后,他折回斯泰里恩。不可思议地,他在那儿与奥莱利亚和美狄亚会合。之后,他与奥莱利亚一起飞到格兰诺。

然后到了秋天,当鸟群出发飞回意大利的托斯卡纳时,斯皮德再次离队。这一次,他携带的是一台卫星发射仪而不是GPS。虽然这种仪器每3天才储存记录一些地点,但他的优点是研究人员能实时获得他的确切位置。

不幸的是,这部仪器出了问题,只在9月18日传回一个位置信息。但这个位置数据很有意思,他正好在一条飞行路线上——根据斯皮德春天携带的GPS获得的数据,研究人员重构的迁飞路线,即他春天飞行的路线上。换句话说,他正在沿着自己特有的飞行路线返回托斯卡纳。"我们后来再没获得卫星传回来的位置数据,也没有收到任何信号。"乔纳斯说。斯皮德几乎失踪了。"然而,"他告诉我说,"对我们的项目来说,这些成年鸟类能够完成迁徙就是一次伟大的成功。奥莱利亚、美狄亚和波比是隐鹮在欧洲绝迹近400年后,欧洲第一批自由生存的、独立的、有迁徙习性的隐鹮! 对于我们来说这是极大的鼓舞。"

接近成功的一步

2008年8月,当我在伯恩茅斯家中坐下来写这一章时,我收到来自斯洛文尼亚的乔纳斯的一封电子邮件。他在邮件中告诉我,他们正在试验一条新的路线,尝试解决前些年留下来的问题。现在他们正引导年轻的隐鹮绕过阿尔卑斯山脉而不是直接穿过阿尔卑斯山脉进行迁徙。"至今,这是很了不起的,"他写道。这些鸟表现得很好,每天飞100多千米,比前几年飞得远多了。

此外,还有6只年龄较大的性成熟个体学会了跟着三轮飞车迁飞。4月,它们向北从意大利飞到奥地利,与前几年一样,它们最后停留在斯泰里恩,离它们的繁殖地约80千米。6只隐鹮全被带到意大利北部靠近最初的迁飞路线的一个小村庄。那儿事先准备了一个合适的大鸟笼。其中一对在那儿成功繁殖并抚育了两只幼鸟。7月份,鸟笼打开,以便让它们熟悉环境。虽然鸟儿们仍然待在近旁，但乔纳斯希望8只鸟全部“在接下来的10天内开始迁徙”。如果它们到达托斯卡纳——“有良好的现实条件实现这一点，”乔纳斯说，——“我们就能够确定，人为引导迁徙对重引入独立的隐鹮种群是一个合适的方法。”对团队来说，这将是一个巨大的成功。

作为邮件的结束，乔纳斯告诉我，他们计划2009年在摩洛哥的阿特拉斯地区开始一个新的项目。直至20世纪80年代，摩洛哥的阿特拉斯还是隐鹮最重要的繁殖地之一。计划的第一步是利用人工饲养的隐鹮，了解阿特拉斯北部一个区域内食物的丰富程度。

我惦记他、他的妻子以及该团队的其他成员，他们为隐鹮下一次迁徙到托斯卡纳做着准备工作。只要一闭上眼，我就想象自己回到了奥地利的鸟笼，与乔纳斯和鲁比奥坐在一起。我深深爱上了这些惹人喜爱的鸟——与美洲鹤完全不同的鸟。我几乎能感觉到鲁比奥用他那温暖的粉红色喙为我梳理头发时的温软轻抚。当我不得不离开时，我喂给他最后一条面包虫，恋恋不舍地离开了它们——继续我自己没有终点的全球之旅。

哥伦比亚盆地倭兔

2007年,我到位于普尔曼的华盛顿州立大学讲学,在那里我第一次听到关于哥伦比亚盆地倭兔的情况,以及人们为防止其灭绝而做的大量工作。一旦你见到倭兔,你马上就会爱上它——一种非常可爱的小兔子,北美最小的兔子。一只成年兔只有我的手掌大小。少年时代记忆中的彼得兔和它的兄弟们——跳跳、蹬蹬、短尾巴*一下子占据我整个脑海,我被深深地吸引住了。

为了拯救这些高度濒危的可爱的小兔子,人们成功地施行了人工繁殖技术,保证了它们的数量和生存。图中这一只是第一批(据目前所知)放归到华盛顿东部的倭兔的后代。(莱恩·泽奥利)

*《彼得兔的故事》中的童话人物。——译者

千百年前,哥伦比亚盆地倭兔就与其他广泛分布在爱达荷州、俄勒冈州、蒙大拿州、内华达州和加利福尼亚州的倭兔发生遗传分化。它们是特化的觅食者,能够生活在贫瘠的美国西部山艾灌丛中。它们需要高大浓密的山艾灌丛的保护,同时从中获得食物。灌丛的土层很厚,使它们可以挖掘地道系统。它们是北美地区仅有的两种能够自己挖洞的兔子之一。

20世纪90年代初,随着华盛顿州的大片土地被农场、大牧场和城市发展所侵占,山艾灌丛生态系统破碎化,倭兔的栖息地不断丧失,数量开始急剧下降。1999年,华盛顿州的渔业部请罗德·赛勒博士和他的同事丽萨·辛普莱博士对倭兔种群现状和濒危状况开展调查研究。当时,罗德和丽萨正在研究放牧对山艾灌丛生态系统造成的影响并进行评估,这个系统是倭兔最重要的栖息场所。他们吃惊地发现,现存最大的倭兔种群遭受着重大的灾难——可能由于疾病,只剩下不到30只了。这让他们的研究几乎无法开展。USFWS紧急把倭兔临时列入2001年的濒危物种名录,正式列入名录要等到2003年3月。于是政府决定立即启动一项倭兔人工繁殖计划,最终目标是人工繁殖更多的倭兔,之后放归到自然界中。

16只野生倭兔被诱捕,分送到3个机构进行人工繁殖——如果留在野外,它们很快就消失了。为了慎重起见,俄勒冈动物园首先进行了非濒危的爱达荷倭兔的繁殖实验,以积累经验开展这些宝贵的哥伦比亚盆地倭兔的繁殖计划。罗德和丽萨负责在华盛顿州立大学的繁殖计划。他们发现,这些倭兔具有高度的侵略行为,除了交配期间,它们必须单独饲养,晚上通过遥控照相和红外线技术对它们进行观察。

他们很快发现,华盛顿州的哥伦比亚盆地倭兔不像爱达荷倭兔,它们的繁殖成功率更低,每只雌兔产崽更少,成长速度也更慢,同时还有一些出现骨头畸形。3个繁殖机构同时还要为哥伦比亚倭兔的繁殖而与疾病和寄生虫作斗争。最终大家得出结论:出现这种情况的部分原因是人工饲养的倭兔个体数量太少,遗传多样性下降而出现近亲繁殖所致。每只个体的死亡就意味着更多的遗传多样性的丧失,长期保留该微小残留种群的基因的可能性也随之降低。最终在2003年,USFWS的倭兔恢复项目小组遗憾地作出决定,拯救哥伦比亚盆地倭兔、提高其繁殖率的唯一方法,是允许一些个体与爱达荷倭兔交配。只有这样才能提高繁殖成功率,产出健康的幼崽。

最终,经过6年的努力,人工饲养种群达到了一定的数量,部分哥伦比亚盆地倭兔放归野生环境的计划可以实施了。爱达荷倭兔再次成为开路先锋。人工繁殖的42只爱达荷倭兔安上了颈圈,被放归到爱达荷州的野外。它们生活得很好,放归之后至少有2只雌兔马上产崽了。

"蚂蚱"的故事

我到华盛顿州立大学时,正好赶上第一批20只人工饲养繁殖的哥伦比亚盆地倭兔准备放归华盛顿东部野外,这个地方离学校有160千米远。放归日选在2007年3月13日。每只兔子都被套上了一个小型无线电颈圈,以便监测它们的一举一动。每个人都非常兴奋,充满期待,但是谁都知道这个试验不能保证成功。我见到了莱恩·泽奥利,一位经验丰富的博士生,他负责研究这些兔子对野外环境的适应程度。同时,我还看到了"蚂蚱",一只即将野放的雄兔。多么可爱的小兔啊!看到他将要戴上一个无线电颈圈时,我的心里很难过。虽然颈圈很小,但是"蚂蚱"也很小。

当然,我非常关心野放的进展情况。莱恩反馈的信息显示一切正常,这些兔子跟野兔没什么两样。但是出现了一个意想不到的麻烦——几乎半数的兔子离开放归区域,大概去寻找新的家园或者新伙伴了。这种情况在爱达荷倭兔实验性放归时没有发生。此外,很多兔子被食肉动物(野狼、猛禽)捕食了。

我专门打听了"蚂蚱"的情况。得知他和兄弟"蚂蚁"与其他8只雄兔一起,跑出了遥感勘测仪监测的范围(仪器监测范围为1.2千米),不过后来它们被找

罗德·赛勒和丽萨·辛普莱不知疲倦地为拯救倭兔而工作着。图中他们两人在普尔曼华盛顿州立大学的濒危物种繁殖中心。(雪莉·汉克斯)

到了——就在距离莱恩监测点几百米远的地方。它们穿越了近6千米荒凉而布满岩石的地区。莱恩知道它们在那种地方不能长期生存,于是他把“蚂蚱”和“蚂蚁”诱捕回来,重新进行人工饲养。

“经历了整个放归计划,每个人都很泄气,”罗德对我说,“但是后来发生了一件令人惊奇的事,令我们又重拾了一线希望。”一天,当莱恩正在观察时,一只倭兔突然从人造洞穴里蹦了出来。它就坐在那儿看着他,莱恩都能近距离给它拍照。“在接下来的夏天里,我们周期性地看到这只小家伙,”莱恩说,“因为一张照片被新闻媒体广泛采用,它也广为人知。”

这张照片说明,人工饲养的倭兔如果能成功逃避食肉动物的捕食,重新适应干旱的山艾灌丛环境,它们能够在放归后的第一个繁殖季节里成功地繁殖出后代。“在夏季结束的时候,”莱恩说,“剩下的两只放归的倭兔被肉食动物吃掉了,我们只好于2007年终止了野外研究工作,虽然每个人都曾经期待取得更大的成功。不过,起码他们获得了很多经验知识,有助于今后把计划做得更好。”

我听说罗德和莱恩完成了种群模拟研究并得出结论:人工饲养繁殖的种群数量至少需要翻一倍才能把更多的兔子放归野外。可能是由于土地湿冷的缘故,头胎出生的幼崽通常不能成活,因此研究助理贝克·艾勒斯在一间温室里搭建了一个产房。产房很大,更接近自然,使兔子们将来能更好地适应自然环境。在计划放归下一批幼兔后,他们先将这些倭兔放养在放归点的一个临时棚里,让它们能够调整适应野外环境,不致被肉食动物捕食。遗憾的是,我听说“蚂蚱”和“蚂蚁”在接下来的放归之前死了。还好已经人工繁殖出一批新的幼崽,为放归计划提供了保证。

罗德总结说:“我们还没有度过在野外恢复这个濒危物种的最困难时期,我们还面临着巨大的挑战。但我们心存希望!我们在去年的放归行动中积累了许多经验,我们不会放弃。”

我最深切地祝愿你们所有的人,包括全人类和所有这些可爱迷人的兔子们,好运!

阿特沃特草原榛鸡

阿特沃特草原榛鸡跟其他非濒危的草原榛鸡一样，是求偶场上表现突出的种类。雄鸡群居在它们选定的矮草丛或者光秃秃的地面上。它们的颈部两侧有两个鲜橙色的气囊，当雄鸡相互打斗时，这些气囊便充气膨胀，使雄鸡发出嗡嗡声。雌鸡被这种声音吸引，聚在求偶场周围挑选配偶。

这种草原榛鸡属松鸡类，在地上筑巢，体长约40—45厘米，重约0.7—0.9千克。阿特沃特草原榛鸡的羽毛上密布浅黄色和深褐色相间的狭直条纹。雄鸡头部有伸展的羽(称为耳郭)，竖起来犹如耳朵。它们的个头比大草原榛鸡小，足部也没有像大草原榛鸡那样覆盖着羽毛。阿特沃特榛鸡在颜色上更黑一些——头部为深茶色，颈部的栗色很明显。

我从来没见过阿特沃特草原榛鸡，更不用说看到它们交配了。但在繁殖季

它们曾经广泛分布在美洲大草原约25 000平方千米的土地上，但现在栖息地面积只剩下不到1%。图为在得克萨斯州的伊格湖国家野生动物保护区内，一只雄鸟正在展示“鼓囊”。(格兰迪·艾伦)

在繁殖季节，一只雄性阿特沃特草原榛鸡向其他雄性发起挑战。(格雷迪·艾伦)

节，我在内布拉斯加州的沙山见到过大草原榛鸡。我和汤姆·曼格尔森于黎明前到达目的地，期待能够看到雄鸡精彩的、同时也是滑稽的表演。

当光线还不足以让我们辨清它们身上的颜色时，第一只大草原榛鸡出来了。不久，太阳升起，阳光照出它身上颜色深浅不同的褐色羽毛，黑色的短尾羽以及耀眼的橙色气囊和鸡冠。让我们感到惊奇的是，越来越多的雄鸡聚集到求偶场。离我们最近的一只似乎是地位最高的，它频频地展示自己，跳起求偶的舞蹈：发出嗡嗡声，放低半展开的翅膀，尾部竖起，气囊鼓鼓的，同时还伴随着快速的跺脚动作。片刻之后，一只榛鸡开始快步冲向另一只榛鸡，低着头，两翼展开。快接近时，它停下脚步，两只鸡互相盯着对方，接着上跳下跃，互相用脚踢对方。在重复几个回合之后，其中一只会逃离，可能是落败的缘故。

最后，一只雌鸡出现了——这使表演更热烈，战斗加剧。这只小雌鸡漫步在求偶场，完全不关心身边发生的一切。(我们得知，这并不是繁殖高峰，否则会有更多的雌鸡到来，而战斗也会更加激烈。)表演持续了大约2个小时，然后它们没入了草丛中。多么迷人的早晨啊！我可以肯定地说，上帝创造了草原榛鸡，就是为了在持续3个月的求偶季节里，他能随时找乐子！据说北美平原的印第安人，尤其是拉科塔人的舞蹈就是以此为基础的——我当然喜欢看！

曾经有一段时间，阿特沃特草原榛鸡遍布约25 000平方千米的高秆草草原生态系统，从得克萨斯州的海湾地区向北直达路易斯安那州内陆深入约120千米。这一望无际的大草原具有极其丰富的生物多样性，生长着各种各样的草本植物。但是，在我们都清楚不过的一系列事件发生之后，越来越多的土地因为人类发展及农耕需要而被占用。刀耕火种之后，灌木植物入侵草地。草原榛鸡数量逐年减少。至1919年，它们从路易斯安那州消失；1937年，得克萨斯州只剩下不到9000只。1967年，阿特沃特草原榛鸡被列为濒危物种，6年之后，1973年出台的《濒危物种法案》让这个物种得到进一步保护。

今天，曾经广泛分布阿特沃特草原榛鸡的原始草原只有不到1%被保留下来，而且大多数呈零星状。支离破碎的草原面积太小，不能支撑一个小种群的生存。幸运的是20世纪60年代中期，WWF买下了一块约14平方千米的土地作为它们的避难所，并于1972年转给了USFWS管理。今天，建成的阿特沃特草原榛鸡国际野生动物保护区位于休斯敦以西约100千米处，比原来的规模扩大了3倍，包含了得克萨斯州东南部最大的沿海草原栖息地。今天，野外仅存的阿特沃特草原榛鸡种群除了生活在保护区内，就只能生活在得克萨斯州附近的一小片土地上了。

恢复计划的目标是建立3个地理上明显隔离的种群，总数量约为5000只。为了达到这个目标，USFWS首先开展了一个积极的面向公众的教育计划，以取得公众的支持；其次，继续进行研究；再次，与政府有关部门和私人农场主合作管理草原榛鸡的栖息地。20世纪90年代早期，以把草原榛鸡放归野外为目的的人工繁育计划启动了。

1992年，得克萨斯州的福赛尔·雷姆野生动物保护中心孵化出第一只小鸡，其他组织,如得克萨斯州立大学和几个动物园参与了这个项目。一旦人工饲养的草原榛鸡能够独立生活,它们就被送到计划中的放归点,进行体检并装上无线电发射仪。在放归点熟悉环境两个星期后,它们就被放到自然环境里。这些榛鸡立即适应了长着高秆草的大草原,这似乎是它们与生俱来的本领。换句话说,一旦它们获得自由,它们就遵循着生命诞生的自然规律。

当地居民提供安全庇护

2007年,牧场保护促进会下的沿海牧场联盟与USFWS达成一项新的动物安全保护协议,协议使得私人牧场主成为开展恢复和维护沿海草原栖息地的保护工作的一分子。8月份,来自不同机构的30只人工繁殖的小鸡被放归在得克萨斯州格里亚县的一个私人大牧场内。这个牧场从19世纪中期开始就属于同一个家庭所有,并完好无损地保留了下来。首次将草原榛鸡放归到私人草原牧场是一件具有里程碑意义的工作。其余的小鸡将于2008—2009年间陆续在此放归。大家希望有更多的农场主加入保护协议中。其他人工繁殖的榛鸡则放归在位于得克萨斯市附近的得克萨斯州自然保护区和伊格湖附近的阿特沃特草原榛鸡国家野生动物保护区(特瑞·罗斯格诺尔是保护区负责人)。

整个2007年,草原榛鸡保护区的全体工作人员都在努力工作着,以提高草原榛鸡野外繁殖数量。总共18个窝中(包括两个损坏后又修好的),有12个被成功利用,77只雏鸡长到了两周大。雏鸡在一周大小时是最脆弱的,最容易被天敌捕食,淹死或饿死。此期间需要提供更多的照顾,这样才能使尽可能多的小鸡活下来。因此,人们决定寻求志愿者的帮助。共有43个人参与了进来——包括区渔业部的雇员、学生、自然保护专家和其他各行各业的人们。他们的工作是采集虫子喂养雏鸡和母鸡。

每个志愿者都带上一个大帆布网和一些塑料袋,走进保护区的高秆草丛中。他们用网在草丛中快速地来回扫动,捕获尽可能多的虫子,然后存放在容积约1

加仑(约4.6升)的包里。捕捉虫子的最好时间是每天早晨9:00或10:00到下午4:00之间。雏鸡孵出后的几周内,一只母鸡和它的10—12只小鸡每天要吃掉大约12包虫子。也就是说,每天大约要吃掉100条虫子!

一只雏鸡,一个胜利

我通过电话与特瑞交谈,他告诉我,经过大家的艰苦努力,最后也只有18只小鸡活了下来。实际上,他们当时认为能够存活下来的雏鸡会更少。9月份,他们在野外"发现了4只未做标记也没有戴无线电发射器的鸡",显然,它们是繁殖季节的幸存者。尽管成活率依旧很低,但仍然有18只之多的个体加入繁殖种群。

我问他是什么力量使他坚持走下去,他是如何克服在拯救阿特沃特草原榛鸡过程中遇到的失望和困境的。"有些日子比其他人过得更困难,"他说。在失望时,他就回想以前的"小小的胜利",这样就会重拾信心。他代表漂亮可爱的草原榛鸡衷心感谢那些付出艰苦努力的志愿者们。他说:"只要人们愿意投入热情,给予支持,这些榛鸡就有希望。"

有了特瑞,拯救阿特沃特草原榛鸡的工作就有了有力的倡导者。从1993年2月加入这个拯救计划开始,他从来没有想到过放弃。是什么使他持之以恒地坚持下去?特瑞告诉我:"我总是处于不利的境地,但我喜欢挑战!拯救草原榛鸡的工作两者兼有。在内心深处,我希望阿特沃特草原榛鸡一直生活在我们身边,让我的后辈能像我一样欣赏他们。"

亚洲兀鹫

我对兀鹫充满敬意,它们使我着迷。在亚洲我没见到过它们,但在坦桑尼亚的塞伦盖蒂草原上,我花了几个小时观察它们。它们飞行的雄姿非常漂亮,视力特别发达,社会行为也很复杂。它们头和颈部的皮肤光秃秃的,有些人觉得讨厌,甚至反感,但这对它们是完全必要的——吸血或吞吃内脏时,头和颈部没羽毛就不会弄脏。对有些物种来说,裸露的皮肤也是一种情绪标志。当一只兀鹫为争夺食物或配偶而发怒时,它的颈部就变成鲜亮的粉红色!它们还有着令人惊奇的耐心。有时候,它们飞得远远的,耐心地等待大型食肉动物——首先是狮子,其次是鬣狗——吃饱喝足,然后再和豺狼争夺残羹冷炙,当然这时候往往兀鹫是胜利者。

在不到10年的时间里,亚洲兀鹫种群数量锐减了97%,为数量减少最快的鸟类之一。通过人工繁殖技术和广泛的大众科普教育,亚洲兀鹫得到了救助和恢复。图中一群亚洲白背兀鹫在印度喜马拉雅山山脚的科比特国家公园内晒太阳。(纳纳克·C.迪格拉)

发生在印度的大灾难

20世纪90年代中期,有些人提醒科学界关注印度的兀鹫正在大量神秘消失的事实。来自孟买博物学会(BNHS)的韦伯夫·普拉卡什博士是其中一位。20世纪90年代后期,3种兀鹫——亚洲白背兀鹫、长嘴兀鹫(印度兀鹫)和细嘴兀鹫——被列为极危级物种,估计它们的种群数量10年内将下降97%多。皇家鸟类保护学会(RSPB)的戴比·佩恩博士说它们是"所有鸟类中种群数量下降最快的种类之一"。在巴基斯坦、尼泊尔以及整个印度,它们正在消失,有的地方甚至已经灭绝。

了解到这一灾难性情况后,派里格林基金会派出科学家到巴基斯坦的旁遮普省监测亚洲白背兀鹫的繁殖种群数量。2000年,人们在13个繁殖种群中找到2400个被占用的鸟巢。每个繁殖季节,他们都回到相同的地点,发现被占用鸟巢的数量每年都在下降。同时他们每天还发现死亡的兀鹫。到2006年,只剩下27对有繁殖能力的兀鹫。报告总结说:"研究表明,这种猛禽数量可能面临毁灭性的下降。"

2007年,当我在印度见到迈克·潘迪时,我们谈论到兀鹫的情况。迈克是一位成功的野生动物电影制片人和动物保护工作者。他告诉我,当他首次意识到亚洲兀鹫的现状有多么危险时,他就决定到拉贾斯坦邦腐尸堆积的地方去考察亚洲兀鹫,几年前他在那拍过兀鹫的电影,那时,他们几乎被兀鹫群淹没了。他说,他们看到了成千上万的兀鹫聚集在腐尸堆上,清理着自然环境。但是当他再次回去时,情况完全不同了。

他说:"这次我是跨过数以千计的兀鹫的尸体,脚踏着的是它们折断的翅膀。"他被惊呆了。一群野狗在此取食和繁殖,它们突然向他发起了进攻。他成功地跳到了吉普车顶棚上,只被轻微抓伤。

腐食动物的重要性

迈克跟我说过，印度次大陆地区曾经拥有着最高种群密度的兀鹫，它们无处不在——他估计数量接近8700万只。同时，印度还有9亿头牛，是世界上牛最多的国家。兀鹫常常负责清理那些城市、乡村死亡的动物尸体——估计每年可清理1000万具尸体。现在兀鹫少了，上百万的耕牛尸体——还有那些野生动物的尸体——腐烂发臭，危害着人畜的健康。野狗和老鼠接过了清理的工作，但它们清除一具尸体所花的时间要比兀鹫长得多。

迈克在随后发给我的一封邮件上说，近来印度有4个地方出现炭疽病病例的报道。"盛夏的热浪可以很容易地把腐尸携带的炭疽病芽孢或者病原体送到空气中，然后传播到世界各地。"他写道。迈克真的很担心，如果我们失去了亚洲兀鹫，将会是怎样的局面。"人类不顾后果的做法已经把专食腐尸的'清道夫'赶出了这片天空。"他对我说。没有了兀鹫，"那些腐烂的尸体会产生上百上千的致命突变病原体，这比禽流感或任何我们所知道的疾病更加可怕。"

在我访问印度的6个月之后，我见到了英国国际猛禽中心主任杰麦玛·帕里-琼斯，她说，由于1997年兀鹫数量急剧下降，世界卫生组织估计在印度有30 000人死于狂犬病——死亡人数比其他任何国家都要高。而这种情况的发生就是由于老鼠和狗的数量增加，它们都是狂犬病毒的携带者。这正好反映出，人为原因导致的物种种群数量的下降，反过来对人类造成了影响。对此人们毫无察觉。

在印度，兀鹫的另一种作用就是在亚洲一些组织（包括印度拜火教徒）举行的传统丧礼上担当角色。杰麦玛讲述了一段不平凡的经历。一次在英国一个嘈杂的咖啡馆里，她与一群印度拜火教徒见面，其中包括一个牧师长。这些印度拜火教徒说，兀鹫数量下降给他们那个地区的居民带来了麻烦。按照传统，亡者放在圆形凸起的被称作寂塔的结构里，由兀鹫将尸体吞食掉。但是这一切现在变得困难了。说到这里，周围咖啡桌边的闲聊声逐渐平息下来，接着是一片出奇的寂静！

为什么它们正在灭绝

如此多的人关注亚洲兀鹫可能灭绝的问题毫不奇怪——且不论它们作为不可思议的鸟类的独特内在价值。最初,人们认为兀鹫会传播疾病,但检查兀鹫尸体发现它们不携带任何病毒或感染性细菌。而感染或带病的兀鹫,其背部有隆起物,头和颈低垂,内脏器官发现有红肿,肝脏表面覆盖有白色晶体,这些晶体估计是尿酸。这种情况类似于人类患痛风病。但这是由什么引起的呢?

2003年5月,在一次猛禽生物学家会议上,一名就职于派里格林基金会的科学家提交了一份证实兀鹫病因的资料。兀鹫的死亡与抗炎镇痛药物双氯芬酸有关。死于痛风病的兀鹫的肾脏中双氯芬酸含量很高。这类兽医广泛使用的药物直到20世纪90年代以后才引入印度次大陆。因为这种药物价格低廉,使用一个疗程不到一美元,所以很快就广泛普及开来。

2004年1月,派里格林基金会和巴基斯坦鸟类学会开展共同研究,结果证实双氯芬酸确实是造成兀鹫死亡的首要原因。这一项研究结果十分重要,最终促使印度药物控制中心出台了一个禁止生产兽用双氯芬酸的命令。这个禁令很快也在尼泊尔和巴基斯坦得到推广。

不幸的是,这样做还不够:禁令没有强制执行,兽用双氯芬酸的进口、销售、使用仍然合法。而且,合法生产的人用双氯芬酸开始渗入兽药市场。除非双氯芬酸完全清理出印度、巴基斯坦和尼泊尔,否则亚洲兀鹫的前景不容乐观。

尽管印度政府禁止生产这种兽药的时间还很短,但这是个历史性的胜利。这部分归功于2006年3月上映的由潘迪制作的一部电影,名为《折断的翅膀》。这是他见到那些堆积如山的兀鹫尸体,震惊之余创作的作品。这是一部极具影响力的纪录片,它不仅解释了兀鹫死亡的原因,还说明了这些猛禽在南亚所担当的维持生态系统健康状态的角色。这部纪录片被翻译成5种语言,在所有国家的电视频道中播放,电台也播出了这个节目。

同时,与当地民众面对面的沟通交流也在进行中,因为他们才是最终决定兀鹫命运的人。迈克告诉我，地球问题基金会制作了一些跟兀鹫一般大小的木偶，放在路上向村民展示，以便农民和当地人可以见识到这些猛禽雄伟的一面，引起他们对兀鹫困境的重视。同时，派里格林基金会、RSPB和BNHS印发了10 000多份教育传单，发放给巴基斯坦和印度的乌尔都以及印地地区与兀鹫种群为邻的村民，呼吁他们保护兀鹫种群。

"兀鹫餐厅"

派里格林基金会的另一个创举是在2003年，在巴基斯坦的一个兀鹫繁殖点附近建立了一家"兀鹫餐厅"，为兀鹫提供无污染食物。这家"餐厅"在兀鹫的繁殖季节高峰能降低幼鸟的死亡率，但幼鸟一旦长大，"餐厅"就没有什么用处了，因此后来就关闭了。但是，由马诺基·高坦领导的、根与芽小组经营的一个类似的兀鹫投食站仍然在尼泊尔正常运行。这个小组中的成员主要是来自加德满都西部250千米的小镇纳瓦尔帕拉西的当地青年。他们收集没有被双氯

在尼泊尔的"兀鹫餐厅"用过餐后，心满意足的兀鹫在附近休息。"兀鹫餐厅"给兀鹫提供安全的不含双氯芬酸化学物的食物。(马诺基·高坦)

芬酸污染的动物尸体(通常是奶牛和北美野牛的尸体),带回他们的"兀鹫餐厅"以备喂养兀鹫。这项工作非常艰苦——运输动物尸体要花费很多的时间、精力和金钱。

根与芽小组同时还负责开展活动,提高当地社区民众对兀鹫问题的认识。结果,马诺基告诉我说,人们对保护兀鹫感兴趣了。2007年发生了一件事,几个当地青年向根与芽小组报告说,他们发现有兀鹫在食用一具来历不明的尸体。马诺基和他的小组成员立刻赶到现场,看见大半个尸体已经被吃掉了。因为担心这具尸体已经受到双氯芬酸的污染,他们把剩下的部分埋了。两天以后他们得知,有一些兀鹫病得快要死了。根与芽小组又一次匆匆赶到了现场。

"我们见到有3只兀鹫正遭受着痛苦的煎熬,它们在地上拍打着翅膀,飞不动。"马诺基说。其中有一只努力飞了起来,但是它拍打翅膀的动作明显很无力。另外两只死了。马诺基解剖了这些兀鹫,发现它们是双氯芬酸中毒,并在肝脏和肾脏中发现了中毒的标志性物质——尿酸。

"怀着沉重的心情,我们7人在附近河岸挖了两个坑,把死去的兀鹫埋葬了。"马诺基告诉我。尽管死亡的兀鹫数量没有减少,但是这增强了他们的决心。马诺基说:"我们一致承诺,不会让类似的破坏性事件再次发生。"一个主要问题是双氯芬酸经常从印度跨境走私过来。因此,根与芽小组的成员加强巡逻,在本地的兽药店寻找双氯芬酸,尽他们最大的努力,确保没人贩卖这种药品。

风筝节带来的危害

对兀鹫来说还有另外一个显著的威胁——一个完全没预料到的危害。整个亚洲,一年一度举行的一系列风筝节非常受欢迎。卡勒德·胡赛尼的畅销书《追风筝的人》(后来拍成了电影)把这一传统风俗生动地介绍给了西方世界。为了庆祝一年一度的丰收,这个节日在深秋举行。风筝比赛是一项传统风俗,但是传统的棉线现在已经被包着玻璃粉的锐利的线所取代。庆祝活动期间,每天成千上万只风筝在空中飞舞，遮天蔽日。风筝比赛中，每个人都希望用自己刀般锋利的风筝线把对手的风筝撕烂……一切看起来都非常有趣。

然而不幸的是，数以千计的鸟受到伤害，包括许多兀鹫也被这种新绳所伤。潘迪告诉我，一种所谓的“玛加”风筝是最危险的——有时它能彻底剪断鸟的翅膀。仅在2008年风筝节中的某一天，就有8000多只鸟儿受伤，其中4只兀鹫受伤非常严重。受伤的鸟被送到当地的NGO组织和艾哈迈达巴德市的志愿者组织，由他们收养。

麦克告诉我，更不幸的是，每年的这些庆祝活动正好与鸟类繁殖高峰季节撞在一起。他说：“非常有必要回到用棉线的传统时代，同时要确保不让绳索缠绕于树和灌木上。”值得庆幸的是，解决这一问题已出现一丝希望。地球问题基金会以及其他关注这一问题的个人和组织，在全国范围内号召禁止使用这种玻璃粉包裹的线。此外，在2008年春天，迈克作了一个关于兀鹫的特别报告，通过印度国家电视台进行广播，呼吁人们停止使用“玛加”绳。

人工繁殖——是解决问题的方法吗？

为防止3种亚洲兀鹫灭绝，2004年初印度召开了一个关于兀鹫的国际会议，其间有人提出实行人工繁殖方案以解决这一问题，这一方案后来被IUCN正式签署批准。

当我遇到杰麦玛时，她告诉我：“在印度现在有3个机构从事兀鹫的保护，其中成立最早的一个机构位于哈里亚纳邦卡尔卡外的平卓尔，另一个机构在西孟加拉邦，还有一个位于阿萨姆邦。其中位于阿萨姆邦的机构主要保护3种濒危兀鹫中最宝贵的细嘴兀鹫，那儿也是它的自然分布地。”

由于大量的鸟被猎杀，要获得鸟蛋或小鸟进行人工繁殖相当不容易。杰麦玛告诉我说：“我永远不会忘记我们为实施人工繁殖计划寻找小鸟的情形。我们沿着一条我见过的最恐怖的泥路驱车数千米，当我们到达鸟巢下方后，一个印度村民脱掉他的鞋，抓住麻绳环利索地爬上那棵大树，抓住了一只小兀鹫。这只小兀鹫将与另一只小兀鹫一起被人工饲养。我想起了美国朋友，他们需要高级的绳索和钩子才爬得上那棵树。”

2007年1月，平卓尔孵化出第一只小亚洲白背兀鹫。但是非常不幸，它没能活下来。2008年1月，我与杰麦玛交谈时，她告诉我，有多对亚洲白背兀鹫在饲养场筑巢、孵蛋。她说："这些兀鹫很快就会孵出小兀鹫，但比这更重要的是，全体员工获得了相关的经验。”

在印度的整个繁殖计划中现有170只兀鹫，其中大约有40只在西孟加拉，4只在阿萨姆的新饲养场，其余的全在平卓尔。杰麦玛告诉我说："我们的目标是在实施任何放归行动前，每个饲养场保证有75对（每种25对）兀鹫。当然周围环境对它们来说要百分之百的安全。”这些鸟中有许多个体都曾受过伤（特别是风筝节期间），已经不能再野放了。

尼泊尔正在计划建设自己的繁殖中心，但并非人人都支持该计划。正如我们所见，对人工繁育濒危物种并最终放归野外的利与弊，一直有着激烈的争论，几乎每个物种面临灭绝时都是如此。马诺基十分高兴，近期保护亚洲兀鹫的行动引起了社会的广泛关心和资金支持。但他也认为，人工繁育只能是最后的措施，当在其自然栖息地拯救这个物种的可能性很小时才可采用。同时他认为，尼泊尔的情况还不至于让人绝望到需要利用人工繁殖这一辅助手段。他写道："我们已经看到兀鹫情况好转的迹象。”

他关心的主要问题是，按照计划建立饲养繁殖中心需要抓捕多少兀鹫。他担心这对尼泊尔的大约400对繁殖兀鹫将产生负面的影响。他还怀疑人工繁殖的兀鹫将来能否适应和学会在野外自然环境下生存所需要的社群关系和捕食技巧。他告诉我："我们必须将兀鹫作为有效的清道夫来加以保护，而不只是保护一个披着羽毛、对捕食一无所知的血肉之躯，它们必须学会生存的方式，而这只有在野生状态下才能学会。”

因此,马诺基和其他反对在尼泊尔进行兀鹫人工繁育的人,更希望见到保护资源投入到保护野外的繁殖种群中,持续监测它们的巢穴,严禁进口和销售双氯芬酸,以及争取立法禁止风筝节使用“玛加”绳。所有这些,在其他NGO组织和越来越多市民的参与协助下,他和他的根与芽小组已经开始付诸行动。

只有了解了,我们才会关心

如果说还存在着一个几乎所有保护者都赞同的行动计划,那就是开展教育培训。只有人们完全了解兀鹫,意识到它们在我们生活中所起的作用,乐于欣赏它们的飞翔或者仅仅喜欢它们个体的魅力,他们才会真正付出,努力保护它们。为此,马诺基和根与芽小组正在尼泊尔组织首次“兀鹫观光游”。游览范围从加德满都到位于纳瓦尔帕拉西地区的兀鹫“餐厅”,他们希望这次旅游能为保护兀鹫筹集资金,同时让游客们了解兀鹫在维持生态平衡方面所作出的显著而独特的贡献。

潘迪在拍摄电影《折断的翅膀》期间,把兀鹫当成坚韧、强大的食肉动物和天空最高统治者来尊重。因此他也投身到帮助人们了解兀鹫的行动中。他说:“只有我们了解了某个事物时,我们才会尊重它。只有那些我们尊重的,我们才会喜欢……而且只有我们喜欢的,我们才会保护和珍惜。”他认为教育是关键。人们必须知道“不断变化的自然规律,包括我们人类在内的任何生命循环都不是独立的,而是一个脆弱的系统”。他观察到,“当人们看到自己的生命与兀鹫之间的联系时改变了看法……许多人从内心深处产生崇敬之情,之后他们就喜欢上了那些使地球免于污染、免于疾病的生物。”

的确,兀鹫显示出的是雄辩而热诚的大使形象,它给予我们希望:通过人工繁育、增强野外保护,提高人们对环境改变的警惕心和对自然的关注,亚洲兀鹫的种群数量将得到恢复,数以千计的兀鹫将再次在空中盘旋,在伟大的生命系统中扮演古老而关键的角色。

夏威夷黑雁

夏威夷黑雁(或称黄颈黑雁)在当地被视为夏威夷州州鸟。它以温柔的“呐呐”叫声而得名。科学家们认为它以前与加拿大黑雁曾为同类,但经过多年的进化,这两种鸟出现了分化。黄颈黑雁有着长长的颈和背,并带有奶油色的斑点纹,很少游泳,它的掌只有一半长蹼,脚趾很长,适合在夏威夷的火山岩石堆上攀爬行走。由于夏威夷黑雁在热带岛屿上进化,它不需要御寒也不需要躲避天敌,飞行对它来说已经不那么重要了。比起加拿大黑雁,它的翼弱小多了。

在库克船长“发现”夏威夷岛之前,鸟上大约有25 000多只夏威夷黑雁。但是在20世纪40年代,由于没有法律禁止,人们在繁殖季节猎杀大雁,导致夏威

一对夏威夷黑雁(左边雄性,右边雌性)回家了,回到它们原来的低地栖息场所。图片的拍摄期为2006年,它们正看着夏威夷火山国家公园中火山的喷发。(尼奇·恩得勒)

夷黑雁几乎全部灭绝。加上一些常见的入侵种,如猪、猫、獴、鼠和狗偷吃雁蛋和幼雁,夏威夷黑雁遭到巨大的损失。猫甚至会咬死成年大雁。岛上的许多大型鸟类也有类似的经历——它们要是飞得不快或者飞得不远,就很容易被肉食动物捕食。

到1949年为止,野外只剩下30只夏威夷黑雁了。其他的雁被人工饲养在夏威夷波哈库洛阿的州濒危物种保护中心,有一些被送往英国的斯林布里奇。这两个地方进行夏威夷黑雁的人工繁育,目的是最终放归野外。

近日,我与凯瑟琳·米莎琼进行了一次长谈。凯斯琳从1995年开始研究夏威夷黑雁。大学毕业以后,她申请在夏威夷当3个月的实习医师,继续研究夏威夷黑雁——她现在还在那儿！她告诉我,饲养夏威夷黑雁并不难。自1960年以来,人工喂养的2700多只夏威夷黑雁被放归野外。与大熊猫、扬子鳄和其他许多物种一样,它们遇到的同样问题是:把它们放归野外后,怎样为它们创造一个足够稳定、安全并适合它们生存的环境?

在夏威夷,许多低海岸地区被开发,带来的后果是环境受到人类和入侵的非本土植物更多的干扰及持续威胁。但是,凯瑟琳说:“也许更大的问题是,这么多的栖息地遭受长期破坏,没有人知道夏威夷黑雁最理想的栖息地应该是什么样的。”也许,未知的理想栖息地在被人为干扰之前,夏威夷黑雁能忍受干旱或暴雨。而今天,夏威夷黑雁已经不能适应这些气候,尤其是在繁殖季节。

除了仍在发生的食肉动物引进后造成的问题,夏威夷黑雁还面临来自其他方面的威胁。被车撞死的夏威夷黑雁数量在不断上升。不幸的是,一个高速公路的出口正好穿过国家森林公园,把夏威夷黑雁的饲养场和繁殖区分隔开了。通常情况下,成年雁能飞过公路,但当它们有了幼雁时,它们必须走过去,从而把自己和幼鸟置身于危险当中。而同样危险的是,当路基边的草修剪过后,它们被吸引而走上马路。还有,那些冒险在高尔夫球场上活动的雁甚至可能会被高尔夫球砸死。

凯瑟琳告诉我说,她认为这些夏威夷黑雁不可能百分之百地自我维持种群状态——威胁太多了。"然而,"她说,"整个种群数量在上升,管理也到位,我们能够采取措施稳定夏威夷黑雁的野外种群数量。"

免受食肉动物捕食:"我们不能听天由命"

20世纪70年代,在夏威夷火山国家公园执行了一项夏威夷黑雁的重引入计划。被选定用于放归夏威夷黑雁的地区处于低洼地区,是历史上夏威夷黑雁的栖息地。这是一项非常简单的计划:人工繁育几对雁,当它们的幼鸟成长后,一并野放。然后,在20世纪80年代,另外的一些幼雁按繁殖计划放归到公园的野外。至今的20年间,幼雁放归到广阔的野外环境后,它们的情况并没有变好。这并不奇怪,因为该公园只在幼雁放归地点周围实行对食肉动物的控制。

野放的雁死亡率高,繁殖成功率低。显然,继续繁殖出更多的幼雁,在它们没有学会逃避天敌前就野放是毫无意义的。因此必须采取新措施,在所选繁殖地周围更广泛的区域内实行更严格的食肉动物控制。下一步就是在大的巢区和合适的牧场周围树起一个大的围栏防备野猪,人们怀疑是它们咬死幼雁和吃掉雁蛋。因为即使在提供食物的情况下,幼雁也经常失踪。一旦约1.6平方千米的区域由防野猪围栏围好,情况大有改观。在接下来的繁殖季节里,大多数的幼雁都长大了。

自1990年初以来,野外雁的个体数量增长到了约2000只,而且每个繁殖季节里个体数量都在不断上升。夏威夷黑雁分布在4个岛上——考艾岛、茂宜岛、摩罗凯岛和夏威夷岛。夏威夷黑雁在考艾岛上生活得最好,那儿的高草低地栖息地非常适合幼雁的生长,且没有食肉动物獴。虽然在茂宜岛和摩罗凯岛上仍然进行着小规模的人工饲养夏威夷黑雁的放归行动,但当前的主要工作是尽量降低野外种群面临的威胁。

凯瑟琳告诉我,如今他们试验采用新的围栏技术来防止猫和獴的偷袭。这项设计是由澳大利亚方面提供的,他们在控制食肉动物方面做了大量的工作。护栏约1.8米高,顶部向外向下弯曲,猫或者獴从护栏外爬上护栏顶部时,必须头和身体倒挂才能爬进护栏。

凯瑟琳告诉我一个由猫引发危险的例子。这件事发生在2001年圣诞节过后。她注意到有一群雁飞过一片广阔的火山岩,然后飞往一片草丛,她觉得去那儿或许能找到它们的巢。夏威夷黑雁的巢通常远离人类而不易找到,所以当凯瑟琳艰难地爬过裸岩后,她非常兴奋。然后她看到了一只雄雁,它正看守着自己的巢址。她继续往前走,发现一只雌雁只剩下一半的身体,已经凉了,身旁有雁蛋。一只猫还在那儿,趴在尸体旁边,津津有味地吃着雁肉。这绝对不是她第一次发现猫成功捕食雁了。

然而,科学家和志愿者们都不想就此放弃。与凯瑟琳谈话过后几天,我与黛西·胡聊天,她研究夏威夷火山国家公园及其周围的夏威夷黑雁已经超过15年了。我希望听到一个结局令人愉快的故事。她想起了一件。那天她和她的志愿者队员接到一份来自第三方的报告,达瓦站有一只狗袭击了夏威夷黑雁。他们知道基拉韦厄的最高点达瓦站那儿有几只夏威夷黑雁,包括至少一对成年个体和3只半大的夏威夷黑雁。这份报告提到袭击对象至少包括一只成年雁和一只幼雁。

他们迅速赶到了现场,但最先并没有发现雁或者狗。后来他们发现并抓住了两只还不会飞的雏雁。这时,从森林深处传来一声成年雁的呼唤声,听起来不想遗弃这两只雏雁——即使呼唤声是由一只亲鸟发出的,也并不能保证整个家庭可以聚在一起,而这两只雏雁还不能独立生存。他们等了一会儿,叫声没了。虽然他们找了好一会儿,但什么也没找到,声音也没了。

黛西他们希望这两只小雁的父母会出现,于是在找到雏雁的地点附近安放了一张金属网,把雏雁留在那儿几天时间,以便它们的父母找回来。同时他们在一定距离之外进行观察。但连一只成年雁的影子都不见。雏雁日渐消瘦,他们把它们送到了一个养殖场。很幸运，那里的一对夏威夷雁接受了这两个小家伙。黛西写道:“夏威夷雏雁可以自己吃食,不需要帮助,但生理上它们需要与其他雁待在一起——你很少看到单独的一只雁,它们几乎总是以一对或一家为单位行动。”

2006年,在夏威夷火山国家公园里,公园工作人员凯瑟琳·米莎琼和长期工作(20年以上)的志愿者里罗伊德·吉村在一起标记一只夏威夷黑雁。(罗·麦克多)

在捕获这两只雏雁的几个月之后，黛西和她的队员在离达瓦站约1.6千米的地方看到一对成年夏威夷雁和一只雏雁。他们迅速捉住了小雁,并做好了标记。因为雏雁的父母就在一旁,黛西识别出它们身上的标记。“这正是那两只孤雁的父母和它们的第三个兄弟!”黛西高兴地写道。这只野生的雏雁比较小,不像是人工饲养的雁——人工饲养的雁的食物肯定更充足,营养更好。这一家庭的成员在狗的袭击中全部幸存了下来。“我们算是非常幸运的,”黛西写道,“我们认为这个特别故事的结局很完美。”

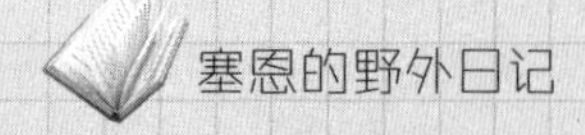

棉 顶 狨

棉顶狨，体重仅为0.5千克左右，是世界上最小的灵长类之一。我第一次看到棉顶狨，是在访问威斯康星大学麦迪逊分校的查尔斯·斯诺登博士的棉顶狨实验室期间。在那里我碰到一位名叫安妮·萨维奇的研究生，后来她成为世界上研究这种小猴的权威人物。

现在，安妮把棉顶狨比作"留着摇滚发型"的小淘气儿，她每天都在威斯康星大学的实验室里和它们待在一起，关系亲密无间。为完成她的博士论文，安妮曾去哥伦比亚西北部的野外研究棉顶狨的行为。

在哥伦比亚西北部的栖息地中，棉顶狨的种群数量已少于1000只。在20世纪，这种小猴子被大量捕捉用于结肠癌的研究。今天它们面临的最大威胁是栖息地的丧失，这就是为什么大家齐心协力保护它们及其栖息地显得如此重要的原因。(普罗亚克托·蒂蒂有限公司)

当然，松鼠般大小的小猴很难远距离进行观察研究，就像你家后院的松鼠一样，它们很难在远处辨认清楚。所以，安妮进行早期研究时对猴子头上的白毛进行染色，以便区分它们。这样并没有伤害到动物，事实上，她使用的染料就是人染发用的染料，只是量少一点而已。通过观察，以及采用微小的背负式无线电发射仪革新技术，安妮和她的团队解开了这一濒危灵长类的行为生物学之谜。

当被问及在20年的研究中最值得回忆的事时，她微笑着说："棉顶狨几乎都是一胎两崽，没有什么比它们的幼崽更可爱的了，刚出生的时候它们只有你手指头那么大，拖着长长的尾巴。"

安妮补充说，看着它们慢慢成长很有趣。棉顶狨幼崽的成长过程和其他灵长类一样(当然也包括我们人类)。实际上，她说："它们也要经历一个婴儿期，有时牙牙学语一整天，最后才能发出像它们父母一样的声音。它们同时也学习在不同情况下发出不同的声音。"

如今，安妮和她的团队正在调查哥伦比亚棉顶狨的种群数量。因为它们仍然被捕去作为宠物进行交易，而有的棉顶狨能成功逃脱，所以研究人员不能简单地穿越森林统计它们的数量。他们采用鸟类研究人员使用的方法，模仿棉顶狨的叫声以引诱它们过来。不幸的是，他们发现棉顶狨的数量远比之前估计的要少。安妮告诉我说，估计野外的种群数量低于10 000只。

保护野外棉顶狨的工作非常重要，原因之一是人工繁育项目还未取得实质性的进展。由于种种原因，人工繁育的棉顶狨总是感染上结肠癌。科学家们正在研究这个问题，但目前还没有找到答案。可能的原因是人工饲养条件下它们有压力，或食物中缺乏某种森林中常见的物质。

值得欣慰的是，只要有足够的合适栖息地，棉顶狨就能顺利繁殖并维持一个合理的种群数量。安妮告诉我说："好在这个物种的幼崽死亡率不高，因此，只要当地居民主动参与到森林保护工作中来，一切都好办。"

这就是安妮创办"保护蒂蒂"——与当地社团合作，致力于保护濒危灵长类动物棉顶狨的一个著名组织——的原因。"蒂蒂"在哥伦比亚语中的意思是猴子，如今参与这一项目的成员包括哥伦比亚的生物学家、学生，以及致力于这一区域发展的教育界人士和社区团体。

塑料食品袋的问题

早在野外工作前，安妮就意识到，诸多原因，包括人类的乱砍滥伐，造成哥伦比亚的森林面积急剧下降。随着人类生活不断向森林靠拢，人们需要更多的树木来修建房屋，更多的柴火来烹煮食物。因此，"保护蒂蒂"所要做的事情之一就是，采取现实而有效的方法来保护森林，这同时也有利于当地居民。

首先，安妮和她的团队调查了人们使用柴火烹煮食物的方法。和世界其他地方一样，哥伦比亚大多数农村的村民在开放式的火炉上烹煮食物，一家5口每天大约需要15根原木。"保护蒂蒂"成员想出用泥土制成简单的"围炉"来替代原来的火炉，经验证，这种"围炉"只需要5根原木就可以烹煮出以前需要15根原木的食物。

当地居民面临的另一问题是他们无法处理垃圾——持续增长的塑料废物已经淹没这些地区。最常见的垃圾是杂货店用的那种塑料袋，路旁、田野里，甚至在棉顶狨栖息的森林中，到处都可以见到塑料垃圾。这些塑料袋不仅碍眼，而且对野生动物也是一种威胁(因为动物会采食塑料袋中可能残留的食物)，或者传播疾病。有时动物甚至会吞食这些塑料袋，危及生命。

因此，"保护蒂蒂"成员与15位没有任何外来固定收入的当地家庭主妇进行合作，她们利用塑料垃圾(而不是常用的羊毛线)编织手提袋。虽然这项业务现在规模还很小，但她们说，为了编制这种"生态手提袋"，她们已经成功回收了100多万个垃圾塑料袋。

这个典型的解决办法达到了双赢的效果，垃圾袋转变成为有价值的日用品。安妮指出："随着这种'生态手提袋'的日渐普及，这一地区的居民也开始意识到，他们所做的工作是在保护棉顶猬及森林。"

如今，全国性的联盟机构和国际保护组织致力于保护哥伦比亚最后的干旱热带森林。虽然大多媒体报道的是这个南美国家充满危险、毒品和犯罪，但是，安妮指出，未来也存在着希望："最重要的是，我们看到了保护棉顶猬事业的崭新未来。"

当我问及50年后哥伦比亚棉顶猬将会是什么样子时，安妮非常乐观。安妮指出，不仅"保护蒂蒂"组织以及其他类似机构协助转变公众的环保意识，青少年对保护野生动物及其栖息地的兴趣也越来越浓。事实上，很多哥伦比亚学生前往美国或欧洲学习野生动植物生物学，然后返回祖国并学以致用。她说："看到下一代正在继承我们的保护事业，并在哥伦比亚开展长期的物种保护计划，这真令人欣慰，也让我们看到了希望。"

泽氏斑蟾

如果你从未见过有着亮丽斑纹、光泽肌肤的泽氏斑蟾(俗称巴拿马金蛙)，那么你已经错失了人生一大乐趣。不幸的是，如今这种泽氏斑蟾已经很少很少了，能听到它们的叫声你就已经很幸运了，更不用说能捉到它们了。

造成泽氏斑蟾种群数量急剧减少的原因是多方面的，最重要的一点是人们没有真正了解它们。全球的两栖动物都面临险境，这有点像煤矿里的危险信号，警告着我们要采取行动，以免为时过晚。有人责怪全球气候变化，有人责怪臭氧层空洞使得大量紫外线进入地球，但是有一点可以肯定的是，有一种壶菌造成了两栖动物大量死亡。壶菌感染两栖动物皮肤组织的角蛋白，阻碍蛙类通过皮肤吸取水分，这就剥夺了它们从水中获取氧气的能力，从而引起窒息。科学家认为，这种壶菌起源于非洲，并于20世纪30年代很偶然地传播到世界各

泽氏斑蟾是世界上众多受到一种致命病菌影响的濒危两栖类动物之一。为了保护这种美丽的两栖类免于灭绝，保护主义者们建立了“蛙类希尔顿”，科学家们在巴拿马的这一“宾馆”里实施隔离和繁殖计划。（威廉·康斯坦）

地，当时人们并没有发现这种菌的存在。后来人们在因医学研究和宠物贸易而出口的非洲蛙的背上发现了它。

受感染的蛙类是可以治愈的，但前提条件是捕获它们，然后饲养起来并给予它们特殊的抗真菌治疗。可惜的是，我们不能把治愈的蛙类又放生到这种壶菌到处滋生的野外。

现今，两栖动物保护工作中最引人注目的，可能就是巴拿马中部和西部著名的拯救最后的泽氏斑蟾行动。这种蟾蜍全身金黄发亮，是巴拿马人引以为傲的重要标识物，当地古代的原住民视其为繁荣和刚强的图腾标志。除了民间神奇的传说和拥有着漂亮的体形外，泽氏斑蟾也是该地区生态系统中的重要成员,因为它们是蚊子和农作物害虫的天敌。

为全力保护这种两栖动物免遭灭绝,一群忠实而不知疲倦的保护主义者创立了一个"蛙类希尔顿",字面里"希尔顿"的意思是一个旅店。他们的想法是,抓捕附近热带雨林里的濒危蛙类,经过特殊药水的消毒处理后放置在隔离的旅店里,使其免遭致命病菌的伤害。刚开始时这仅仅是一个临时性的拯救工作,最后发展到这个旅店里有4个房间住满200多只受到威胁的泽氏斑蟾,其余的房间用于食物储存、志愿者住宿和为探险作准备。

这个迷人的坎佩斯特里旅店坐落于巴拿马城西南约90千米处,是徒步旅行者理想的夜宿地,因为它紧靠森林,而且位于一个死火山的出口处。建立这个不同寻常的蛙类救护中心的两位主要人物是埃德加德·格里菲思和海蒂·罗斯,埃德加德是一位多年研究濒危两栖动物的巴拿马生物学家,海蒂则是美国威斯康星州人,是第一位来到中美洲的美国和平志愿者。他们在寻找工作中发现的死蛙的数量比活蛙多得多,但是他们没有放弃。在坎佩斯特里工作一年后,他们采集到了20多种蛙类,它们全都受到这种壶菌的威胁。

因此,这一偏僻的旅店变成了徒步旅行者和游客的钟爱去处。因为大家都说,如果你想听到雄性泽氏斑蟾沙哑的噪音,去那地方是你最后也是最好的办法。罗斯和格里菲思最后成长为两栖动物护理专家——安装滤过设备、抽气泵,饲养蝌蚪、不同大小的蟋蟀以及其他昆虫用于喂养这些蟾蜍。但同时,他们也面临着长期发展的困扰,单靠两个人以及租借来的旅店如何维持这项工作?毕竟,埃佩斯特里不可能为所有蛙类提供永久的栖身之处,但是将它们放归到会被病菌感染的野外又不安全。

下面我们来谈谈比尔·康斯坦特和休斯敦动物园。比尔是动物园负责科学与保护工作的主管,他组织所有的力量来支持泽氏斑蟾保护工作。这些力量包括来自众多美国动物园及植物园的志愿者及资金,包括布法罗动物园、克利夫兰地铁公园动物园、罗德岛的罗杰·威廉姆斯动物园。两栖类动物专家不仅参与拯救行动，还帮助设计特殊场地用于有效保护暂养在坎佩斯特里的蛙类和蟾蜍。新的室内饲养场被称为埃尔维拉两栖动物保护中心(EVACC)，于2007年启动，坐落于巴拿马埃尔尼斯佩罗动物园内。

比尔是野生动物保护领域杰出的全才，像许多野外生物学家一样，他接受过高等教育并且富有经验，同时也是勤奋的实干家。正如他所说的："正因为泽氏斑蟾与其他两栖类动物面临着困境，所以我们没有理由放弃。事实上，现在正是号召采取行动的时刻了，因为只要还有蛙类，我们就有希望。"他微笑着补充说："蛙类自身的事由它们自己完成。我们要做的工作就是想出一个办法来解决问题，让它们回家，回到它们自己的森林、河流和湿地中去。"

只要泽氏斑蟾还没有安全重返野外，那些先进的饲养中心就是泽氏斑蟾最合适的安全避难所。事实上，组织者设想将这一中心作为拯救其他濒危物种的一个典型，必要时暂时或永久性地保存野外拯救回来的物种。

现在剩下的问题就是，何时将这些蟾蜍放归野外是安全的？会永远安全吗？只要我们坚持和不断探索，也许巴拿马溪流将有希望重现"蛙声一片"的景象。时间将证明一切。

第四部分

拯救岛屿鸟类的英勇斗争

引 言

自很久很久以前，当人类第一次利用简单的船只对七大洋进行探索时，岛屿物种就开始受到威胁了。许多动物、昆虫和植物已经进化了成千上万年，完全适应了它们生活的环境——一个没有大陆食肉动物和入侵食草动物竞争的环境。一些鸟类，像加拉帕戈斯群岛上的知名物种，从不需要适应飞行或争斗行为，也从未学会惧怕。

因此，从一开始，航海人——无论他们是驻居还是占有一个岛屿，或仅仅在航行旅途中暂时停靠这些岛屿补充水和食物——会发现这些岛屿鸟类很容易猎杀。不会飞行的渡渡鸟因为被捕食而灭绝，不能飞行的鸮鹦鹉也几乎遭受了同样的命运。

那些来到岛屿的定居者带来了他们的家畜，主要是山羊和猪。作为食物，兔子被引入岛屿并快速繁殖。当人们发现兔子繁殖过于迅速时，又引入了白鼬捕食繁殖数量超出控制的兔子，但白鼬很快发现当地动物更易捕食。猫类起初因需要捕捉从途经的航船上逃到岸上的鼠类而被饲养，但它们很快便适应了野生生活环境，开始袭击毫无防备能力的岛屿鸟类。许多外来植物物种被引入，其中一些很快适应了新的环境并开始蔓延生长。当地的动物和植物完全不能应对这些突如其来的入侵物种。脆弱的生态平衡一次又一次被灾难性的事件打破。数不清的岛屿物种和渡渡鸟一起消失了，数不清的其他物种被带到了灭绝的边缘。

在为本书写作进行调研的时候，我遇到了一些非凡而专注的人，他们为使这些岛屿恢复原貌而一直进行着卓绝的斗争。我一直在了解他们为拯救那些独特和珍贵的生命形式所做的艰巨工作——无论是对动物还是对植物，为了使它们免于灭绝。如果不付出艰辛努力，没有绝对的信念，没有乐于面对艰难境地和危险的决心，他们是不可能胜任这项工作的。而最为困难、最具有挑战性的(并时常引起争议的)一项工作就是，把外来物种从岛屿栖息地除掉。

换句话说，这些生物学家多年来在世界各地被迫去毒杀、诱捕和射杀成千上万无辜的生物。他们不能有丝毫松懈。这项工作强度大，而且通常花费也很高，而且同一项技术不能应用于所有的实例。一些数量大的动物，比如山羊和猪，可以进行大范围猎捕。猫科动物最初可以进行射杀，但当它们的数量减少后，必须进行诱捕。鼠类是最难对付的，主要是由于它们数量巨大——只有毒杀最为有效。但一直存在着一个可能性，无论是诱捕还是毒杀，总有动物被错杀，尤其是当地的啮齿类动物。在太平洋的一个岛屿上，诱捕的诱饵被陆蟹取走——诱捕器没有伤害到它们，但数百只老鼠逃脱了。在赫布里底群岛中一个叫肯纳的小岛上，生物学家们在成功消灭大约10 000只入侵这个小岛屿的褐家鼠之前，为防止误杀，事先撤离了150只肯纳鼠(一个独特的亚种)。(这些肯纳鼠后来很快又重引入到岛屿上。)

“有害”物种 vs. 濒危物种

毫无疑问，这样大规模铲除这些不幸的生物会引起动物权益保护者的反对。他们为此争论，辩护的理由是，这些“有害”物种自身的权益没能得到保护。生物学家遭到指责，对这些有权利生存下去的生物过于残忍和漠视。毕竟，并不是它们自己选择了入侵岛屿，而是当它们被人类释放时，才开始以岛屿为生。遗憾的是这造成了毁灭性的破坏。山羊尤其具有这方面的天赋。它们很聪明并具有很强的适应性，它们不需要太多的水，并几乎能以任何东西为食。当它们吃光了地表上的植物时，甚至可以爬到树上继续采食树叶。兔子虽然身体很小,但具有超强的繁殖能力。试想一下,即使喂养得很好的家猫都会对本地的鸟类和啮齿类动物数量造成一定的影响——所以,在一个岛屿上,野猫可以带来毁灭性的后果。

我的朋友邓·莫顿,参与恢复岛屿生态工作几十年了。他告诉我,在19世纪后期,在新西兰斯蒂芬岛上,灯塔管理员养的猫咬死了最后18只科学上有名的斯蒂芬岛异鹩,并把这些异鹩尸体拖到了主人房屋的台阶上。这些异鹩的遭遇,只是无数在人类自身不知情的情况下入侵动物所造成的物种灭绝事件之一。

但是,让我重申一遍,没有任何入侵物种是自发地来到这些岛屿上的。它们与早期卸载在博特尼湾的货物一样,并没有更多的选择。我们把它们放在了那里,就像我们把獴放到维京群岛去捕食蛇类一样。我们把北极狐带到阿留申群岛,在那里它们可以避开天敌而有利于繁衍,产出皮毛用于皮草贸易——但同时,它们也对岛屿动物群体造成了影响,并破坏了整个生态系统。我们把欧洲赤狐引入澳大利亚,这样就可以进行有马匹和猎狗参与的狩猎活动了——但同时赤狐开始追捕当地小型有袋类哺乳动物和鸟类。这些所谓的有害物种的唯一罪行是:它们就像智人一样,适应得太成功了!

这就导致了关注个体还是关注物种未来这两者间的矛盾。为了物种的利益,即便是拯救计划中的个别动物,它们的利益也应得到保护。用于野放的人工饲养动物中,有30%(或更多)其实没有被放归。我一直提倡关注个体。但当我了解到,为拯救一些特有而珍贵的物种所做的努力——例如鸮鹦鹉和马德拉圆尾鹱——总是由于猫的掠食而失败时,看着由山羊和兔子所造成的彻底的生态毁坏时,我得反思我原先的主张了。

但愿有真正人道的清除入侵物种的方法。但如绝育手术,就像在流浪狗和猫身上施行的那样,并不是我们所期望的方式。但即使我们可以活着诱捕所有的食肉动物——我们又该把它们放到哪儿呢?你能对已经从船上下到岛屿上的猪和山羊做些什么呢？真希望所有不幸的入侵物种从没被引入，真希望可以用一种人道的方式清除它们。但是，它们已经侵入了，而且也没有出现我们所期望的人道解决方式——它们必须被清除。最终，就像邓对我说的那样，入侵物种为了使自身能够生存下来，每年都要杀死成百上千的当地鸟类或其他野生动物——造成持久而不被察觉的灾难。

虽然我对屠杀入侵物种感到伤心难过，但我对那些为将它们清理出岛屿而一直坚持不懈的人感到钦佩。邓·莫顿第一次成功地将老鼠从岛屿上根除是在20世纪60年代早期，他是发展清除外来物种技术方面的真正先锋。他为清除有害入侵物种而开发的方法被改进后用于世界范围内的入侵物种根除项目。没人会愿意将自身精力专注于杀戮上——然而，正如我们看到的，为了保护鸟类和没有防御能力的幼鸟，这些事情必须有人去做。

所有这些岛屿鸟类能幸存下来，都是由于那些坚毅和充满才智的人在努力不让其消亡。我试图公正地描述和概括那些为保护海岛鸟类、避免它们像渡渡鸟一样消亡而做着不懈努力的人们。他们必定在逆境中吃苦耐劳，他们必定极具耐性，执着而乐观，并且坚韧和无畏——或许还有点疯狂。就像你们将看到的，他们就是这样的。

查岛鸲鹟

关于查岛鸲鹟的故事要从我在20世纪90年代初遇到邓·莫顿开始。他是一个安静、轻声细语的人,像很多取得不平凡成就的人一样,他很谦虚。邓被邀请参加新西兰为欢迎我而设的一个招待酒会。我们当时无法长时间交谈,但他简单介绍了他所从事的富有魅力的工作以及他拯救濒危鸟类的热情。后来通过电话和邮件,当然,最重要的是,通过解读他的工作,我对他有了更多的了解。

邓成长于新西兰北岛的东海岸,他对野生动物的痴迷始于20世纪40年代,那时他还是一个小孩子。“大约从4岁开始,”邓告诉我,“我开始痴迷于野生动物,并用很多时间去观察鸟类、蜥蜴和昆虫,尤其喜欢寻找鸟类的巢。”在他5岁时,祖母来到他家,并随身带来了一只金丝雀。“整个20世纪40年代,那只小黄

邓·莫顿与他最喜爱的一只查岛鸲鹟在一起。关于祖母的金丝雀的童年记忆,使他致力于拯救濒危小鸟的工作。(罗勃·切贝尔)

鸟歌唱不止,点燃了我对鸟类的热情。"邓说。有一天,他和他的兄弟"让祖母的金丝雀抚养一只金翅雀雏鸟,金丝雀当自己的孩子一样接受并养育了它"。35年后,他对这件往事的回忆,最终挽救了一种濒临灭绝的物种——查岛鸲鹟(后面我将对这件事作详细介绍)。

他在12岁时就作出决定,要致力于拯救处在灭绝危险境地的鸟类。追随自己的梦想,他于1960年开始他的职业生涯(与我到达坦桑尼亚的贡贝国家公园同年),并在营救和恢复祖国(以及全世界)的濒危鸟类工作中发挥了关键作用。所有的工作开始于1961年,他花了一个月时间待在大南角岛上——现在使用其岛屿原名图其哈帕(远离新西兰的斯图尔特岛东南海岸)——那里仍保存有一定数量的本土野生动物。实际上,与毗邻的两个微型岛屿一起,它们成为曾经大量存在和分布于大陆上的许多动物(包含鞍背鸦)的最后避难所。

老鼠和其他入侵动物

在那次访问和随后的实地考察中,让邓感到迷惑不解的是,为什么新西兰的大陆会是这样的状况,尽管看起来有成千上万公顷未受损的森林和其他类型的栖息地,但当地野生动物还是面临着困境。为什么会出现大量的灭绝和大范围的物种减少呢?邓和他的同事坚信,是欧洲移民有意(如猫、宠物貂、白鼬)或无意(如鼠)带入的食肉哺乳动物造成了这样的影响。一些生物学家(在欧洲和北美接受教育)坚持认为这些动物的捕食行为是自然现象,栖息地丧失才是新西兰的野生动物濒临灭绝的主要原因。

一去不复返

然而一件事发生后,用邓的话说,"不仅停息了争论,还永远改变了我们对保护和管理岛屿及其本土动植物的看法。"1964年3月,在邓访问图其哈帕岛的3年后,他听说航船上的老鼠已经下到岛屿上并引起鼠疫蔓延,野生动物遭受到大规模的侵害。预料到可怕的"生物灾害"将要发生后,邓和他的同事准备采取措施应对,但一些最受人尊敬的生物学家拒绝相信老鼠会对野生动物造成重大威胁,并坚决反对任何采取干预措施的建议。他们认为,任何干预将"引起我们无法预测的生态变化,我们只在有研究表明这确实已成为一个问题后再进行干预"。

最后,经过5个月的争论,以及在一些野生动物服务机构高级工作人员的支持下,邓和他的同事获准进行救援行动。"我们成功地将部分幸存的野生动物转移到两个临近的未遭受灾害的小岛屿上,拯救了鞍背鸦。"邓报告说。但他们到得太晚,未能及时拯救丛异鹩、斯图尔特岛丝鹬、大短尾蝠,以及数目不详的其他无脊椎动物物种,它们永远地消失了。尽管如此,现在鞍背鸦的数量已蓬勃发展到近千只,分散在超过12个岛屿上。这是第一个通过直接的人为干预而拯救其于濒临灭绝、并证明了野外恢复可行性的鸟类物种。

"图其哈帕的灾难,对于那些致力于生态环境保护的工作者们来说,是极有价值和及时的一课,"邓写信告诉我,"这有助于让人相信,即使是那些最持怀疑态度的人也相信,渺小的老鼠也能造成岛内动物种群的灭绝,诱发生态灾难。"事实上,这场灾难促进了岛屿隔离检疫草案的制定和食肉动物的控制应对方案,使那些在生物学上具有重要意义的岛屿免于遭到类似侵害。

多年来,邓已经帮助拯救了许多濒于灭绝的鸟类。一出仍在继续的戏剧——邓在其中扮演重要的角色已经很多年了——是拯救鸮鹦鹉,世界上唯一一种不会飞的鹦鹉。这绝对具有吸引力,这点从我们的网站上就可以看出。在营救和恢复澳大利亚噪薮鸟、塞舌尔鹊鸲以及印度洋塞舌尔群岛上的其他特有动物的行动中,邓也同样扮演着重要的角色。

一个不可思议的故事

在邓所有的成就经历里,我最喜欢的是关于救助查岛鸲鹟的那个故事。"查岛鸲鹟，”邓说，“是一种讨人喜欢、友好、与人亲近的小鸟——经常能在不到一米的距离内与人接近，甚至会栖息在人的脚上和头上！它们能很快抓住那些即使是最不热情的观鸟者的心！我很喜欢它们，同时也感到非常幸运，更感到对它们的现在及未来负有重大的责任，保护这种神奇的小生命脱离濒临灭绝的境地。”

这是一项艰辛的工作。自从19世纪80年代起，查岛鸲鹟就只出现在小曼格瑞岛上，这个岛位于新西兰东面850千米，是查塔姆群岛旁一个很小的由岩石堆砌成的小岛。这里是查岛鸲鹟最后的庇护所，它们栖息在面积只有0.05平方千米的树林里。人们一直认为它们是安全的——至少在短期内。直到1972年，一支由生物学家组成的研究团队捕捉并用颜色标记了每只个体——才发现实际上最后总共只剩下了18只。随后的几年里，种群的数量持续下降，邓主张立即采取行动进行干预。“但我的意见被否决了，”他告诉我。有人认为这种下降只是周期性变化的一部分，种群数量很快就会恢复。直到1976年，“当最后仅剩9只查岛鸲鹟存活在世界上的时候，人们才意识到必须采取行动了。”

邓告诉我，他和他的大部分同事“强烈地感觉到应该去做些什么，但意见往往被否决而不能贯彻执行”。最后，他们终于得到允许去捕捉并迁移剩下的查岛鸲鹟。当他们于1976年9月到达岛上时，发现只有7只鸟存活，其中只有两只是雌性，而且只有一只雌鸟具有繁殖能力。他们用蓝色带子在这只雌鸟的腿上做上标记，她因此以“老蓝”的名字为人熟知。这一小群幸存者从小曼格瑞岛移到附近的曼格瑞岛上，因为原来岛上的灌木林环境已经被破坏，不适合它们继续生存。这是戏剧性的最终成功拯救这个物种的第一步。

“老蓝”——拯救了一个物种的母亲

查岛鸲鹟通常组成配偶生活。老蓝和她的配偶在接下来的繁殖季节里筑巢产蛋，但它们的蛋都没有孵化。令人惊奇的是，老蓝随后放弃了她那个长期的配偶，并在她的地盘里选定了一只年轻的雄鸟“老黄”（因为其标记带为黄色）。随后老蓝再次产蛋。现在，这个小家庭已经成为邓创新的交叉培育项目的一部分了。

那个关于金丝雀抚养金翅雀的童年记忆给了邓一个启示，提醒他如何提高这个物种原本较低的繁殖率。在通常情况下，一对查岛鸲鹟一年一窝只抚育两只雏鸟。在这样的情况下，这个物种不可能迅速地从逆境中恢复过来。但如果它们的巢遭到破坏，或是蛋遗失了，查岛鸲鹟会重新筑巢并抚育新的雏鸟。因此，邓捣毁了它们的巢，把老蓝的两个蛋都拿走并放到大山雀的巢里。这些蛋在那里成功地孵化了。

老蓝和老黄接着建起第二个巢并第二次产蛋。这些蛋再次被拿走。同时，前一次被拿走并成功孵化出的雏鸟被悄悄地送回给老蓝，这样雏鸟就能学习自身物种的正确习性。接着，第二窝雏鸟孵化。邓告诉我，当他将后来孵出的雏鸟放入巢时，老蓝无奈地看着他，仿佛在说：“天啊，接下来还有什么？”于是他让她放心：“我们将帮你喂养，亲爱的，不要担心。”我一直记着邓和他的团队跑来跑去，为这个人工建立的查岛鸲鹟大家庭的幼雏寻找食物的情形。

相同的程序在接下来的几个季节里不断重复，以此方式，这个单一的查岛鸲鹟家族开始复苏。“交叉培养有很高的效率，”邓说，“但一开始这个方法并没有经过测试，具有很高的风险……如果我们失败了，我们就成了导致这个物种灭绝的凶手！”

邓和他的团队竭尽全力拯救这些鸟类。“老蓝、老黄和它们的孩子成了我的家人，”邓说，“我经常想着它们。在野外时——常常是几个月——我们很少谈论其他的内容。”每到春天，当邓回到曼格瑞岛时，他总是迫不及待地去寻找那些在冬天里幸存下来的鸟。“每一处新的巢穴、下蛋或幼雏孵化都值得庆祝，但每次死亡也都是大家庭的损失！”为了确保查岛鸲鹟物种的延续，他没有时间为它们长时间的幸存感到欣慰，他必须继续拿走它们的蛋，捣毁它们的巢穴。

老蓝最终于1984年去世，她活到了13岁，是一般查岛鸲鹟寿命的两倍以上——尽管她一直被控制着生产和抚育了超出正常数量范围的后代。她的事迹打动了很多新西兰人，人们在查塔姆岛机场为她树立了一个纪念碑，尊敬的内政事务部部长彼得·太普赛尔赞扬称："老蓝——是一位受人尊敬的母亲，查岛鸲鹟的救世主。"国内和国际媒体报道了这个世所罕见的故事，一只濒危的鸟类在其"暮年"时将它的种族带离了灭绝边缘。

前景光明的未来

到20世纪80年代后期，查岛鸲鹟的种群数量突破了100只。查岛鸲鹟小组已经在另外一个岛屿上为其建立了栖息地。在此之后，人们不再需要对这些鸟类实施干预了。邓告诉我，现在大约有200只查岛鸲鹟分布在两个岛屿上。它们都有一个共同的祖先——老蓝和它的配偶老黄——因此，在遗传层面上，它们都可视为双胞胎。

"谢天谢地，"邓说，"没有出现明显的遗传方面的问题。"不过，由于两个岛屿有着一定的饱和度，这就意味着种群数量将得不到进一步的扩增。此外，每年的繁殖期都有很大的损失——雏鸟由于无处居住而死亡。邓一向主张在小曼格瑞岛上(他们开始拯救这些鸟类的地方)重建种群。小曼格瑞岛上的植被环境已经恢复，并且至少在短期内，食肉哺乳动物已经消失。这是目前在查塔姆群岛上的查岛鸲鹟的唯一选择。邓坚决支持这个提议。"无须多说，"他告诉我，"我乐于参与这个计划！"

粉嘴鲣鸟

粉嘴鲣鸟是一个古老的物种，一种真正的海洋鸟类。它们在海上生活，只在繁殖时回到岸上。它们只在圣诞岛（位于澳大利亚境内）上筑巢，此岛是5000万年前由于火山活动，大陆架从印度洋面上升而形成的，位于赤道南纬10°。粉嘴鲣鸟是一种让人过目难忘的鸟：雪白色的头部和颈部，暗色的长喙和狭长的黑翅。它们身体最长可达80厘米，是最大的鲣鸟——有人称它们为鲣鸟中的“大型喷气式飞机”。

这些鲣鸟有长达40年的寿命，长到8岁后才开始繁殖。它们有着所有鸟类中最长的繁殖期（15个月），所以，繁殖一次要间隔两年。它们在树顶筑巢，只产一个蛋。

专门喂养、救助受伤的和失去双亲的粉嘴鲣鸟的一对夫妇说，这些大鸟很有个性。粉嘴鲣鸟的生存完全依赖于澳大利亚正在进行的圣诞岛国家森林公园恢复计划。（乔纳斯·亨尼克博士）

从20世纪60年代起,人们开始在圣诞岛上全面开采磷酸盐矿,粉嘴鲣鸟的种群数量开始下降。为了采矿,必须清除大片的原始森林,这使鲣鸟的繁殖受到了干扰,因为它们在树顶筑巢繁殖,而这些高大的树木常常生长在富含磷酸盐的矿床上。粉嘴鲣鸟与采矿的利益间产生了直接的冲突。鲣鸟因此失去了大部分它们长期以来的繁殖栖息地。它们的数量现在估计大约为2500对。

尽管当地政府和矿业公司努力监测并保护这些栖息地以及鸟巢,但粉嘴鲣鸟的数量还是在持续下降。最后,在1977年,邓·莫顿被指定为岛屿生态恢复专家,派往圣诞岛,向澳大利亚政府和英国磷酸盐委员会提供解决野生动物保护问题的建议。他和他的小家庭在圣诞岛上待了两年的时间,最终说服政府在1980年建起了岛上第一个生物保护区:面积约6平方千米的国家森林公园——面积最大、改变最小的热带岛屿雨林生态系统保护区。另一个关于圣诞岛生态保护的计划是,建立全面的粉嘴鲣鸟繁殖监测系统。

栖息地被毁,雏鸟处在险境中

到了20世纪80年代中期,有人估计,约有33%的鲣鸟原栖息地遭到了破坏,采矿活动造成了70%的森林空地。这不但使鲣鸟丧失了巢穴,而且由于鸟巢附近的森林缺失造成气流异常,会使巢中不会飞行的雏鸟遭受被吹落的威胁,这很可悲。强风有时还会刮落树枝上的成年鲣鸟。如果鲣鸟被吹落到地面上,它将面临死亡,除非它能重新攀爬上树枝。这些鸟虽然可以从地面飞起,但难度很大。那需要方向正确的大风和一个开阔的“跑道”用于起飞。除非被发现并获救,否则它们摔落到树冠下后难逃一劫。

最后,人们达成共识:保护鲣鸟的最佳方法是保护和扩大海岛森林面积,通过恢复珍贵的表土层,重植由于采矿而被清除的森林等来实现这一目标。他们希望,这将减少异常气流对鲣鸟巢穴造成的影响。人们已经重新种植了数以千计的幼苗,作为谈判协议的一部分,资金由采矿公司提供。

恢复工程受挫

令人震惊的是，3年后野生生物学家最先选定的一个区域被政府另作他用——用于建设移民事务接待和处理中心。不仅如此，原本采矿破坏的树林在重栽后再次被砍伐。这引起了保护机构尤其是那些为这项恢复工程付出大量心血的工作人员的极大愤怒。

澳大利亚国家公园委员会谴责这是“非法”的计划，并要求正在进行的工作立即停止，因为它没有得到相关部门的批准。“岛上有更适合的地点，那儿不会造成严重的环境影响，而且已经有了基础设施。”委员会主席安德烈·考克斯说。

莫纳什大学的生物学家彼得·格林，一位原先参与了粉嘴鲣鸟监测计划并与岛屿保持长期联系的成员评价说：“粉嘴鲣鸟是联邦资助的生态恢复计划的重点，现场已经建立了观测中心，但现在，他们只用一辆推土机就毁掉了这一切。”

不仅如此，政府实际上在和矿业公司进行新的交易谈判。在1988年，联邦政府已经裁定，不允许对圣诞岛雨林进行进一步的砍伐。但矿业公司呼吁修改这一裁决，并重新要求允许扩大租赁，新的区域将把多年生长的老树林包括在内。“这太疯狂了，”考克斯说，“圣诞岛是澳大利亚环境皇冠上的宝石，有着世界上唯一的粉嘴鲣鸟种群以及其他特有的物种……我们应该保护它。”它是极少数仍保持着热带岛屿生态系统的地区。

就目前而言，粉嘴鲣鸟的物种数量看起来是稳定的。但这次最新的生态打击可能会对其造成不利影响。

奥洽德救助所和孤儿院

与此同时，在过去的16年里，在圣诞岛所有这些动荡不安中，奥洽德夫妇拯救了岛上很多受伤和失去父母照料的濒危鸟类。马科斯曾做过30年的野生

奥洽德夫妇养育的部分幼鸟在等待早餐。(贝弗莉·奥洽德)

动物护卫员,最早是在塔斯马尼亚岛工作。他和贝弗莉将生命中的很大一部分时间用于救助和关怀那些失去父母或受伤的动物们——对濒危动物尤为关注。当他们在塔斯马尼亚岛时,他们时常照料树袋熊、矮袋鼠和塔斯马尼亚袋獾。

我曾与他们通过电话,感觉到他们温暖而热情的关怀从圣诞岛一路传到我身上。贝弗莉解释说,在筑巢季节里,每次强风暴袭击岛屿,很多雏鸟就会从它们的巢中跌落下来。每年3—8月的季风季节里有很多鸟儿伤亡,而且受伤和失去父母的现象会持续到圣诞节。公园的游客和徒步旅行者在发现这些鸟儿后,都会通知马科斯和贝弗莉。雏鸟的生长速度极为缓慢,它们在巢里大概要待一年的时间——这是一段漫长且极易受到伤害的时期。

小病鸟在奥洽德车棚下的办公椅巢内恢复健康。(乔诺斯·汉尼克博士)

贝弗莉说,送来时“它们通常都脱水、饥饿并且筋疲力尽,但它们能恢复过来”。夫妇俩把这些小家伙和那些受伤的鸟儿一起带到他们家,放到小盒子做的巢里。贝弗莉护理它们,喂它们水以及小鱼。大量的小鱼储存在冰箱里,每次喂食前她都把小鱼放在水中浸泡足够长的时间,方便幼鸟吞食。如果它们受伤,马科斯会尽力为它们治疗

圣诞岛公园经理马科斯·奥洽德和他的妻子贝弗莉在过去的16年中(甚至让出了他们的院子和车棚),尽心尽责养育受伤和失去双亲的粉嘴鲣鸟。图为马科斯在给一只恢复中的未成年个体喂鱼。(科瑞·皮博)

伤病——比如腿骨骨折。有一次他通过手术,成功取出了一只粉嘴鲣鸟肠道里的鱼钩。

当然,不可避免地,贝弗莉的有些“病人”会死去,但鲣鸟的坚韧让她感到惊奇。“有一些鸟儿被送来时,我已经对它们不抱任何希望了,”她说,“它们中有些甚至都抬不起头了。”当她晚上离开它们时,她觉得,“那肯定是它们最后的呼吸了。”但经过她的护理和一晚上的休息后,早上她检查它们时,“它们会凝视着我,热切地叫嚷着——早餐呢?我们饿了。”

塑料椅子上的巢

每一只受伤的鸟都有它自己的巢——他们室外车棚下的“旧塑料办公椅”也成了巢穴。因为喂食时非常混乱,所以他们认为室外车棚是最舒服的地方。

贝弗莉是这项行动的“心脏和灵魂”，按照她丈夫的说法，“最凶猛的鸟儿也能与她和谐相处。”（马科斯·奥洽德）

一段时间后，塑料椅子做的巢在那儿排成一排，共有几十个。室内巢里受伤的或失去父母的鲣鸟在护理之下痊愈或发育到某个阶段后，奥洽德夫妇就尽快将它们转移到室外的塑料椅子里喂养。

野外的鲣鸟在很高的树上筑巢。“我们试着复制野外发生的一切，”马科斯说，“但是我们不可能复制出它们的巢。我们想出的最好的方法，就是给它们一个塑料椅子，喂它们小鱼和鱿鱼，我们相信在野外它们的父母就喂它们吃这些食物。”小鲣鸟每天都飞离椅巢几个小时，但总是在喂食的时间飞回来。

“它们是非常友好而且配合的鸟类，”马科斯说，“但是任何一只鲣鸟回错了巢就会很麻烦！”

每一只鲣鸟都有自己的个性

“它们都有一个共同的名字——艾里克。”马科斯说。这个名字来自蒙提·派森喜剧团的小喜剧《捕鱼许可证》，在这出戏里，约翰·克里斯扮演的男人给他的所有宠物都起名为艾里克。但每一只鲣鸟都与另外一只截然不同。

贝弗莉说：“每一只都有自己的个性。它们中有一些喜欢被抱着而且十分温顺。它们是非常‘健谈’的鸟类，喜欢与父母对话。因此每到喂食的时间，我就走出去和它们说话——比如‘你好？’‘你今天怎么样？’之类。它们听见后开始咯咯地叫着回应我——它们都很激动地跟我谈话。”鲣鸟的声音听起来像蛙鸣，马科斯开玩笑地说，那听起来像是病人“发出的干呕声”。

贝弗莉说："我们尽量不过多地触摸它们，一旦小鲣鸟长出了羽毛，我们就把它放在外面的椅子上，不再触碰它们。这样的话，当它们离开我们后，不会受引诱而停在船上，或是在其他人那里逗留。"

马科斯称贝弗莉为这项行动的"心脏和灵魂"。"她可以与它们中最凶猛的（就是那些高声尖叫、大摇大摆走进来的鸟）和谐相处。"马科斯说，"不用多久她就能让它们平静下来，而且以后看见她就温柔地咕咕叫。"

多年来，这对伟大的夫妇营救了总共将近500只粉嘴鲣鸟。这些鸟儿成熟期很长（大概需要一年的时间），奥洽德夫妇接收它们时大都处于受伤恢复期，所以发育更加缓慢。有些鲣鸟住在塑料椅子上，与奥洽德夫妇一起生活了两年时间。然而最终，它们还是为野外生活做好了准备。

"等它们完全成熟后，就到了它们该离开的日子了，那是你最后见到它们的时刻。"贝弗莉说。幸运的是，在准备离开前，鲣鸟们有一个告别仪式，所以奥洽德夫妇可以为离别做好思想准备。"有一天它们会回到椅子上来，但是并不吃东西，"贝弗莉说，"而且它们会变得特别健谈（好像它们有很多话要说似的）。这时我们知道它们已经找到了食物来源——它们终于独立了。可能它们是在告诉我们它们的发现，或是向我们致谢，或者仅仅是跟我们告别。我们没有办法知道。"她又补充道，"然后它们会在巢里平静地睡一晚，在早晨作最后的道别，接着飞离，永远地离开了。"

"它们已经成了我们家庭的一分子，"马科斯说，"它们完全依赖于你，然后永远地离开。这种心情很复杂，你很高兴，因为又有一只鲣鸟能回到野外了——这就是我们做这一切的理由。因此，你当然希望它们一切顺利。但它们成为你的家人有很长一段时间了，之后却再也见不到了！"

马科斯告诉我，除了栖息地问题以外，最近威胁到鲣鸟的是附近大量的捕鱼作业。这耗尽了它们的食物来源，渔网和长线鱼钩也对它们产生直接的威胁。马科斯说，粉嘴鲣鸟也许能从灭绝的边缘拯救回来，"但是我们仍须保持警惕。"

百慕大圆尾鹱

当我还是个孩子的时候,我就被《水孩子》里的海燕给迷住了。那本经典故事书里写到的海燕叫“凯丽母亲的小鸡”。“凯丽母亲”作为海燕的名字,一直在那些常年漂泊于汪洋大海上的水手中流传,因为是它们在茫茫的大海上迎接他们。海燕(或鹱)这个名字(Petrel)被认为来源于“Mater Cara”,是早期的西班牙和葡萄牙水手作为第一批西方人航行于南部海域时,称呼圣母玛利亚用的。此外,海燕还被认为和圣彼得有关,因为它们在海面上捕食时,看起来就像在水面上行走一样。

在这里,我想和大家分享的是亚热带的海燕——百慕大圆尾鹱(即所谓的牛虻海燕)的故事。百慕大圆尾鹱为圆尾鹱属(*Pterodroma*),这个词源自希腊文pteron,是“翅膀”的意思。此外,希腊文里dromos是“奔跑”的意思,因此这个词的意思是“有翅的奔跑者”,表明它们能迅捷地、如杂技般地快速滑翔飞行。实际上,所有的海燕都是天空的主人,它们顽强地生存于狂风暴雨之中,在狂风怒

这些神秘的鸟类在海上度过3年时间后才会回巢——没有人知道它们去了哪里。图为在百慕大无极岛附近的洋面上,一只圆尾鹱飞掠而过。在这里,人们无畏地(甚至冒着生命危险)工作,拯救这些鸟类于灭绝的边缘。(安德鲁·杜伯森)

吼、恶浪汹涌的海面上飞行。然而，当它们回到地面繁育后代的时候，它们遭受了因人类毁坏其栖息岛屿环境而造成的巨大伤害。

当地人称百慕大圆尾鹱为Cahow，这个词源自其夜间发出的怪诞叫声，这叫声在最初保护了百慕大和相关岛屿免于被占领，西班牙水手相信那些岛屿上居住着邪恶的幽灵。的确，百慕大曾经被称为“魔鬼之岛”。16世纪早期，西班牙人首次发现百慕大时，每到繁育季节，至少有50万只圆尾鹱返回百慕大及其周边岛屿的海岸森林，在沙土洞穴中营巢。

遗憾的是，这些“邪恶的幽灵”没能阻止水手们上岸寻找新鲜的食物和淡水，不仅如此，他们还把猪带上岛屿养殖，以满足他们未来的鲜肉需求，与此同时也开始了对圆尾鹱筑巢地的破坏。事情变得越来越糟糕。英国人很快发现，是这些鸟类而不是所谓的“幽灵”发出怪异的叫声，他们很快占领了这个美丽的热带岛屿。随着早期定居者的到来，通常意义上的入侵物种也随之涌入。一年又一年，当这些鸟儿离开岛屿去海上觅食时，英国人却在翻掘它们的营巢地用以农耕；当繁殖季节来临，它们返回海岛时，遭到人类捕杀（当作肉食）——尽管这些鸟类得到官方的保护，当地政府已经发布保护条例“反对恶意伤害和滥捕滥杀圆尾鹱”。这个条例也是有史以来最早的保护圆尾鹱措施之一。

到1620年，人们相信这种圆尾鹱已经灭绝了。虽然这期间偶尔也有报道：如1906年有人抓到了一只圆尾鹱，但当时并没有进行鉴定；然后是1935年，又有报道称，一只圆尾鹱幼鸟撞上了灯塔——它的尸体明确说明，在某个地方还存在着圆尾鹱群落。第二次世界大战暂时中止了人们关于圆尾鹱是否仍然存在的研究。然而，这只幼年圆尾鹱的死亡却引起了当地一名叫做戴维·温盖特的学生的关注。

圆尾鹱的生活

2008年，在我和他的一次电话交流中，温盖特回忆道：“圆尾鹱撞灯塔那年我刚好出生。”他清晰地记得15岁那年的某一天，他坐在一艘皮艇上，向前方那座灯塔下面的岛屿遥望，当时心想：“距离那只小圆尾鹱死去仅仅15年，或许，只是或许，它们仍然在那里，在某个不为人知的地方。”他还告诉我，想到这里，他激动得头发都竖起来了。

不是只有戴维一个人，美国自然历史博物馆的罗伯特·库斯曼·墨菲博士，想方设法筹集一笔资金，开展了一次全面而彻底的圆尾鹱的生存状况调查，意图揭开它们的生活真相。1951年，墨菲博士和百慕大水族馆的馆长着手进行调查时，戴维也被邀请加入他们的行列。当他们在百慕大海岸一个小岛上发现7对正在营巢的圆尾鹱时，当时还是一名中学生、年仅16岁的戴维，感到这真是无比激动的一天！（随后，他们又在其他3个小岛上发现了11对圆尾鹱。）“当梦想变成现实的时候，我几乎不敢相信我有那么幸运。从看到圆尾鹱的那一刻起，我也确立了我这一生的人生道路。”戴维说道。

从某种意义上来讲，圆尾鹱能存活下来几乎是不可思议的事情，但确实如此——它们当中有一些存活了下来。这些重新被发现的鸟群是否可能继续存活下去呢？要是戴维没有下定决心，把他此后一生的精力投入到这些鸟类生存原因的调查研究上，我想它们是不可能存活的，因为当时那些鸟儿们所处的状况真的让人感到绝望。

曾经拥有巨大种群的圆尾鹱残存种群被迫在4个总面积仅为8000多平方米的岩石小岛（这4个小岛远离海港，在百慕大的东边）上营巢。然而，从任何一方面看，这些小岛缺乏植被，微小且位于浅层土壤中的小穴很不适合作为圆尾鹱的营巢地。圆尾鹱把蛋产在高于海平面的岩石巢穴中，一般每个繁育季节一对圆尾鹱仅产一枚蛋，哺育一只后代。但是在这些小岛上，适于它们营巢的岩石洞穴往往位于悬崖边，因而很容易受到海上狂风恶浪的侵袭。除了这些原因之外，20世纪60年代，人们在圆尾鹱的蛋里和雏鸟的身体里都检测出了高含量的DDT，几乎可以肯定，这对圆尾鹱的繁殖成功率产生了不利的影响。而实际上，戴维在研究中发现，DDT几乎使圆尾鹱的繁殖成功率下降了一半。（戴维参与了禁止使用DDT的斗争，有关DDT的内容我在本书第二部分已有描述。）

最后，除了上述这些因素之外，圆尾鹱还受到更大型、更凶猛、我们常见的白尾鹲的竞争。圆尾鹱一般在1月份产蛋，雏鸟在3月份破壳。而白尾鹲紧随其后营巢，它们占领圆尾鹱的巢穴，并把圆尾鹱的雏鸟赶走。在一些年份里，在一些较为偏远荒凉的岛屿上，竞争直接导致圆尾鹱幼雏的死亡率高达60%。

巢穴工程

为援救那些为数不多的鸟儿，第一步措施是给每一个现存的巢穴安上一块木挡板，以阻止体形较大的白尾鹲的入侵。第二步是建造大量的人工巢穴，每个这样的人工巢穴包括一条长长的穴道以及末端一个坚固的内室。两项措施明显提高了这些鸟儿的繁殖成功率。而且，从那时起，从事圆尾鹱保护工作的生物学家确保，每个繁育季节里至少提供10个备用人工巢穴。当然，修复那些因为海平面上升而遭受狂风巨浪严重毁坏的天然巢穴也是必要的。"1989年以前，我们的保护工作没有遇上遭水淹没的问题，"戴维说。但在1995年，就有40%的巢穴被当年的一次飓风给摧毁；而在2003年，该地区被"法比安"飓风横扫的时候，60%的巢穴被摧毁，大面积的岛屿被破坏。幸运的是，当飓风横行的时候，这些鸟儿都在海上。

由于情况日益恶化，一项新的巢穴营建项目已在进行，这些新的巢穴营建在最大的营巢岛的最高处，位置比被"法比安"飓风毁坏的巢穴高出约2.5米。育龄鸟在繁育季节返回，在旧巢残址上寻找其巢穴时，会被新巢穴里播放的求爱录音声所吸引。有一对圆尾鹱被人工转移到新巢，有3对已经在这些新巢穴里安家了。

在2008年的早春时节，我有幸和致力于圆尾鹱保护工作的另一位专家杰瑞米·马德罗斯交流。他第一次加入该项工作是在1984年，那时杰瑞米·马德罗斯将近30岁了。他加入了当时的农业渔业部，在戴维门下接受培训。当杰瑞米还是个孩子的时候，他不喜欢和同龄人一样四处踢球游逛，而更愿意钻研那些小昆虫和植物。他同戴维一起工作，不仅努力拯救圆尾鹱种群，更重要的是一直致力于恢复无极岛生态，使其成为这些鸟儿新的营巢地——这是最需要他做的事。他上了大学并获得了相关资格，最终他得到了一个公园警长的职位。他一直同戴维保持联系，沿着后者的足迹不断前行。

学会在危险中生存

对杰瑞米来说，最重要的是学会应对经常遇上的危险情况。在一次我和他的电话长聊中，他说这就是“在工作中不出现伤亡”。我了解到戴维曾经遭遇到巨大的危险，然后我问杰瑞米，和戴维一起工作感觉如何？他笑笑，和我谈起了20世纪90年代初，他们俩在监测圆尾鹱幼雏过程中发生的事情。监测工作一般在晚上进行，因为那时幼雏会离开巢穴，伸展它们羽翼未丰的翅膀。戴维决定从附近的一个小岛上开始监测工作，他们知道那里有两处巢穴。借助手电筒

在起飞之前，这只成年圆尾鹱爬到了生物学家杰瑞米·马德罗斯的帽子上。在百慕大海港这片没有树木的栖息地中，杰瑞米的头顶是鸟儿最好的歇脚处。（安德鲁·杜伯森）

照的光(月光会给人类带来极大的便利,但是在有月光的晚上,这些幼雏不会出来),他们操纵着小船靠近高高的悬崖岸边。

“我们必须跳上岸边的石头,并且在浪潮把石头吞没之前尽快往上爬,以免被海水打湿。”杰瑞米说。他们要到小岛很远的另外一边去,那里船无法到达,所以他们不得不爬陡峭的悬崖。如往常一样,他们安全到达那里,抓住一个最佳时机观测幼雏。在他们返回途中,灾难降临了。

“当时戴维背部严重受伤,”杰瑞米告诉我,因此不得不让他垫着泡沫塑料垫子坐在尖锐的岩石上休息。在一处,我们不得不从3米多的高处跳到下面一块平的石头上,在这块石头二三十步远的两侧,是犬牙交错的岩石和惊涛骇浪。

“他让我先走,”杰瑞米说,“然后把塑料垫子扔下来,叫我铺在岩石面上。他认为这样能减缓跳下来对他脊柱的冲击。”你能想象当杰瑞米看到戴维着陆时有多么震惊吗?——戴维正好跳在岩石边上,然后就在他视线里消失了。“我呆住了,几乎不敢用手里的手电往下照。”杰瑞米说道,“我可以肯定的是,我将在下面看到一个变形的身体。”一个人这样掉下来怎么能活呢?而如果他真的活下来了,杰瑞米怎样把船划到那里救起他呢?

杰瑞米说:“我紧张地用手电往下照,正好看到他两只眼睛瞪着我。”戴维想办法抓住了一块凸出的岩石。他浑身是伤,血流不止,庆幸的是他还活着。在杰瑞米的帮助下他爬了上来,并坚持要按原计划去监测另外一些幼雏!

圆尾鹱的新家

“法比安”飓风摧毁了圆尾鹱大量的巢穴,很显然,这些鸟儿的长期生存只有依赖于其原始栖息地的重建。这正是戴维为了圆尾鹱的未来而在无极岛上开展恢复性工作的起因。当在已恢复岛屿建立一个新的圆尾鹱种群时机成熟时,重新安置圆尾鹱的蓝图已经绘就:尼古拉·卡莱尔和戴维·普里德尔已经成功地在一个新岛屿上建立了一个濒危的白翅圆尾鹱种群——我们在网站上刊登了这个有趣的故事。

“如果不是了解到尼古拉拯救白翅圆尾鹱取得了成功，我们不敢冒险尝试转移百慕大圆尾鹱，”戴维告诉我，“百慕大圆尾鹱的处境仍将岌岌可危。”

2003年，尼古拉加入了百慕大圆尾鹱的恢复工程。他协助制订了一个恢复计划，确定了在5年内转移100只幼年圆尾鹱到无极岛的宏伟目标。第一批安置的有10只小鸟，它们离长出羽毛还有3周时间。它们被转移到了当时没老鼠的无极岛上的人工巢穴里。有人每晚给它们喂食，记录它们的成长和行为规律。

尼古拉发现，恢复工作中最重要的一点是小鸟的转移不能太迟。当它们首次离开巢穴打量周围的时候（长羽毛前11天），巢周边的环境会在它们的脑海中留下深刻记忆，以致三五年以后，圆尾鹱会返回这个地方筑巢——而不是在它们孵化的地方。

当第一次转移这些小鸟时，杰瑞米有些担心：从裸露的岩石转移到树木茂盛的林坡上——它们能否适应不同的环境呢？

杰瑞米告诉我：“当我们第一次转移这些小生命的时候，尼古拉也在场。当我们看到一只小鸟从它的巢里露出来，伸展着它的翅膀，四处探索时，我们感到非常惊奇。突然，它来到一棵树前停了下来，昂起头像松鼠一样灵巧地爬上树干，在它那尖尖的小嘴和爪子的帮助下，用翅膀抱住树干，一会儿工夫就到了树顶。”当大家为圆尾鹱的行为冥思苦想时，他们明白了。原来爬树的本领深深地刻印在它们祖先的记忆里。那时候，从森林里的洞穴爬出后，它们必须爬上树，为的是能从树冠飞向大海。此后可怜的它们只好爬光秃秃的岩石。

杰瑞米说：“此后我明白了，为什么礁岛上的小鸟经常爬到戴维和我的头顶上，直到羽毛丰满。在这个只有岩石的反常环境里，我们是与树木最相近的物体！”杰瑞米停了一下后又笑起来：“它们常常在离开我们的头顶之前留下点什么，不过，这没关系——这是幸运的标记！”

第一批转移的10只小鸟都已经成功地学飞了,接下来的几年它们将在海上自由地飞翔。次年,21只幼鸟再次成功地迁到岛上,同样成功地学会了飞翔。在2008年的繁殖季节前,100只计划安置的鸟中,有81只已成功转移,这其中又有79只已能飞翔并安全离开。

最新消息

最近我从杰瑞米那里得到了新的信息,他写道:"我说过,我一定会让你知道这里发生的令人兴奋的消息,我很高兴地向您汇报(开心地笑着!)刚刚发生的一件事。"

一开始他汇报了最初的4个繁殖小岛上的情况,那里圆尾鹱的数量在不断增加。最初那里仅有18对繁殖鸟,现在发展到86对之多。"看来,也许因为鸟群越来越大——它们喜欢这样,将有更多的鸟配成对。情况似乎上了一个新台阶,一旦达到一个临界量,每年配成对的鸟儿会越来越多。然后,一切都看它们自己了。"杰瑞米说。

在向我汇报的同时,杰瑞米还在忙着测量2008年在这座小岛上孵化的40只小鸟的体重、翅膀的长度和羽毛生长情况,它们中的21只将迁到无极岛。如果所有的21只都成功长羽,这将意味着他们的目标达到了——在项目实行的第一个5年,100只百慕大圆尾鹱将被安置到无极岛,并成功长羽。

接下来杰瑞米与我分享了一个最令他兴奋不已的消息。2008年2月中旬,他在无极岛开展太阳能声音系统维护工作。这个系统安装在新的巢址里,它播放求爱信号,吸引可听距离范围内的百慕大圆尾鹱前来。杰瑞米决定留在岛上过夜,看看它的效果如何。

"入夜后大约45分钟,"杰瑞米告诉我,"第一只圆尾鹱从开阔的海面飞来,开始在巢址上空盘旋;后来更多的圆尾鹱飞来,开始进行高速的杂技般的求偶飞翔。在一小时内,我看到同时出现的鸟儿多达6—8只。它们时而高空盘旋,时而就在人工巢穴的上方低空飞掠，作杂技般的求偶飞翔，同时发出怪异的叫声。”

最后，一些鸟降落在地面洞穴里，“高潮是一只鸟儿就落在我的右边！我只要伸出右手就能轻易地捉到它，一点也不夸张！”杰瑞米根据其身上的数字标记确定，这是2005年时被转移到无极岛的一只鸟。“我的心快跳出喉咙了，这只由我们养大的百慕大圆尾鹱不仅在海上存活了3年，而且还如我们所期望的，又回到了它离开的地方。”

在接下来的一个月甚至更长的时间里，更多百慕大圆尾鹱被重新捕获并进行了转移。3月中旬，人们第一次发现有一只百慕大圆尾鹱停留在无极岛的洞穴里一整天，它在巢穴入口处挖出一大堆泥土，建造了一个巢穴“大厦”，并带进去了一些筑巢材料。“这明确表明，这种鸟现在‘声称’这是它的洞穴。”杰瑞米说。当他告诉我，他检查了这只鸟身上的标记，发现它回到了2005年它迁移过来时的窝时，我可以感受他的兴奋！“而且，”他说，“在2005年6月的一次夜间观察中，我看到它飞向大海。想想这是多么神奇的一件事，它生活在也许只有上帝才知道的大海某处，现在完美地回到了出发点！”

最终，2005年被转移到无极岛的4只百慕大圆尾鹱均在巢的附近被捕获。在某些晚上，人们观察到有6—8只圆尾鹱在营巢地上空飞行，至少有6个营巢洞穴被鸟儿光顾过，有的多达6次以上。这些巢穴中有3个偶尔被圆尾鹱在白天使用。杰瑞米认为这些鸟可能是雄性，它们似乎比雌性早返回一两年。他希望它们在下个季节能返回，并吸引更多的雌鸟回到自己的洞穴。“到那时，2006年首批转移的那一群也应参与其中。我等不及了！”

当在无极岛上成长起来的圆尾鹱返回无极岛并在那里自我繁殖时，这一时刻将成为这一适应性强的鸟类的种群恢复工程的一个重要里程碑，表达了对杰瑞米、尼古拉以及上面提到的其他人一心拯救圆尾鹱的敬意——当然也包括戴维·温盖特，他在59年前还是一名小学生时就爱上了圆尾鹱。

无 极 岛

无极岛位于百慕大群岛沿岸地区，有着一段怪异而引人着迷的历史。1860年，英国殖民政府希望建立一个黄热病检疫站，因此从一个将它作为养牛场的业主手里买了下来(无极岛面积不超过6万平方米，最高处约18米)。

检疫站和医院建立并服务了50年，后因后勤方面的原因移到康尼岛。此后不久，在1928年，该岛被租借给纽约动物园协会作为海洋研究站使用。然后在1934年，由于某些原因，无极岛成了少年教养学校所在地。1948年，由于该岛非常偏僻，且沿海岸边都是岩石，船只难以靠岸，学校因而迁至别处。

在接下来的3年时间里，小岛无人问津。大规模的杜松介壳虫疫情泛滥，摧毁了覆盖百慕大群岛95%的森林面积，无极岛几乎成了一片裸地。然后，在1951年，发生了一些事情，彻底改变了无极岛的未来——人们在一个近海的岩石小岛上重新发现了一个百慕大圆尾鹱小种群。显而易见，如果它们没有一个更合适的繁殖栖息地，它们会很快灭绝。无极岛是一个理想的地方——因为它们曾在这里繁育过。但首先岛上被破坏的环境必须得到恢复。

1962年，戴维·温盖特——几年前还是一名16岁的学生时，就和同伴发现了百慕大圆尾鹱——为了保护和监测而搬入无极岛，从此开始了这项非凡的恢复工程。这也是戴维后来40年职业生涯的中心工作。

人们种植了8000多株当地树种的树苗——其中一些是百慕大群岛特有的——以及两种快速生长的非本地树种(澳大利亚木麻黄和欧洲柽柳)，它们被用作防护林，代替因杜松介壳虫疫情死亡的雪松林。在接下来的20年里，高地森林长得非常茂盛。1987年“埃米莉”飓风袭击该岛，只对本地树木及地方特有种造成轻微破坏。随着森林的蓬勃生长，非本地树木逐渐环剥皮——围绕每棵树的树基剥去薄薄的一层树皮，使之慢慢死亡，将破坏降到最低。

与此同时，另一个大项目在1970年中期开始实施。首先建起了两个人工小池塘,再现了海水和淡水沼泽栖息地。尼古拉·卡莱尔曾多次访问过无极岛,他告诉我,这是一件非常了不起的事情——在一个面积只有6万平方米的小岛上,"他们已经重建了好几个完整的生态系统"——包括岩石海岸、沿海山坡、沼泽、高地森林和海滩沙丘。

现在很多百慕大主要岛屿上的濒危植物在无极岛上生长茂盛,因为这些主要岛屿上95%的生物都是外来种。无极岛是最先实施生态恢复项目的岛屿之一,该岛上几乎所有的动植物原来都因为人类的毁坏或侵入性害虫而消失。非凡的成功得益于采取了综合措施:消除害虫,恢复整个陆地生态系统,使其尽可能接近原始状态。无极岛恢复项目取得的成功,引领了远在新西兰和世界各地的其他岛屿开展恢复工作。

一旦栖息地得到恢复,无极岛有可能成为各种物种,包括苍鹭、西印度海螺和绿海龟等的重引入地,这些物种早在一百多年、甚至更远的年代前就已在百慕大群岛灭绝。温盖特兴建"活的博物馆"的梦想和决心,使无极岛发生了翻天覆地的变化。它再现了史前百慕大群岛的原始环境,这些岛屿之前遭受了人类相当严重的毁坏。从一开始,戴维的终极目标就是"在无极岛为百慕大群岛的标志性物种和国鸟建立一个最佳栖息场所——百慕大圆尾鹱洞穴巢"。正如我们所看到的,他的目标实现了。

毛里求斯的鸟类

当我想起毛里求斯隼、粉红鸽、毛里求斯鹦鹉等鸟类的时候，我就想到卡尔·琼斯。如果他没有去毛里求斯（远离非洲大陆海岸的岛国），如果不是因为他领导了拯救这些鸟类的斗争，所有的这3种鸟类都可能灭绝。这项拯救工作，即使不是一项不可能完成的任务，也是一项非常艰苦的工作。

我费了不少时间才找到正在威尔士家中的卡尔，这是他除了在野外，或在泽西的DWCT办公室外待的地方。我们通过电话长谈（事实上我很希望能亲自前往拜访他）。卡尔的热情和对工作的热爱发自内心，激情四溢又富有感染力，

20世纪70年代，由于森林砍伐、飓风、外来物种入侵以及DDT的使用，小型迷人的毛里求斯隼被认为是世界上最稀有的鸟类。生物学家卡尔·琼斯总结出了一套拯救毛里求斯隼的办法（其他人都失败了）。如今有500 — 600只个体自由地生活在毛里求斯岛上。（格里高里·吉达）

我觉得仿佛我和他已经认识了很久。我了解到他对鸟类心理学充满了浓厚的兴趣,他和家人住在一起,家人包括几只鹦鹉、一只雕和一只温顺的兀鹫——它对人类有深刻的印象,把卡尔当成搭档!卡尔告诉我,他同意我的理念——一名科学家仅仅同情他所研究的动物是远远不够的,必须要真正地了解它们,心灵相通。

下面我想同大家一起分享的故事,代表了人们为了拯救3种截然不同的濒危物种——一种隼、一种鸽子和一种长尾鹦鹉所进行的英勇斗争,以及最后取得的胜利。在20世纪70年代末,卡尔跨入动物保护领域时,这3种多年来严重濒危的动物已到了灭绝的边缘:那时世界上只有4只毛里求斯隼,10(或11)只粉红鸽和大约12只毛里求斯鹦鹉。

毛里求斯隼

卡尔最美好的记忆是他在毛里求斯隼最后的家园黑河峡与它们一起度过的那些日子。他告诉我,那时,他大部分时间都围绕着这些充满魅力的小隼转。它们不到30厘米长,成年雄性的重量大概只有135克,远比180克的雌性小。它们通体纯白色,上面布有圆形或心形斑点。“对我来说,它们是最美丽的鸟类,哪怕只让我看上一眼,我都会感到非常兴奋。它们长着非常独特的圆形翅膀,非常利于飞翔。它们穿梭在森林的树荫里,追逐、吞食有鲜艳红绿色的昼壁虎,这是它们的主要食物。”

“它们常常凭借悬崖边的上升气流飞升数百米高,然后收起翅膀,以极快的速度垂直往下俯冲向地面。”他继续道,“有时它们会停止俯冲,轻轻地停靠在树上或悬崖边。但更多时候,它们会再次向上高飞。”

卡尔告诉我,随着繁殖季节的到来,它们变得越来越喜欢在空中飞翔。“它们互相追逐,表演优美的空中舞蹈,上升或降落时,在空中画出或平滑或交错的曲折线条。它们常常随着热气流飞到空中,围绕在一起,鸣叫着飞来飞去,直到求爱表演达到高潮，进入巢穴中交配。”卡尔描述的是大约30年前的经历，但他告诉我，“当我回想起隼的这些精彩场面时，禁不住心情激动，心跳加速。”

陷入灭绝的边缘

18世纪严重的毁林行为——飓风的严重破坏、外来物种(特别是食蟹猴、獴、猫、鼠)的捕食，以及1950—1960年间为防治疟疾和保护粮食作物大量滥用DDT杀虫剂，把毛里求斯隼加速推到了灭绝的边缘。

1973年，毛里求斯政府同意捕捉尚存的隼中的一对尝试进行人工繁殖——但失败了。由于孵化器发生故障，一只刚出生的雏鸟死了，随后母鸟也跟着死了。到第二年，野外仅剩下了4只毛里求斯隼。这些鸟被认为是世界上最稀有的鸟。

1979年，在DWCT的赞助下，卡尔开始了他在毛里求斯的工作。他成为第6位多年研究隼类的生物学家之一。虽然他当时只有24岁，但已喂养和救护受伤的野鸟多年。刚刚大学毕业，拥有生物学学士文凭和最新人工繁育隼的知识，他告诉我，他有“青年人的激情和初生牛犊不怕虎的精神”。在他父母的花园里，他曾看到过受伤的红隼被成功驯养，他相信自己可以挽救最为稀有的鸟类，尽管在其他地方进行的拯救工作都失败了。

取蛋的冒险

卡尔知道，红隼像许多鸟类一样，当它们的第一窝蛋被移走后，它们会再次产蛋。他决定在野生毛里求斯隼身上尝试这种技术。他爬上陡峭的悬崖，找到了两对繁殖个体位于岩石浅洼里的乱糟糟的“巢穴”，从中拿走了它们的蛋。

“第一个巢是在一个相对较小的悬崖上，我可以使用伸缩梯靠近它，”他说，“我发现隼把蛋下在一个约两米深的小洞内。我爬上去取走了3个鸟蛋，小心翼翼地放到一个隔热的并已经预热到正常孵化温度的广口瓶里。”那里离政府的人工繁殖中心的孵化室有大约8千米的路程。

第二个巢穴是在一个较高的悬崖上，卡尔不得不通过一条绳子的上下升降来靠近它。“这些鸟蛋产在一个狭窄的深洞里，巢室深大约1.2米，够得着蛋的唯一办法就是用一个有长木柄的勺子。这些蛋产在一个用死去的热带鸟类的白色羽毛做成的巢里。”这些蛋很快被拿到繁殖中心，与其他蛋一同孵化。

这个物种面临着灭绝的危险，这是一个非常关键的时刻，卡尔睡在孵化室的地板上，生怕出任何差错。4个鸟蛋成功孵化，卡尔亲自喂这些雏鸟“碾碎的老鼠和鹌鹑肉”。他让鸟产第二窝蛋的技术很成功，在接下来的几年时间里，这种方法不断重复使用，人工饲养种群建立起来了。接下来这些鸟的繁育也很成功，鸟的总数在逐步增加。

1984年，卡尔将人工繁殖中心的一只雏鸟放到一只名叫“苏西”的野生隼的巢中，苏西成功地养育了这只雏鸟，使之成为获得自由、返回广袤天空的第一只人工繁殖个体。随后更多人工繁殖并养育长大的隼被放到适合隼生存的栖息地。

1985年，卡尔宣布，从野外取回来的第50枚鸟蛋在繁殖中心成功孵化。到1991年，得益于鸟产第二窝蛋的技术，人工饲养、人工授精技术，以及孵化室内孵出的鸟儿健康成长，已有200只毛里求斯隼成功繁育。到1993—1994年的繁殖季节结束时，333只鸟儿被放归野外。

与此同时，卡尔和DWCT继续与毛里求斯政府保持合作，致力于恢复其野生种群。他们为这些鸟补充食物和鸟巢，严格执行食肉动物控制政策，减少了外来食肉动物的数量，栖息地开始得到修复。这意味着人工繁育的鸟野放后，将有一个良好的生存机会。事实上，在20世纪90年代初，毛里求斯隼已达到了可以自我维持种群的数量，卡尔说：“人工繁殖计划已停止，这项工作已经完成，毛里求斯隼已被成功地拯救过来了。”最近的研究表明，毛里求斯隼繁殖数量已达到100多对，个体数量约有500—600只。毛里求斯隼的爱好者们，为这项工作的成功举起你们的酒杯吧！

粉红鸽

大多数人认为鸽子是害鸟。我们都知道，食量太大的鸟类会肆无忌惮地占据繁华城市的道路，聚集在人类生活的园区内觅食，栖息在残垣断壁上。忘记那些吧——粉红鸽是一种美丽的、中等体型的鸽子，它们有着精致的粉色胸部，苍白的头，灵巧的红色尾巴。

"这是一种极具魅力的鸟，"卡尔说，"在两个世纪甚至更早以前就非常罕

20世纪90年代，野外只有不到12只粉红鸽，毛里求斯粉红鸽走向了灭亡。经过科学家的努力，在克服了人工繁殖的种种难题之后（甚至征询了鸽子婚育专家的意见），这个种群的数量得到了保障，现在有近400只在野外存活。（格里高里·吉达）

见,一度还被认为已经灭绝。”后来在20世纪70年代,人们在毛里求斯每年降雨量最大(全年约4.6米)的一座山腰上的一片小雨林里,发现了约有25—30只粉红鸽的小种群。卡尔告诉我,它们生活在那并不是因为它们喜欢那个地方,而是因为这个潮湿、经常很冷的栖息地里食肉动物数量比较少。尽管如此,由于栖息地遭到破坏和退化,猴子和老鼠袭击它们的巢穴、捕食它们的蛋和幼鸟,野猫捕食成年的鸟等原因,它们的数量依然在不断下降。

到1990年,已知的野生粉红鸽只剩下10(或11)只个体,看起来,这个小种群已经濒临灭绝。幸运的是,在20世纪70年代中期,DWCT的一个小组,在卡尔的领导下实施了人工繁殖粉红鸽的计划。卡尔博士学位的研究内容即为粉红鸽。

“繁殖是真正的挑战,”卡尔告诉我,“它们对自己的伴侣非常挑剔,要找到真正和谐的一对是一件头痛的事。”因为数量少,所以最重要的是保证遗传多样性,防止近亲交配。卡尔说:“但通常是,你觉得最合适的一对,它们自己却拒绝对方,然后试着和自己的第一代近亲或同胞配对。有时我觉得自己就像一名粉红鸽婚姻顾问……合适的配对才可能生育后代,然后有一天它们分开,一只被另一只驱逐。”

尽管存在着问题,鸽子还是开始繁殖了,但随后就发现,它们做父母的能力很差,孵蛋和养育后代的责任不得不由家鸽来完成。随着时间的推移,卡尔试着让它们养育家鸽的幼鸟,以提高它们养育子女的能力。粉红鸽在黑河峡开始繁殖抚育自己的后代后,卡尔和他的团队按计划把它们放归到原始森林。

在卡尔的管理下,一名年轻的英国女子,科斯蒂·斯文纳婷,在森林里搭起了一个帐篷,连续5年进行监测。很明显,它们不久就面临了各种问题。首先,特别是在一年的某些固定时间段里,森林中适宜的食物很少,而且大部分被引入物种如猴子、老鼠和鸟吃掉了。这意味着需要及时补充食物。其次,在重引入的鸽子开始繁殖时,其中的一些被野猫捕食,所以必须控制鸽子天敌的数量。当这些问题引起关注并最终得到解决时，最初放归的鸽子种群逐渐扩大，终于有可能再建更多的群体。卡尔说，在2008年，近400只自由生活的粉红鸽分成6个群体。"这个物种现在还是安全的。"

毛里求斯鹦鹉

在拯救毛里求斯隼和粉红鸽大功告成之后，卡尔把注意力转向了世界上最稀有的鹦鹉——美丽的祖母绿色的毛里求斯鹦鹉。它是曾经生活在毛里求斯的三四种鹦鹉的最后一种，也是曾经生活在西印度洋群岛上多达7种鹦鹉中的最后一个种。

在17世纪至18世纪初，毛里求斯鹦鹉在毛里求斯和留尼汪岛上非常普遍，它们生活在中高海拔的森林和灌木丛——所谓的矮森林中，以树枝顶端的果实和花为食，在树洞里筑巢。在19世纪70年代到20世纪初，留尼汪岛上的鹦鹉

曾经被认为是世界上最稀有的鹦鹉。在科学家卡尔·琼斯和杜雷恩野生动物保护信托机构的努力下，毛里求斯鹦鹉已经在毛里求斯的海岛栖息地里得到恢复。（格里高里·吉达）

种群首先消失了，毛里求斯种群也逐步减少。主要原因是失去栖息地和引进物种的竞争。幸运的是在1974年，随着人类保护意识的日益增长，剩下的森林得到了全面的保护，一个重要的自然保护区建立起来，把小块受保护的森林连成了一个整体。但过后看来这一举措为时已晚，小种群的毛里求斯鹦鹉营巢成功率很有限。

1979年，当卡尔花费大量时间在黑河峡及周围研究隼时，偶尔发现峡谷周围有毛里求斯鹦鹉的小种群，它们很温顺，对人信任，有时在距他几米远的范围内觅食，每个个体他都看得清清楚楚。但是它们消失得很快：1980年，只找到8—12只，其中有3只是雌的——卡尔认为可能还有几只未被发现。

既然这些鹦鹉属于岛屿鸟类，就与新西兰的鸟类面临着相同的问题。邓·莫顿受邀前去帮助挽救这些濒临灭绝的鸟类。依赖于自身丰富的经验和与卡尔的密切合作，莫顿设计并帮助实施恢复计划。首先他们启动了一项新研究，从根本上解决鹦鹉的筑巢问题。他们发现，当毛里求斯鹦鹉繁殖后，那些雏鸟会受到巢蝇的攻击，在某些年份里，它们甚至杀死了大部分雏鸟(不是全部)。这意味着必须采用杀虫剂处理鸟巢。另一个问题是，热带鸟占据了它们的营巢地，毛里求斯鹦鹉不得不把防热带鸟的巢穴入口设在隐蔽的地方。老鼠也给它们带来了极大的威胁，经常吃掉它们的雏鸟和蛋。在两个珍贵的巢穴被老鼠毁坏之后，莫顿他们把光滑的聚氯乙烯塑料环套在鹦鹉筑巢的树干上，在周边区域放一桶毒饵。有一个巢穴受到了猴子的攻击，它抓住了一只雏鸟，并弄伤了母鸟。卡尔他们对筑有巢穴的树进行适当的修整，使之与其他树隔开，保证猴子不能从旁边的树跳过去。随后又出现了季节性食物短缺的问题，于是他们采用了一种喂食漏斗(经过很多年鸟儿才学会这种方法)。最终，鹦鹉巢穴的安全得到了保障，抵御不良气候的能力也增强了。

生物学家发现，虽然雌鸟每次能下3—4个蛋，但经常仅有一只雏鸟能成活。换句话说，巢穴中的雏鸟大多数面临死亡。于是卡尔和他的团队决定，如果一个鸟巢里有两只以上的小鸟，他们就把“多余的”拿走，只留下一只让父母喂养，这样小鸟也可以得到很充裕的喂养空间。如果有一对鸟没有成功孵化任何蛋，那么就把别的巢穴中多余的雏鸟给它们抚养。

卡尔告诉我：“像毛里求斯鹦鹉这种聪明的鸟类，成鸟抚育后代对它们心理的健康发展很重要，同样雏鸟可以在家族中成长也很重要。”这种巢穴管理模式使得许多“多余的”幼鸟被转移到繁殖中心成功养育。

卡尔·琼斯的名字是毛里求斯濒危物种拯救工作的代名词。图为他与毛里求斯鹦鹉在一起。身披色彩斑斓的祖母绿羽毛的毛里求斯鹦鹉，也许是在西印度洋群岛上发现的7种鹦鹉中的最后一种。（乔治·盖达）

1997年，最早的3只人工繁育的幼鸟被送回野外，其他的随后也被送回野外。但是这些人工饲养的幼鸟出现了问题。卡尔说：“有些幼鸟太温顺了，当它们在森林里看见人，就会飞下来，停在人们的肩膀上。”它们非常天真，有时会停在猫或獴的身边——然后被吃掉。卡尔在这些幼鸟身上花费了大量的时间，思考对策。以前幼鸟在17周大小时被放归野外，现在他尝试早一些，下一批在大约9—10周大小、羽翼渐丰时，卡尔就把它们放归自然。结果是戏剧性的，这些幼鸟与野生的鸟类群居，学会了生存与社交能力。

“加布里拉”是3只被放归的鸟之一，她与野生的雄鸟“齐普”配对，是人工繁殖鸟儿中第一只生育后代的——幼鸟叫“平平”。加布里拉学会了使用喂食漏斗，齐普从她身上学会了这种取食方法，成为第一只学会用喂食漏斗的野生鹦鹉。

在随后的几年里，由于采用喂食漏斗补充食物，利用人工巢穴繁殖，鹦鹉数量越来越多了。因此，在2006年，人们决定停止对野生鸟类的密集式管理，只补充食物和提供巢穴。2008年3月，自由生活的毛里求斯鹦鹉大约有360只，而且数量仍在增长。

未来的避风港

卡尔说，拯救物种的工作依然需要继续为鸟类补充食物和控制其天敌。持不同意见的人认为，一个物种只有完全依靠自己生活，不需要人类的帮助，才能被认为是安全的。卡尔坚决表示："但是，在这样一个日益变化的世界上，如果我们想保护一种野生动物，我们不得不去照顾并管理它。"他说得很对，在如今这个已被人类足迹破坏的世界上，我们很可能必须永远保持警觉，以保护受威胁和濒危的物种。它们需要我们给予各方面的帮助，这也是我们可以做的。

与控制食肉动物数量同时进行的一个重大项目是，毛里求斯开始了原始森林恢复计划。在这个计划中，政府的国家公园和保护局扮演了一个重要的角色。受到毛里求斯隼、粉红鸽和毛里求斯鹦鹉得到成功拯救的鼓舞，毛里求斯总理宣称，黑河峡及周围区域将成为毛里求斯的第一个国家公园——"一个已被挽救的鸟类们生活"的天堂。

短尾信天翁

说到短尾信天翁的故事一定不可以忘记一个人——长谷川宽,他把毕生的精力贡献给了这个物种,拯救这种极致美丽和极度濒危的鸟类。这种鸟生活在世界上一个偏远的角落里,一个几乎与世隔绝的地方——西岛,这是一座距东京东南约600千米的活火山岛,耸立着悬崖峭壁,人无法接近。

我在2007年11月例行访问日本时见到了长谷川宽。我很高兴能遇到这种特别的人。他的眼睛因为充满对工作的热情、对鸟儿的热爱而闪闪发亮,他看起来充满了等待释放的能量。我渴望与他一起去观察短尾信天翁——但我必须先处理他慷慨地让我分享的资料。

图为在日本的西岛栖息地里,成年的短尾信天翁正在进行求爱表演,像"击剑"一样用喙轻轻地触碰对方。这种珍贵鸟类的数量曾一度下降至不到100只。(长谷川宽)

长谷川宽在富士山附近的山区里长大,对捕鸟的热情最终使他喜欢上了短尾信天翁,一种北太平洋上最大的海鸟。短尾信天翁拥有狭长的翅膀,翼展超过2.5米,因而它们能够毫不费力地在海面上低空滑行,仅在11月至次年3月的繁殖季节上岸。它们非常美丽,成鸟有白色的背部,金黄色的头部羽毛,黑白相间的翅膀。它们身上最醒目的部位是喙,长长的,呈现泡泡糖般的粉红色,喙尖为蓝色。

有一段时期,短尾信天翁是很常见的,从日本到美国西海岸和白令海的广阔海域内都有分布。它们在一些小岛的悬崖峭壁间的草坡上筑巢(主要在日本海域之外)。是它们绚丽的羽毛几乎导致它们灭绝。在1897—1932年间,在西岛陡峭悬崖间的信天翁的主要繁殖地里,估计猎鸟人杀死了至少500万只鸟,就为了猎取它们漂亮的羽毛。到1900年,在繁殖季节里,约有300个猎鸟人在那里扎营,短尾信天翁的数量不断下降。在保护专家和鸟类学家的劝说下,日本政府同意把小岛设为禁区。得知这一消息后,猎鸟人组织了最后一次屠杀。这场屠杀过后,幸存信天翁的数量不超过50只。在1939年,火山爆发又摧毁了它们大部分的营巢地。

现在,为数不多的幸存鸟儿得到了法律保护:日本政府将短尾信天翁列为国家特殊纪念物种,西岛列为国家纪念地。但是,短尾信天翁已经很少很少了。1956年进行的一次考察统计表明:仅剩12个巢。17年后,英国鸟类学家兰斯·提克尔博士前往西岛,考察这个小群体,并标记幼鸟。回国途中,他在日本京都大学作短暂的停留并发表了演讲。这次访问对长谷川宽——后来主修动物生态学的一名研究生——产生了深刻的影响。事实上这决定了他的未来。如果英国鸟类学家都可以到日本海域中那么偏僻的西岛去,则他自己,长谷川宽当然也能到那里去。

长谷川宽为自己制定了一项最艰巨的任务。首先他没有经费支持。当他终于在一条渔业研究船上得到一个座位前往西岛时,天气太过糟糕,以致他们难以着陆。他只能在船上远远地瞥一眼筑巢的信天翁。

终于在1977年,长谷川宽第一次踏上了西岛。经统计,岛上仅有成鸟和雏鸟共71只。由于短尾信天翁可以活五六十年,所以几乎可以肯定,一些成鸟是1932年大屠杀的幸存者。71只鸟中只有19只雏鸟(其中4只已经死亡,另外的15只死于长出成羽之前)。长谷川宽知道,这些美丽的鸟已极为濒临灭绝。他告诉我:"我明白,拯救这些濒临灭绝的物种是我作为一个日本人的责任。"

有一段时间长谷川宽得到了渔业试验站的支持,但他们的行船年度计划时间表不包括信天翁的繁殖季节。他成功地从教育科学和文化部获得了几年的资金资助,但政府没有承诺给予长谷川宽认为必要的长期支持。他告诉我,于是他放弃寻求来自官方渠道的资金,转而开始写一系列通俗文章和儿童图书。这给他带来了足够的资金,使他在继续他的信天翁工作时有资金租船用。就在那时,他明白了"绝不要照搬别人的想法",然后他制订了自己的保护计划。

稀有的鸟和杰出的人

去到繁殖地的旅程是艰难的,首先要在公海上行驶很长一段距离(可能有可怕的暴风雨),靠岸后,要把装备拖上相当于14层楼高的火山岩石岸,再下到一个约120米高的悬崖才能到达鸟类繁殖地。在过去的27年里,长谷川宽每年要完成二三次这样的旅程!更令我吃惊的是,他告诉我他总是晕船!从11月初到12月下旬的繁殖季节里,长谷川宽统计岛上的鸟和鸟巢,并观察它们的行为。3月下旬,他回到岛上把标记带子系在雏鸟的腿上。6月他有时回来,为改善筑巢点现状做点工作,种植草被以固定土壤和给鸟儿提供一些掩蔽。渐渐地,幼鸟的成活率提高了。但在1987年,可能是因为强台风和大暴风雨,西岛出现了大规模的泥石流和塌方,一些鸟巢被泥石流摧毁了。这造成短尾信天翁和黑足信天翁之间争夺空间的竞争日益加剧。

长谷川宽意识到,有必要在岛上的另一个地方建立一个新的种群。在选好的地址上，他放上栩栩如生的信天翁雕像(迄今为止已经完成了大约100个)诱惑成鸟前来。繁殖季节成鸟开始返回时，长谷川宽播放短尾信天翁的求爱录音(史蒂夫·克雷斯博士研究北极海鹦时采用的一种方法)。最初两年鸟儿没有任何反应，然后在1995—1996年的繁殖季节，一对信天翁在此筑巢并成功抚育大了一只雏鸟。第二年没有鸟前往该处，之后也没有，但是长谷川宽没有放弃。他不断地放上雕像和播放录音，年复一年。直到第一对成鸟在此喂养它们雏鸟的10年后，3对成鸟来到这里。在2006—2007年的繁殖季节里，这个新种群中有24对鸟在此筑巢，16只雏鸟孵化出来。

在此期间，原址上雏鸟的孵化成功率也逐步提高。在1997—1998年的繁殖季节里，有129只幼鸟成活(67%的孵出率)。在接下来的一年里有142只雏鸟成活。年复一年，在2006—2007年的繁殖季节里，不少于231只雏鸟成活，种群数量接近2000只。在这些鸟中，有一只鸟儿由兰斯·提克尔博士做标记，长谷川宽从一开始就一直跟踪观察，这只鸟在33岁时还能繁殖。

酉岛上一只雏鸟向成鸟讨食。1977年，当长谷川宽第一次涉足这个小岛时，他发现在71只幸存的鸟中，只有15只挣扎生存的雏鸟。他预感到这种美丽的鸟类面临着灭绝的危险。(长谷川宽)

来自海上的威胁

当然,短尾信天翁——像所有信天翁一样——待在大海上时要面对大量的威胁。许多鸟被商业捕鱼的长网勾住而淹死,有一些被遗弃的渔具缠住,或者吞下漂浮在大海上的塑料碎片。很多时候,它们的羽毛一再被泄漏的石油玷污。长谷川宽和其他鸟类学家努力提高人们的保护意识,在1988—1993年间,一系列关于短尾信天翁处境的电视节目在全日本播出,引起了公众的关注。1993年,短尾信天翁被《日本濒危物种法案》列为濒危物种。在长谷川宽为拯救这些鸟类奋斗了近20年后,他终于获得了日本政府的资助,在酉岛改善鸟类原来的栖息地和建立新的繁殖地。

已知的短尾信天翁仅有的另一个筑巢种群位于酉岛西南部的一个岛屿上。2001年,长谷川宽计划去探查这个种群,但由于这个岛屿的归属权存在争议,长谷川宽没有成行。

非常有耐心的鸟

中途岛环礁属于美国管辖范围,在那里短尾信天翁试图繁殖——虽然没有成功。在岛上,你不可能同时看到超过两只的短尾信天翁。那里只下过一个蛋,而且没有孵化!也许迷途的短尾信天翁是看到和听到200万只在岛上繁殖的黑脚信天翁和黑背信天翁后,被吸引过来的。

朱迪·雅各布——USFWS恢复短尾信天翁计划的负责人告诉我,有一只雄性的迷途鸟自1999年以来,几乎每一个繁殖季节都来到中途岛的东岛。2000年,为了帮其吸引伴侣,雅各布在岛上安放了许多诱饵,播放酉岛上的鸟叫声录音。但是,尽管采用了这些吸引方式,一直没有其他的短尾信天翁出现,年复一年,雄鸟徒劳地等待着。然后它的运气改变了。"今年,就在两周前,"朱迪在2008年1月写道,"第一次,有一只同类—— 一只青年个体加入它的行列。"有耐

一只成年短尾信天翁准备在西岛着陆。令人吃惊的是，在2006—2007年的繁殖季节，有231只幼鸟成活了。种群的数量达到了2000只。(长谷川宽)

心的信天翁和它的新伙伴亲密无间，结成伴侣。朱迪说："这只成年雄鸟9年的耐心等待终于有了回报！"我期望着！

一个新的岛屿之家

2005年，USFWS与日本及澳大利亚的科学家合作制订了一个恢复计划，其中最重要的部分是在一个安全的地方建立一个新的繁殖种群。2002年，酉岛火山再次爆发(它是该区域中最活跃的)。虽然那次仅仅喷涌了灰和烟，这时所有的信天翁也都在海上，但这提醒人们，不稳定的短尾信天翁种群依然面临着危险。现在最重要的是，设法在没有火山活动的岛上建立一个新的繁殖种群，方便进行监测。经过多次讨论，日本科学家亲自考察，距酉岛以南约330千米处、小笠原群岛中一个叫向岛的小岛被选中作为新种群的繁殖地，根据20世纪20年代的记录，短尾信天翁曾经在此繁殖。

在尝试把这些珍贵的短尾信天翁雏鸟转移到向岛上生活之前，来自日本山科研究所的生物学家们决定，以非濒危物种黑脚信天翁试验一套抚育短尾信天翁雏鸟的技术。这项试验不是很成功，但他们获得了宝贵的经验，掌握了一套更好的饲养方法。因此在接下来的一年里，当10只黑脚信天翁雏鸟转移到向岛精心选定的地址后，除了一只外，所有其他小鸟都发育良好。

这一成功鼓励了大家，大家一致决定把第一批宝贵的短尾信天翁雏鸟从酉岛转移到向岛。这件事得到了大量公众媒体的关注。朱迪写信告诉我，非常幸运，事情好得不能再好了。2008年2月，直升机把10只幼鸟从酉岛搬运到了新家。当看到这10只幼鸟羽翼丰满,相比那些在西岛上的同龄鸟要早熟时,科学家们大大地松了一口气。

短尾信天翁学会飞翔之后将在海上度过4—5年,今天,新技术使科学家能够准确找到它们所处的位置。20只年轻的短尾信天翁被安装上了跟踪设备,结果显示,其中一些直接从西岛飞至白令海,一个月飞行约6500千米。这是一段不寻常的、无双亲带领的旅程,在这些幼鸟离开繁殖地几周之前成鸟就已经离开。当然,跟踪向岛上长成的鸟尤其重要。和西岛上的鸟儿一样,这些鸟中的5只装上了卫星发射器。2008年9月,我收到了朱迪的一条最新信息:所有10只鸟"都在阿拉斯加阿留申群岛之外的地方觅食,和其他短尾信天翁一样"。这10只鸟中5只来自西岛,5只来自向岛。

朱迪告诉我,短尾信天翁恢复计划还需要4年时间继续进行鸟儿转移行动,并希望在进入第5个年头时,一些2008年长大的鸟将回到向岛繁殖。也希望岛上的诱饵和声音系统能够吸引更多的个体到向岛筑巢。朱迪告诉我:"工作量很大,但能够在恢复美丽的海鸟种群的工作中尽一份力,我很满足。"

短尾信天翁的守护神

我问长谷川宽,他如何看待现在有更多的科学家积极参与短期的短尾信天翁保护工作。他说:"这使我非常开心,30多年前由我个人发起的保护工作已经变成了一个国际合作项目,短尾信天翁建立了新的种群。"他将继续监测西岛上鸟类的情况,保证有雏鸟被转移到向岛。同时他还成立了一个短尾信天翁基金,接收公共援助。

与这些神奇的鸟儿在一起工作了这么长一段时间,我想知道他是否与哪些个体产生了一种特殊的关系。看起来不完全是,但是有一对鸟儿与他有着不寻常的感情,就是在1995年他选择从西岛转移到新繁殖地的第一窝鸟。12年以来,它们一直保持着配对关系,每年回到相同的地方来养育雏鸟。长谷川宽说:

“我将继续看管它们。”他的眼睛亮了起来，思绪似乎又回到了野外，与他心爱的鸟儿们在一起。要不是他的努力，这些鸟儿可能早已灭绝。

长谷川宽将过去的35年时间——冒着失去生命、身体受伤、晕船等各种危险——奉献给了拯救信天翁的工作。图为长谷川宽站在西岛险峻陡峭的悬崖边，他刚刚统计完鸟的数量（图中右面近海边的白点就是短尾信天翁）。（长谷川宽）

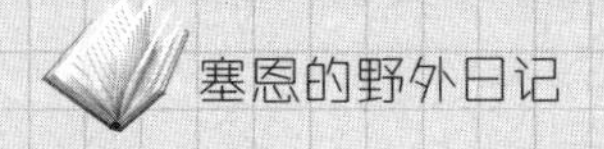

塞恩的野外日记

蓝黄金刚鹦鹉

当我第一次和我的同事贝内特·普莱尔去特立尼达岛时，我踏上了一段不同寻常的旅程。伴随着我的是炎热、臭虫出没、失眠、蝙蝠出没，简直和斯巴达人一样。旅行通常定义为出游到你没有去过的地方，不时会出现你日常生活中意想不到的礼物。我此行的经历就是在短短的两个星期里有机会看到超过100种鸟类，其中最引人注目的是一种蓝色和金黄色羽毛相间的金刚鹦鹉。这种颜色鲜艳并且声音洪亮的鸟儿俘虏了普莱尔的心。

普莱尔出生于特立尼达岛，在大桑格雷行政区长大。她是一个说话轻声细语、坚忍不拔、天生善于外交的女子，她在当地的野生动物保护中发挥了关键作

在原栖息地特立尼达岛屿上，非法的宠物贸易和偷猎导致这种漂亮的鹦鹉几乎全部灭绝。当把人工繁殖的鹦鹉放归到原栖息地中无效时，特立尼达人想出了一个创新方案 —— 在纳里瓦沼泽地建立栖息地，拯救和恢复鹦鹉种群。(伯纳德特·普莱尔)

用。就像许多"特立尼达人"一样，普莱尔是非洲、法国和东印度血统的混血儿，回忆起五六十年代她年轻时看到和听到岛内著名的蓝黄色羽毛相间的金刚鹦鹉的情景，她告诉我："当我还是一个小女孩时，看到这些美丽而颜色鲜艳的鸟儿在棕榈树的树冠上穿梭飞翔，我从来没有想到它们将永远消失。"

这些喧闹的鸟类很难不让人去注意。在各种叫声响亮的鹦鹉之中，金刚鹦鹉体型最大——蓝黄金刚鹦鹉特别引人注目，尤其是它们那充满皇家气质的蓝色翅膀和尾巴，令人激动的金黄色胸部。不幸的是，这种鸟类作为宠物特别受欢迎，在20世纪60年代初就在岛上灭绝了。

蓝黄金刚鹦鹉在特立尼达岛的消失，实际上是由许多原因造成的。特立尼达东部的纳里瓦沼泽地区所进行的非法农业种植改变了鸟类的栖息地。蓝黄金刚鹦鹉依靠沼泽边缘的棕榈树修建自己的巢穴，但随着树木被砍伐，鸟类的数量也逐渐减少。偷猎者砍伐空心的棕榈树，扫荡巢穴中的雏鸟，把它们作为宠物出口。虽然是违法的行为，但直到今天，那帮同时还非法买卖毒品的人继续从热带大陆偷运鹦鹉。

现在住在俄亥俄州辛辛那提市的普莱尔，是濒危野生动物保护和研究中心(CREW)辛辛那提动植物园的科学研究员。在CREW工作的20年里，她已经做了许多有关濒危物种的研究工作，包括收集在112年里第一头人工繁育的苏门答腊犀的生长速率数据，以及克隆濒危的热带植物物种等。在这期间，她每年回家一次，与家人团聚，常常发现危及该岛大多数野生动物的问题依然存在。

偷猎行为仍然很猖獗，这儿缺乏管理员，因而非法农耕导致的栖息地丧失的趋势还在增长。"每次回家，这些问题似乎有愈演愈烈之势，"她说，"我可以很客观地说，现在正在失去一些东西，这非常值得关注。"

因此，不再等待别人做些什么，贝内特决定建立特立尼达和多巴哥濒危物种救护中心(CRESTT)。最初，她的想法是从看起来相对比较简单的一个项目入手——使蓝黄金刚鹦鹉在特立尼达岛得到恢复。毕竟，历史上曾经分布蓝黄金刚鹦鹉的纳里瓦沼泽约63平方千米的湿地范围于1993年被划为保护区。贝内特当时的希望是,借助于这个保护区的力量,该地区鸟类种群恢复将是一件相对快速又容易的事。她对我说:"早期,我们的期望的确是太高了。"

然而,首次利用从非法贸易中没收的鸟类开展的计划并没有成功。岛上这些从宠物贸易中心救出的成鸟都不愿意被圈养。它们同样面临着那些圈养动物野放后所面临的典型阻碍。被救护的蓝黄金刚鹦鹉对天敌一无所知,体质虚弱且极易感染新的疾病,数量难以快速增长。尽管遭遇到挫折,贝内特没有失去希望。事实上,CRESTT不断出现新的转机。贝内特获得了来自特立尼达岛野生动物部门和林业部门、国际非政府组织(包括濒危鹦鹉信托机构、佛罗里达州鸟类专家组以及动物园和水族馆协会等)的大力支持。

1999年,一个有效的试点项目开始实行:在圭亚那,18只年轻的鹦鹉通过许可贸易的方式购得,希望最终能够结成9对繁殖对。鸟儿从圭亚那森林运回纳里瓦沼泽地区,并很快放入特殊的放归前期待的笼子里,在那儿鸟儿将适应周围是树木和沼泽的环境。

从外地迁入蓝黄金刚鹦鹉的这种新方法比在本地开展人工繁殖有效得多,圭亚那的蓝黄金刚鹦鹉天生具有野外生存的经验和智慧,它们很快填补了纳里瓦沼泽地40年没有蓝黄金刚鹦鹉的空白,建立了种群。

随着放归计划的最终成功,贝内特和她的CRESTT团队又开始了其他的工作。如同世界各地一样,特立尼达岛的保护工作也需要采取多管齐下的办法。正如贝内特所明白的,"保护是没有尽头的,工作需要不断向前。"为了当好沼泽地内布什野生动物保护区的狩猎监督官,政府官员要求充分了解并参与这项工作。志愿者们按照要求给放归前待在鸟笼里的鸟喂养饲料和水,大家分成几个小组,晚上在此轮番扎营,以确保它们的安全,防止野外天敌或潜在的人类天敌的偷捕。这是一项麻烦但是很有收获的经历。

为了取得长期的成功,也为了消除人们再次将鹦鹉带离自然界的兴趣,进行公共教育是非常重要的。从报纸头版、电视报道到广告设计比赛，人们都在向这些美丽的鹦鹉高呼："欢迎回家！"保证每一个特立尼达人或当地人都了解到这种曾经消失的鸟儿已经归来。最后蓝黄金刚鹦鹉成了特立尼达岛保护物种的标志性动物。这是值得骄傲的，它不仅象征了这个美丽的岛屿，也象征了人们为了拯救这种鸟类濒于灭绝而进行的不屈不挠的斗争。

正在进行的各项工作中，最令人高兴的是，纳里瓦沼泽，尤其是蓝黄金刚鹦鹉已经进入了特立尼达岛的所有学校。由学校儿童定期表演的丰富多彩的节日会演、游行以及音乐剧，庆贺着特立尼达岛拥有这样的自然遗产。只要人们关心和爱护，自然和人类都拥有自己的世界。

今天，在贝内特遭遇最初挫折的15年后，蓝黄金刚鹦鹉的问题得到了解决。最初的9只鹦鹉幸存下来，其中有几只结成伴侣一起生活。2003年，另17只来自圭亚那的野生鹦鹉被放归野外，给原来的种群提供新的基因。迄今为止，31只野放的鸟中有26只存活了下来，自1999年第一次放归开始已有33只雏鸟出生。现在，任何人只要愿意花一天的时间待在纳里瓦沼泽区，准能看到蓝黄金刚鹦鹉到处飞翔。就像蓝黄金刚鹦鹉一样，孩子们也给贝内特带来希望。"我真的喜欢看这些年轻的特立尼达人，"她笑着告诉我，"就像我50年前一样，他们在回家的路上停下来，惊讶于看到一群金刚鹦鹉飞过的美景。"

第五部分

发现的喜悦

引　言

还是孩提时代，我梦想着有朝一日能够成为一名勇敢的博物学家，前往未知的世界发现新大陆，发现新的动物种类。我想所有的孩子天生都有一颗探索之心，他们充满好奇，总想去探究令他们兴奋的新世界。在这样的过程中，他们完成了各自的探索之旅。

当我和朋友在午夜时偷偷地溜出来，秘密前往荒郊的一处禁区，在月光下发现一对仓鸮待在它们的巢里。当时我像昔时的探险者一样兴奋！这是一次真正的探险。由于靠得太近，它们朝我们猛扑过来，把我们吓了一跳。事后我才想起，当有人攀爬上危险的悬崖检视鸟类的巢穴时，他们往往会惹恼成鸟。那个禁区如今盖满了建筑物，仓鸮早已不见踪影，对野生环境无休止的开发利用将它们驱除殆尽。

我觉得我的有生之年是幸运的，恰逢其时地看到了那些被破坏前的野生环境。我很珍惜当时的那些回忆。尽管如此，依然有很多值得探索之处。不久前(2008年8月)，一份报告显示非洲中部地区存活有较大数量的低地大猩猩——是该濒危物种估计数字的两倍。听到这些大猩猩的消息，让我想起2002年时，我与迈克·费伊和迈克尔·尼科尔斯(尼克)一起，在刚果-布拉柴维尔腹地那从未有人涉足的三角地带的原始森林中度过的那些日子。他们第一次到达那里时发现，动物对人毫不畏惧，因为即使是当地的猎人也没有穿越过那片长久以来保护了该地区的大沼泽地。实际上，除了迈克，任何人对那片沼泽地都望而却步。迈克发现了一条能够穿越该沼泽地的小路，并且邀请我一同前往。

我们开着卡车，沿着一条废弃的林道开始旅程，然后在向导的独木舟中，在静静的河面上前行，度过了一段令人难忘的美好时光。接下来又走了一段很长很长的路程。

最后，我们到达了森林中的营地，时间已是晚上10:00以后。我太累了，除了营地的篝火和当地居民烹饪的美味外，我对其他事物都感到百无聊赖，无心欣赏了。但是次日，我沿着高大古老的树木前行时，我被眼前的景象惊呆了。这是一个未曾有人涉足的地方——至少近百年来无人涉足。我把双手放到一棵大树的树干上，感受到了这些森林巨人的勃勃生机，也感受到了巨大的喜悦。我很感谢迈克带我来这。这是一片受保护的森林。这里对黑猩猩、大猩猩和大象来说是安全的，对于这些大树来说也是如此。由于迈克和其他人员的努力，贡贝的很多森林一直受到保护。

2006年，科学考察在缅甸中部的原始森林中展开，人们发现该片森林中存活着许多新的、或被认为早已灭绝的物种。最近，对哥伦比亚的亚力古斯偏远山区的科学考察也发现了一系列令科学界感到非常奇妙的新物种。同时，对印度尼西亚的巴布亚福贾山区的科学考察也在进行中。开展这些考察的作用之一就是，探索和描述这些大自然中最后仅存的野生环境，通常能够获得当地政府和国际社会的支持，同时也对他们施加压力，为子孙后代保护这些仅存的资源。

在本部分的3个章节中，我将和你们一起分享发现的故事。部分发现很新奇，比如一种新的猴子，一种与外界隔绝至少500万年的洞穴系统，一种我们只从6000万年前的泥盆纪的化石中才知晓的鱼类。这些故事往往能够吸引大众的注意力，或者成为某些国际报刊的头版头条新闻。另外一些故事看似比较索然无味，只能被一些当地报刊简单报道，或者只出现在一些专业的杂志上，但不管怎样，对于发现它们的生物学家来说，都是令人激动的。我与部分生物学家通电话时，他们往往情绪高昂，两眼放光，甚至激动得大声高喊。

当然，发现的乐趣不仅仅在于这些。众所周知，在万物的设计蓝图中，生命形式是重要的。而这又完全依赖于个人观点。对大象来说，某一种小型植物的消失，其生存境况几乎不会发生任何变化。但是对蝴蝶来说，如果它的幼虫依存于该植物，那么该植物的消失与否会影响到蝴蝶的存活或灭绝。生物学家早就知道，所有的生命体都是像网一样相互关联的，即使缺少其中最小的部分，都可能造成不可预见的后果。

我们确信，我们正在经历地球"第6次大灭绝"，每一年都有成千上万的物种(大部分是小的地方性无脊椎动物和植物)永远地消失。我们感到绝望，甚至愤怒，因为我们看到以自我为中心的物种(人类)还在破坏我们的地球。但是，我们仍然怀有希望。毫无疑问，还有很多植物和动物生活在偏远的地方，很多物种超出了人类现有的认知。依然有很多的发现等待"被发现"。我们在这里一起分享的故事，关于新奇的新物种或者被重新发现的物种的报道，都给予了我新的力量去面对、去回应新的挑战，回应那些威胁我们充满着奇迹和神秘的星球的挑战。

新发现:仍待发现的物种

当我还是个孩子时,我就读过很多关于勇敢的探险者到未知世界进行探索的书籍。书中的主人公们勇敢地面对危险,历经极其艰苦的境遇,最后他们带回了很多关于奇怪而可怕的生物的传说,当时的西方世界对这些生物一无所知,很难区分哪些是真实的,哪些是虚构的。书中有很多描述,例如,恐怖的部落手持长矛攻击陌生的白种人,长着长牙的食人族,生活在丛林深处全身毛茸茸的半人半兽生物。另外,书中有可怕的可以把船只击沉的海怪,有把水手引诱到死亡水域的美人鱼等。渐渐地,传说被事实取代。原来,毛茸茸的巨人就是大猩猩,海怪很可能是巨型乌贼,美人鱼很可能是儒艮(或者海牛)。林奈致力于生物所属科、属、种、亚种的分类,建立了条理清晰的动植物界次序。查尔斯·达尔文归纳出了这些生物种类的进化过程。

在过去大约50年中,在大型兽类和鸟类中发现新物种的频率越来越低,但是科学家并没有停止探索新物种的步伐。对于大多数研究穴居无脊椎动物的生物学家来说,发现一个新种并不是什么大不了的事情。就像我们将要讲述的一样,该领域依然会有很多令人兴奋的发现。新的鱼类和两栖动物也经常被科学家发现。在下文中,我们将会看到部分关于大型生物被发现的激动人心的描述。

如今已到21世纪头十年的末期,我们的星球在人类的扩张下呻吟,自然资源世界也在社会发展的冲击中日益消减,但是令我感到难以置信、鼓舞人心的是,依然有数不清的小动物在科学家窥视的眼皮下生活且没有被发现。尽管在发达世界也存在这样的情况,但这些小动物大多生活在偏远的,人类难以到达的河流、湖泊、山地森林、隐蔽洞穴、海洋深谷中。它们在某些探险活动中被人类发现,其神秘的生活才被知晓。有时候这些地方是如此偏远,很少受外界干扰,以至于在其中也发现了一些大型的鸟类和兽类。

发现新事物可能是每一个进入新世界进行探险的生物学者都拥有的梦想,

发现时的激动心情难以形容。1960年我到达贡贝的时候，那里还是非常偏僻的地方。除了一对狩猎管理员夫妇外，很少有白种人到过那里。很多时候，当我看到某一种萤火虫或者苍蝇，或者在小溪流下形成的瀑布附近发现一种小鱼时，我犹豫了，不知道自己面对的是否是未知的物种。大多数情况下也确实如此。研究植物、无脊椎动物和鱼类的科学家经常要识别新的物种。特别是现在，DNA研究可以对相似的生物体作出更准确的分类。

在本章中，我选择了一些世纪之交时的发现故事，包括目前尚未描述的鸟类和猴类。对于大多数生活在当地的人们来说，这些动物并不新奇，通常它们还都有一个当地人起的名字。但是对科学家和发现者而言，它们是新的种类。这是令人感到兴奋不已的，因为每一个物种的发现都会增加我们关于地球生命的知识。问题是：当一个新物种或亚种被发现后（例如一些植物种类），对它们的认识都建立在对模式标本的描述的基础上，这就意味着要杀死许多个体，把毛皮或者整个身体浸在防腐液中。

我为内罗毕国家博物馆（当时叫Coryndon博物馆）的路易斯·利基工作的那些日子里，很讨厌整理那些死去动物的标本。这些标本不但包括无脊椎动物，也包括鱼类、两栖动物、爬行动物、鸟类和小型或中型的哺乳动物——每一种还有好几个标本。而且，它们都被剥皮、塞进填充物，然后展览——其中当然包括了狮子、黑猩猩等。这些收藏在世界各地博物馆中的标本证实了对动物的大范围猎杀。事实上，托马斯·多尼根博士认为，猎杀动物用于制作标本和博物馆的标本展示很可能造成了某些鸟类的灭绝。例如，一种大型珍稀鸟类瓜达卢长脚卡拉鹰（长脚巨隼）是墨西哥海岸附近的一个小岛上的特有种。1900年，贝克从他所发现的11只中捕获了9只。从那时起，人们再没有在野外看到过这种鸟。

杀还是不杀……

如今，当我们面对地球上发生的大量的生物灭绝现象时，越来越多的科学家认为捕杀新发现的物种是错误的,特别是那些数量稀少而且濒危的种类。而新的科学技术也意味着完全没有必要获得标本才可以描述其特征。这已经引起了热烈的有时甚至是很激烈的争论。阿兰·杜波依斯和安德烈·内梅西奥把反对捕杀动物用于科学研究的人称为“道德上正确的独裁者”,认为他们到处宣扬“虚伪和谎言”,“以保护的名义漠视它们的存在”。多尼根回应说,国际动物命名法则是这样定义标本的:“一个动物的范本,或者一个动物的化石或部分结构,*或者上述结构的一部分*。”(我用斜体强调)因此,多尼根认为,利用非致死的方法是有可能达到认识物种的目的的,对一个物种的描述可以通过细致的描述和照片,利用毛发和羽毛样品——血液和DNA分析等方法来实现。

杜波依斯博士和内梅西奥博士认为,如果一个新物种已知只有一个个体,这个个体无论如何都会灭绝,那么把这个个体捕杀做成标本或许比该物种没有留下任何科学记录就消失要好得多。但是多尼根说,假如随后发现了另外的个体呢?在第四部分中我记录了查岛鸲鹟种群如何从只有一雌四雄的低种群数量中恢复过来的。

尽管科学争论还在继续,但是可以肯定的是,越来越多先前未确定的物种已经不需要标本就可以通过描述来建立档案了。而且,这种描述方法已被广泛采纳,公开发表于科学评论杂志上。

多尼根指出了另一个更重要的问题,即某些研究者试图说服贫困农村地区的居民,说收集标本用于科学研究是合法的,而狩猎或者动物贸易则是被控制或者严厉禁止的。研究者的这种做法被认为前后不一致,且开创了一个很糟糕的先例。那些不用杀害动物就可以描述物种的研究者们,更具有道德权威到当地人中间开展保护活动,未来就掌握在那些当地人手中。当JGI在布隆迪开展工作的时候,我决定终止与一个组织的合作,因为我发现,该组织正打算在我们的研究区域内大范围地收集鸟类和小型哺乳动物用于科学研究。我跟他们说,我们已经花了大量的时间去说服当地居民,告诉他们所有的野生生物都应该得到尊重和保护。如果有人出资要他们去捕获或猎杀野生生物,那我们的努力就前功尽弃了。

灵长类新种——我们最近的亲属

早在新千年伊始,人们就已经在喜马拉雅山和坦桑尼亚发现两个旧大陆猴类新种和生活在巴西的一个新大陆猴类新种。2003年,世界自然基金会组织了一次到与西藏和缅甸交界山地的科学考察,他们发现了一种当时科学界还一无所知的猴类——自1908年第一次发现猕猴种以来。当然,当地居民对这种猴子非常熟悉,称之为mun zala——意为“森林深处的猴子”,它的学名*Macaca munzala*也由此而来。这种猴子即通常所称的达旺猴或藏南猕猴,或者称矮壮的猴子。共有14群猴子、每群猴约有10只个体生活在未曾被破坏的森林中。这些猴子生性害羞,对人类非常警惕。正如它们的俗名所表示的那样,这种猴子体形敦实,长着棕色的皮肤,尾巴很短,其头部的毛色较为暗淡。

我们所要讲到的第二种猴类,就是2003年在坦桑尼亚的南部高地发现的高地白眉猴,现在称为奇庞吉猴。令人不可思议的是,这个种类是在相隔400千米的两个地方,在两次完全独立的科考活动中,几乎同一时间被发现!2003年12月,野生动物保护学会(WCS)的蒂姆·达文波特博士和他的研究组第一个在郎乌—利文斯通森林中发现了奇庞吉猴,亦称高地猴。

之后一年不到,2004年7月,由佐治亚大学赞助,特雷沃·琼斯博士组织了一次科学考察,在乌德格瓦山的纳度乐森林保护区里发现了4群奇庞吉猴(每群有30—36只个体)。不幸的是,蒂姆告诉我,现在人们已看不到奇庞吉猴,尽管森林保护区受到严格保护。

与此同时,郎乌—利文斯通森林也遭到过度的砍伐,出现了许多偷猎者。即便如此,蒂姆的研究小组发现该区生活着34群奇庞吉猴——至2009年3月,猴子总数达到了1117只。值得庆幸的是,郎乌-利文斯通森林即将建成为国家

这是2003年在坦桑尼亚南部高地发现的一种猴子 —— 如今在边远地区也有发现的一种新种。奇庞吉猴不仅是新种，还是新属 —— 与狒狒是近亲。(蒂姆·达文波特版权所有/WCS)

级保护区(为此蒂姆和他的小组进行了不懈的努力)，给奇庞吉猴提供更安全的生存环境。

在这次发现中，真正令人兴奋的是，这种猴子不仅仅是一个新的种，而且还是一个新的属，具有与白眉猴和狒狒完全不同的生物学特征(上过生物学课的人都知道，属是一个比种更宽、更高一级的分类单位)。起初，该猴类被看成是白眉猴的一种，被叫成高地白眉猴。不久后，一只猴子被当地农夫设陷阱捕获后死亡，DNA分析结果显示它更接近于狒狒。这只猴子大约1米高，长长的棕色皮毛，头顶有一丛发嵴，脸颊上的腮须明显。与典型的白眉猴发出火鸡般咯咯的叫声不同，高地白眉猴的叫声类似于雁鸣。这些声音刺激着我——火鸡般咯咯的叫声和雁鸣，我真想亲自去听听。

在一次采访中，琼斯博士说："我永远记得那天我们在森林中进行生物多样性调查的情景。当时我们的一个组员突然紧紧抓住我，用手指向100米开外的树上的一只猴子。我手握着望远镜看去，差点跌倒。我觉得那是一个超现实的时刻，我只是呆呆地站在原地，感觉难以置信。”这次美妙的经历（当然是每一个生物学家的梦想）之后不久，他也知道了达文波特博士和他的研究小组所发现的新猴类。随后他们意识到这两个新种其实是同一个物种，于是他们决定共同发表他们的研究成果。很早以前我们就知道，坦桑尼亚南部山区充当着其他地方已长期灭绝的众多动物物种的避难所。我想知道的是，接下来我们还会发现什么？

2006年，安东尼奥·罗萨诺·门德斯·庞特教授在靠近巴西里约热内卢的地方发现了另外一种新大陆猴——金毛悬猴。这种猴子毛发是金黄色的，头顶上还长着白色的“头饰”。在一片面积约200万平方米的小块森林—湿地中，他们发现了32只个体。他们抓住了其中的一只，在测量、照相之后将它重新放归森林。很多人猜测这种猴子不是一个新种，很可能只是一种名叫黄悬猴的猴子的重新发现而已。黄悬猴仅仅通过德国分类学家约翰·克里斯蒂安·丹尼尔·冯·施雷贝尔在1770年代的一幅画而被世人所知。

巴西和马达加斯加的灵长类

在广阔的亚马孙盆地的森林中，依然有很多秘密的自然生命不为人知。罗素·米特梅尔博士是我交往多年的挚友，他现在担当“保护国际”组织的科学主管这一重任。米特梅尔博士花了很多年的时间探索巴西亚马孙森林的奥秘。1992—2008年间，他和他的研究团队发现、描述并命名了6个狨类新种和2个伶猴新种。对于我来说，它们中有一只非常特别，因为我在拜访罗素的一次短暂过程中看到了它。罗素刚刚从偏远的山村中把它解救出来。当罗素讲述他的旅行故事时，这种身形小巧、绝对迷人的小动物就坐在他的肩膀上。

当时，那个小家伙跑到了我的肩膀上，我有一种不真实的感觉——我和一个只有人手掌大小的动物在一起！我很想知道到底有多少它的同类生活在未知的世界里。最终研究结果显示,它代表了一个新的属。我们都知道它现在的名字叫黑冠狨。实际上,在新千年的头8年时间里,巴西一共有8个原猴亚目的新种(不同于猴和猿的灵长类)被发现:3种狨,3种伶猴,2种秃猴。

也在这8年时间里,不少于22个狐猴新种在马达加斯加被发现——7种小鼠狐猴,2种大鼠狐猴,5种倭狐猴,2种狐猴,4种鼬狐猴。罗素在马达加斯加待了一段时间,2006年一种鼠狐猴和一种鼬狐猴以他的名字命名。

这种黑冠狨是最近在巴西亚马孙热带雨林深处发现的6种狨类之一。图为我看到的从当地村民手中解救出来的小家伙。当它坐在我的肩头上时,我想知道,它的同类还有多少生活在不被人发现的地方,需要我们的保护。(拉塞尔·A.米特梅尔)

新的鸟类

新的鸟类无论何时被发现，都会在公众中激起一波又一波的爱鸟热潮。2007年，伦敦大英自然博物馆的布兰卡·胡尔塔斯博士组织了一次到哥伦比亚偏远的亚力古斯山区的科学考察。在她和她的同事托马斯·多尼根发现的诸多动物中，最迷人的鸟类就是亚力古斯黄胸薮雀。这是一种很小的鸟类，身披黑色、黄色、红色3种颜色的羽毛。我打电话给布兰卡，要求她简单说说发现这种鸟类时的心情。

让人欣慰的是，仍然存在着许多遥远而隐秘的地方，那里生活着人类没有见过、科学家"仍未发现"的动物物种。亚力古斯黄胸薮雀于2007年在哥伦比亚的边远山区被发现，这是目前第一种没有因为要提供模式标本而遭捕杀的鸟类。(布兰卡·韦尔塔斯)

"在它飞走前，我花了很长的时间来观察，"她沉思了一会，补充道，"如果我们在科学的道路上能留下自己的一点足迹，那是不可思议的。"(除了鸟类，她的研究团队还留下了另外一个科学足迹：发现了一个蝴蝶新种。)布兰卡还告诉我，黄胸薮雀是新大陆鸟类中第一个没有因为要制作标本而被故意猎杀的种类。研究小组计划通过详细的记录、拍照、采集血样等方法来描述该种类。实际上，所捕捉到的两只鸟中的一只在上述研究过程中意外死亡，所以他们最终也制作了死体模式标本。

在过去的这些年中，环境保护主义者一直在推动建立保护区，新物种的发现在很大程度上起到了推动作用。布兰卡告诉我，该区域马上就会成为国家公园。

来自火星的蚂蚁

2008年中期,很多国际报刊都刊登了一篇短文章,宣称在巴西的热带雨林里新发现了一种蚂蚁——来自火星的蚂蚁。看到该文章不久,我找到了发现该物种的生物学家克里斯蒂安·雷伯林格,与他进行了愉快的交流。雷伯林格在马瑙斯附近发现了它。最令人兴奋的是这种蚂蚁不但是新种,而且代表了一个新的属。它最近的亲属似乎是一种生活在距今9000万年前的蚂蚁。我问他发现该物种时有什么感受,克里斯蒂安说:"我想肯定有人喜欢我!"

他发现这种苍白的无眼蚂蚁纯属偶然。一天傍晚,快天黑的时候,他坐在森林里,为回家作着准备,看到有一只白色蚂蚁爬过落叶层。由于认不出它是何种类,他就把它收集起来,放到随身携带的装有防腐剂的玻璃器皿中,之后放进口袋里。回到家后,他已经很疲惫,几乎就把这事给忘了。3天之后他在裤子口袋中发现了这只蚂蚁。此时他意识到他发现了不一样的东西。随后,他把这只标本的照片发给斯特凡·卡佛。斯特凡负责为比较动物学博物馆收集蚂蚁标本。该博物馆是全世界最大的蚂蚁标本珍藏地。

斯特凡向我们讲述了他当时的反应。"我第一眼看见的是电脑上克里斯蒂安拍摄的粗糙的照片。但是我马上意识到在我面前的是一种不寻常的动物。我对自己说:'天啊,我不知道那是什么东西。'"后来他说:"通常情况下,我只看一眼就知道是哪一种蚂蚁。我能精确到它的亚科、属。有时候我甚至能猜到是哪个种。面对这只蚂蚁,我绞尽脑汁还是没有头绪。那是一只蚂蚁,这是毫无疑问的,但是与我先前看到的任何一种都不一样。"

爱德华·威尔逊是一位著名的蚂蚁研究专家(当然也是克里斯蒂安的偶像),因著有蚂蚁权威著作而闻名。斯特凡邀请他一起看看那只奇怪的蚂蚁。爱德华盯着克里斯蒂安的电脑照片,作出了著名的评价:

"上帝啊,它像是从火星来的蚂蚁!"

"我们所有的人都深受鼓舞,"斯特凡说,"很多科学家等待的就是这样的时刻。”

让我们以一桩有趣的事情结束这个故事。在克里斯蒂安发现新种的5年前,曼弗雷德·费哈格在克里斯蒂安工作过的同一区域采集一些泥土样品,他从其中的一个样品中发现了两只相貌奇怪的蚂蚁。曼弗雷德把它们保存在玻璃瓶中。在拿去鉴定的过程中,玻璃瓶坏掉了,其中价值连城的标本被完全毁坏了。他们想尽一切办法试图弥补,但是都失败了。5年后,克里斯蒂安找到了这种“火星蚂蚁”,给曼弗雷德发了一张照片。曼弗雷德立即断定,照片上的蚂蚁与他采集但被破坏了的种类一模一样!

2008年,人们在亚马孙森林里发现了这种没有眼睛、营地下生活的肉食性蚂蚁——火星蚁。它似乎是从地球上1.2亿年前最早的蚂蚁祖先那里直接进化而来的。(美国国家科学院版权所有)

海洋和地球深处的科学传奇

正如我们前面提到的,尽管有很多的无脊椎动物种类陆陆续续被发现,但是有时候有的发现似乎特别与众不同,特别是发现那些百万年前的幸存者,它们曾在不适合生存的寒冷星球上为生存而苦苦挣扎。

队员们进入山洞后不久，发现没有眼睛的白色生物生活在地下蓄水层里。最终，他们发现了6个节肢动物新种。这一种名为阿氏盲虾。(戴维·戴伦)

这样的例子包括宾夕法尼亚州立大学的海洋生物学家最近在墨西哥湾深处发现的巨管虫。在这样一个完全不同的怪异的世界中，它们依靠海底火山喷口处的化学物质生存。由于没有天敌，它们可以长到3米多长。生物学家通过4年的研究，测算它的身体生长速率得出结论：它们至少生长了250年(相当于四分之一个千年)才达到这个最大长度。如果它们的生长不是受火山活动时海洋化学物变化的刺激所致，那么它们将是地球上寿命最长的无脊椎动物。在我们已经发现的那些种类中，谁知道还有多少奇迹深藏其中！

接下来的故事更加异乎寻常，那就是在靠近以色列中心的拉姆拉发现的阿亚龙溶洞。通往这非凡世界的通道，实际上是由采石场的工人在一处很深的采石场中，无意中打通了一面石壁后发现的。耶路撒冷希伯来大学的科学家们赶到那里，发现了位于地下约100米深处的一个很独特的生态系统。

我设法找到了希伯来大学的阿莫斯·弗兰坎教授，他建议我与他的学生伊斯雷尔·纳曼联系，他是第一批进入该溶洞的人之一。纳曼告诉我们，那简直就是一个庞大的“洞穴迷宫”。他向我们解释说，洞内的环境条件“对我们而言极不舒适，通道很狭窄，很热，湿度尤其高”。“但是，步入从未有人涉足的陌生地方，那种感觉简直难以置信。”他继续说道。

我直接引用伊斯雷尔的原话好了，那将更好地表达出他和他的组员在当时所感受到的兴奋感觉。“我们进入了一个很大的圆形大厅，它的直径有40米，天花板高27米。我根本看不见大厅的对面。头灯的光束也被黑暗吞噬。我拿出一个更亮的手电筒，发现了一个惊人场面——一个漂亮的地下蓝色水潭，潭水很平静。有人弯着腰走到水边，大声尖叫：‘水中有动物！’水面上有一层薄薄的细菌聚合物；水中有长达5厘米的形状像龙虾的白色甲壳类动物在游动。”

“后来，我们借助生物学家的仪器，在他们的指导下发现，在这个湖和它的周围，存在着一个丰富而生机勃勃的生态系统，包括6个节肢动物新种——4个水生种，2个陆生种。除此以外，我们还发现了另外2个种的动物残骸。它们可能是由于地下蓄水层被强力抽水而灭绝的。”

随后的DNA检测显示，伊斯雷尔所发现的这8个种类都是新种——白色的类虾甲壳动物和类蝎的无脊椎动物。这些动物的眼睛退化，以水表面的细菌为食。弗兰坎教授说，它们“绝对是世界上独一无二的”。

这个山洞和地下湖已经存在500万年了，从未被人类发现。伊斯雷尔·纳曼是第一群发现秘密进入山洞的人之一。朋友艾坦·奥瑞尔为他拍了这张照片，奥瑞尔帮助纳曼绘制山洞的地形图。（伊斯雷尔·纳曼）

进一步的考察表明,迷宫一样的管道延伸出去有1.6千米长,白垩层将其与地表的水层及营养物质隔绝开来,而从很深的地下引出地下水。这个独特的生态系统形成于500万年前,当时部分以色列地区还沉在地中海底下,从那时起这个系统就封闭起来了。不幸的是,伊斯雷尔注意到,这个地下湖是一个地下蓄水层的一部分,而这个地下蓄水层是以色列最重要的淡水来源之一。这意味着,这个洞穴及其生态系统受到了影响,处境极其危险。

印度尼西亚福贾山区中未开发的森林

有人认为还有大片偏远地区的森林仍然不为外界所知令人难以相信。最近我去华盛顿哥伦比亚特区找我的牙医约翰·康纳汉,在我的嘴巴尚未被各种仪器塞满之前,我向他谈起了这本书。他告诉我,他的邻居布鲁斯·比勒近期完成了一次激动人心的巴布亚新几内亚探险之旅,刚刚归来。“他发现了一些新的鸟类,”约翰告诉我,然后把布鲁斯的电话号码给了我。

布鲁斯是一位鸟类学权威专家,同时也是一位热带生物学家,目前在华盛顿“保护国际”组织的美拉尼西亚项目部任副总裁。交谈过程中,他告诉了我一些关于他带领开展的这次探索活动的情况,还给了他的网站网址。从那我了解到了位于印度尼西亚最东端、开发最少的巴布亚省内与世隔绝的福贾山区。福贾山区位于最大的热带岛屿新几内亚岛的西边,代表了整个亚太地区最原始的自然生态系统,覆盖着面积超过一万平方千米的原始热带雨林。福贾山区当地的土地所有者(卡维巴人和帕帕萨那人)只有区区几百人。他们狩猎,在森林边上采集草药,但很少深入到森林内部一两千米远的地方。由于人口稀少,而且在村庄一两千米范围内的动物资源就已经很丰富,他们没有必要到更远的地方去狩猎。

布鲁斯领导的这次考察,从始至终简直就是一个童话。“几十年以来,”布鲁斯告诉我,“福贾山区一直是生物学家探索未知世界的梦想之地。”1981年,贾雷德·戴蒙德教授在此进行了两次简单的考察,发现了前人至少几十次考察都没有发现的神秘鸟类——黄额园丁鸟的鸟巢。1895年,德国动物学家就描述过该种鸟类,主要的依据是从新几内亚岛西部的某些未知角落收集来的“贸易皮张”。后来,尽管有很多次的科学考察试图找到它的家园,但是西方的科学家们一直都没有见过活的园丁鸟——直到86年后戴蒙德前去造访。

这令人振奋的消息再次引起人们探索福贾山区的极大好奇心。“保护国际”组织与印度尼西亚科学研究所生物学研究中心合作,制订了考察该地区以了解区域内更多野生动物的计划。这是不容易的——它用了10年的时间,才从4个政府部门和众多的省级和地方当局获得许可证。直到2007年11月,布鲁斯才与来自印度尼西亚、美国和澳大利亚的14人科学家团队出发前往福贾山区。他们被直升机送至岛上,在大雾笼罩的高山顶上扎营。

尽管对这次探险怀着很高的期望,但是没有一个成员想到,仅在抵达以后的几分钟之内,他们就遇到了一只奇怪的红面、生着白色肉垂的饮蜜鸟,与他们的野外指导手册上的任何一种都不像。布鲁斯告诉我,当时他很激动,突然意识到他面对的正是一个全新的物种——自1951年以来在新几内亚岛上发现的第一个鸟类新种。他们暂时把它命名为肉垂烟色饮蜜鸟。(照片可以在我们的网站上看到。)

然后,仅仅一天之后,一只雄性和一只雌性博氏六线风鸟出现在营地里,研究小组的所有成员都惊呆了:在众目睽睽之下,雄鸟向雌鸟展示它壮丽的羽毛达5分钟之久。“我们静静地站立着,看着雄鸟在林间嬉戏,抖动翅膀和白色的侧翼,对雌鸟唱着只有两个音符的甜美歌曲。”“我真是太入迷了,以至于第一次没有及时拿出相机把它们拍下来。”布鲁斯说道。

他们是第一批看到这些鸟类活体的西方科学家,立即意识到这是一个独特的物种。它们与其他园丁鸟完全不同。小组成员找到了这一未知鸟类的家园,在到达的两天之内就看到了它们如此精彩的表演!当他们晚上聚餐时,我能想象他们四处洋溢的兴奋之情！黄额园丁鸟会在某处跳一种类似庆祝“五朔节”的舞蹈，他们找到了这个地方的标志树，然后在树上小心地安放上摄像设备，不久他们就拍到了这种鸟儿在树荫下的第一张照片。这种鸟在该地区非常普遍。

新发现还在继续。日复一日，他们共发现了40种哺乳动物，其中许多种类在新几内亚岛其他地区非常少见，但在福贾山脉却是常见种类，而且对人毫不畏惧。长吻针鼹是一种看起来有点像刺猬的有袋动物，留着像鸭嘴兽一样的嘴，也是产卵的哺乳动物中体型最大的远古物种。连续3个晚上他们看到好几只这种动物，还有两次他们把它们拿回营地里进行研究。

这些奇怪的生物从未在人工饲养状态下繁殖过，人们对它们的野外行为也是一无所知。考察中的另一个发现亮点是金肩树袋鼠——在印度尼西亚首次发现该物种。那是一种非常美丽的生活在丛林中的袋鼠，后来它们搬进树林生活，现在已经濒危——这里是世界上它们仅有的两块存活地之一。

福贾山脉可能是亚太地区蛙类最为丰富的地区之一，该研究小组在此发现了60多种蛙类，其中至少有20个新种。这里同时也是蝴蝶的天堂——他们发现了150多种蝴蝶，其中有4个新种。当然，植物学家也发现了许多珍贵的先前未知的植物物种，包括一种生长于高树上、开着白色花、香味芬芳的杜鹃和5个棕榈新种。

我无法想象还有比这更激动人心的科学考察了。这就是我儿时梦想中的探险旅程。我问布鲁斯他到那里时感觉如何，在这样的世外天堂中醒来是什么感觉。

“我记得有一次，那是清晨，我站在福贾山脉正中间平坦的山脊上，”他告诉我，“一只巨大的黑镰嘴风鸟对着南方大声鸣叫着。各种各样的鸟叫声萦绕在上空，而天空则是一片深蓝色。我感觉就像身处伊甸园中，没有人类的足迹，只有鸟类和有袋类……这是一个多么神圣的时刻。”

布鲁斯告诉我，再过两天，他将再次回到他的伊甸园去开展科学考察——

留下我怀着很不现实的心情,渴望成为他们中的一分子。

来自马达加斯加的巨大棕榈

故事的最后,我们来看看近期在马达加斯加发现的大棕榈。我在2008年造访英国皇家植物园期间得知发现棕榈的故事。棕榈研究专家约翰·赛特奇很急切地告诉了我这个非同凡响的发现。他从一排发芽的盆栽中捧起一盆,很虔诚地捧着。他是一位内敛的人,但是当他向我们介绍这种扇形棕榈新种时,他的话语中充满了兴奋。那是一种马达加斯加有史以来最大的棕榈——成熟的叶子直径达到5米。很显然,完全长成的叶子大到在"谷歌地球"上都可以分辨出来!

尽管我们面临着"第6次大灭绝",我们依然能够在地球上发现新物种。想象一下当沙维尔·梅茨 —— 腰果种植园的经理,发现这棵巨大的棕榈树不仅仅是新种,而且是新属时的激动心情。根据进化路线,这种树不在马达加斯加分布。(约翰·达雷斯菲尔德)

我可以想象沙维尔·梅茨(一家腰果种植园的法国经理)的惊讶之情,他和他的家人在考察该国西北部一个很偏远的地区时,发现了这种大棕榈。他从来没有见过这样的棕榈,但他确定那是一个新种,于是就把它拍摄了下来。

更令人兴奋的是,这种棕榈不仅是一个未被描述的新种,而且是一个新属的唯一一个种。从进化路线来看,没有人知道这个属会在马达加斯加生存。它被命名为壮丽塔棕(或塔希娜棕榈,*Tahina spectabilis*)——Tahina在马达加斯加语中是"被保护或祝福"之意(来自Anne-Tahina,"发现者的女儿"之意),spectabilis是spectacular(壮观)的拉丁语描述。进一步的调查显示,该物种只有一个种群,92棵植株,仅分布在一个石灰岩山体的山脚。

壮丽塔棕有很长的生命周期。生长50年左右的时间,树干就能长到18米高,"之后树干顶端开始生长,然后变成长满有上百朵小花的枝条,组成一个巨大的花序。"约翰告诉我说。花分泌出很多花蜜,很快就被鸟类和昆虫所包围。"那是一个非常壮观的开花场景,每一朵花在授粉后都可以长成一个果实。"约翰说道。之后,当果实成熟,壮丽塔棕也耗尽了能量。开花和结果实是它在唱告别之歌,不久后它就倒下而死去。

大约有1000颗壮丽塔棕种子被小心收集起来,并送到位于苏沙斯的皇家植物园的千年种子库。同时种子也被分发到世界各地的11个植物园,使得这种棕榈得以活体形态保护下来——这是种子库的目标之一。由于壮丽塔棕只生长于岛上的一个区域,开花和结果都是很罕见的,就地保护很困难。尽管如此,当地的村民参与了进来,成立了一个专门负责巡逻和保护该区域的委员会。同时种子也被送往德国一个专门负责棕榈种子销售的商人手中,以便他能够种植并销售棕榈,为当地村落的发展和扇形棕榈的保护募集资金。

我告诉约翰,我期待着能在皇家植物园棕榈馆的棕榈展上,看到来自世界各地的壮丽塔棕。但可惜的是,当第一株皇家植物园的棕榈长到50岁,开出花朵的时候,我已经不在人世了!

拉撒路现象*:新发现被认为已经灭绝的物种

发现一个全新的物种固然令人兴奋,但是,发现某个长期以来被认为已经灭绝并永远失去的物种,从许多方面来讲,更应该得到嘉奖。我们总是抱着一丝希望,在一些物种野外多次寻找未果、被正式列入"灭绝"种类之后,认为它们可能——仅仅是可能——还活着,因为这样我们可以给它们一个重生的机会。

在瓦氏红疣猴被宣布灭绝之后不久,我访问了加纳,其间遇到一位生物学家,他仍然相信在偏远山区的部分沼泽地中可能还存活着这种猴子,我很想马上去寻找它们。当然,我没有马上去,因为谣言只能是谣言,不可信。但我可以想象如果向全世界宣布这些猴子还没有灭绝时,人们的那种激动之情!我深切地理解为什么人们执着地寻找一些动物或植物,他们觉得这些生物一定还生活在世界的某个地方——只有他们才能找得到的地方。

最近,我在澳大利亚遇到了一些人,他们肯定地认为,"灭绝"的塔斯马尼亚袋狼依然存在。他们给了我一本记录了所有证明该生物存活的"目击证据"的书。这些熟悉塔斯马尼亚袋狼的人描述说,在偏远的、人类难以进入的森林中,这种动物可能还存在。他们还给我看了一个最新发现的一只动物的爪印模型。当我看着这些时,我在想……可能,仅仅是可能,真有袋狼的子孙后代藏在某处。

重新发现被认为已经灭绝的物种,就是众所周知的"拉撒路现象"。不同于《圣经》中同名人的死后复活,这种物种一直都在那里。其中的一些种类,例如豪勋爵岛竹节虫,充满奇异色彩,牢牢地抓住了公众的想象力,成为国际报纸的

---

* 一种医学现象,指在心肺复苏失败之后,人体循环系统自发地恢复运作。拉撒路是《圣经》中的人物,在《圣经》中,他死后由耶稣将其复活。——译者

头条新闻。

其他的发现似乎不那么令人激动，只在当地报纸或一些专业杂志的简短通讯中出现。然而这些看似不太重要的发现，同样具有重要意义。因为万物都是相互关联的，即使是失去最小的部分，都可能带来不可预见的后果。

本章主要讲述重新发现一些无脊椎动物、鸟类和哺乳动物的故事。发现它们有时候很偶然，有时候是长期寻找的结果。虽然我们确实面临着"第6次生物大灭绝"，数以千计特有的无脊椎动物和植物在迅速消失，但是，我们应该充满信心，一些被认为已经灭绝的物种可能还存在着，等待着我们去重新发现——我们所缺的只是一个机会。

这些是关于已经被注销、被归到已经灭绝队伍中的宝贵的生命形式的故事——它们拒绝灭亡。这些故事给了我们希望。

豪勋爵岛竹节虫

2008年，我在澳大利亚巡回演讲期间，我看到了一只很大、很黑、很温顺的雌性豪勋爵岛竹节虫。它在我两手间爬行，从一只手到另一只手好几次。当我给它机会时，它还爬上了我的头和脸。它的遭遇令我激动不已——当我知道了它如何来到那里的令人难以置信的故事后。让我与大家分享这个故事。

豪勋爵岛很小，部分被茂密的森林所覆盖，距离澳大利亚新南威尔士海岸约500千米。这是豪勋爵岛竹节虫唯一已知的栖息地。豪勋爵岛竹节虫身型如一只大雪茄，约10—13厘米长，3.3厘米宽。以前它们遍布整个岛屿森林，当地人把它称为陆地龙虾。

但是，在1918年，黑家鼠随着一艘搁浅的船只来到了岛上。与大多数情况一样，这些无情的殖民者很快适应了它们的新环境。与澳大利亚所有其他竹节虫不同，这种巨大的竹节虫没有翅膀。因此，它们很容易成为黑家鼠（也许美味）的食物。在20世纪20年代某个时期，人们推测豪勋爵岛竹节虫灭绝了。

尼古拉·卡莱尔与爱娃——一只豪勋爵岛竹节虫。这种竹节虫被认为在20世纪20年代灭绝。之后在2001年,有两人开始关注这种巨型竹节虫,尼古拉是其中之一。(帕特里克·霍南)

1964年,登山队员来到距离豪勋爵岛约23千米的地方,在一个约550米高的名为"波尔斯金字塔"的火山岩上发现了一具已经干了的豪勋爵岛竹节虫尸体。5年后,其他登山队员又发现了被鸟类当成筑巢材料的两具豪勋爵岛竹节虫残骸。"波尔斯金字塔"的顶峰上生活着很多海鸟,几乎没有植被覆盖。体型庞大、叶食性的森林昆虫种类要在这样严峻的环境中存活,似乎不太可能,因此很多生物学家都忽略了这些报告,直到2001年2月,新南威尔士环境和气候变化部(NSW)的高级研究专家戴维·普利德尔博士和他的同事尼古拉·卡莱尔以及其他两名核心成员来到这里。他们决定彻底解决这个问题,证明他们所确信的东西并不存在。

危险的旅程

2007年2月,在伯恩茅斯家里,我与尼古拉·卡莱尔(我第二年才遇到他)有过一次很精彩的交谈。他告诉我,那是一件有潜在危险的工作。"波尔斯金字

探险队靠近距豪勋爵岛约23千米的险恶的“波尔斯金字塔”，一小群豪勋爵岛竹节虫被发现在这里神秘地生存了80年，不为人所知。(尼古拉·卡莱尔)

塔”周围的海面风浪很大，小组中的3名男性和一名女性必须从乘坐的小船跳到岩石上去。(“游泳或许比较容易”，尼古拉告诉我，“但是那里有很多鲨鱼！”)他描述着陆的过程——小船上下颠簸得厉害，他们不顾一切地往岩石上跳，感到毛骨悚然，最后他们都成功了。他们建立了一个小营地，然后开始登山，他们爬上了约170米高的冈涅特·格林岩顶。那里才有维系生命所必需的小片植被。

他们找遍了所有的地方，但除了一些大蟋蟀，他们一无所获。最终，由于温度太高，加上缺水，他们只能往下返回。然后，在大约海拔70米高处的缝隙中，他们看到另一小片相对茂密的植被，主要是千层树属灌木丛。一个小小的渗水处使这个岌岌可危的小绿洲植物得以维持。在这里，他们发现了一些大型昆虫的新鲜粪便，但认为那不过是蟋蟀的粪便。

回到营地，吃过晚饭，他们讨论了当天的情况。普利德尔知道竹节虫是在夜间活动的，如果他们回到那片灌丛那里，或许有机会看到它们。但他也知道黑暗中不能登山，因此他没有提出建议。但是尼古拉也有同样的想法，他和当地的护林员，也是攀岩专家迪恩·希斯科斯两个人自告奋勇前去进行自杀式的攀岩。他们带上了头灯，一个一次成像照相机。“现在一想起来我就害怕，”尼古拉在电话中告诉我说。

最后，他们来到了那块植被区。“那里有一个巨大的、闪着亮光的、黝黑的身体匍匐在灌木上，”尼古拉说，“我兴奋地大叫。我们两个人开始庆祝，像6岁小孩一样跳跃着。”——但是，他保证说，他们非常小心，因为平台只有4米多宽，坡度有60度，很容易从上面滑下去！

几乎就在同时，他们在灌木丛上发现了另一只竹节虫。即使是在6年后告诉我这事，尼古拉的兴奋还是显而易见。“感觉就像步入了侏罗纪时代，昆虫统治了世界。”他说，“那是改变我生活的一个标志性时刻。我们不停地告诉对方，活着的人从来没有见过这些大昆虫。”他们还发现了一只幼虫和一个蛹。尼古拉拍了3张照片，然后试着平复下激动的心情，在非常危险的夜幕降临前下到营地。

当他们回到营地时，其他人正在睡觉。“我悄悄地来到戴维旁边，”尼古拉说，“凑到他耳边，小声说：‘我们找到了一个竹节虫！’大伙一下子全醒了！”

第二天一早，整个小组重新爬上去，进行了彻底的搜查。他们发现了更多的frass（昆虫粪便的专用术语）和土壤中的约30颗卵。船于上午10:00来接他们，他们不得不离开。当他们离开时涨潮了，船只上下摇晃，几秒钟内幅度达到了上下3米！这意味着必须在一瞬间跳到甲板上——这让我想起来都感到害怕！

他们都认为，世界上只有一小群豪勋爵岛竹节虫生活在那一丛灌木上。

那个小种群是怎么来到那孤立的石柱上的？或许是一只将要产卵的雌性个体，附在海鸟的腿上，或者某一次风暴过后，趴在漂浮于海面的植被上，从23千米外的豪勋爵岛来到了这里。但是到了那里，它又怎样找到“波尔斯金字塔”上那块唯一适合生存之地的呢？尼古拉认为，可能是即将产卵的雌性个体，在刚刚死亡时，被海鸟误认为是一根“木棍”而带到了灌木丛附近的巢中。就算是这样，它的子孙后代是怎样在那样荒凉的环境中存活了80年之久的？答案我们永远不会知道了。

团队的成员们互相帮助着爬过岛上几乎垂直的岩石，去寻找难觅踪影的豪勋爵岛竹节虫。一夜之间，天气恶化，海面升高，这意味着团队待在小岛上的时间十分有限。(尼古拉·卡莱尔)

从岛上返回后，生物学家们马上着手制订豪勋爵岛竹节虫的恢复计划。但他们面临着与官僚机构的诸多场“战争”，等到他们获准返回豪勋爵岛，已经是两年以后了——而且他们只允许捕捉4只个体回来。他们发现，“波尔斯金字塔”发生了一次大规模的岩滑。整个种群要在令人沮丧的那两年时间内消失，曾经是一件多么轻而易举的事情啊！然而在2003年情人节的那天，他们发现这个种群依然在原来的灌丛中生活着。为了运输这极其罕见的货物——4只捕获的昆虫，他们准备了一个特殊的容器。正因为如此，他们抵达澳大利亚的时候，问题出现了。那时刚好是“911事件”后不久，安检非常严格，而他们却必须说服官方不要打开箱子！

帕特里克·霍南是参加第二次科考的科学家之一，是无脊椎动物保护和繁殖小组的成员(也参与很多其他事情)，在豪勋爵岛竹节虫的未来发展中发挥了关键作用。4只竹节虫中有一对到了悉尼，由私人饲养，其他两只(取名亚当和夏娃)与帕特里克来到了墨尔本动物园。令所有人高兴的是(也是如释重负)夏娃很快产下了豌豆大小的卵。

但是，在两个星期的时间里，在悉尼饲养的那对竹节虫死了，夏娃也变得非常非常虚弱。帕特里克竭尽全力照顾它，在一个月的时间里，他每个晚上都工作在虫子身边。他通过互联网寻求帮助,但是没有一个人知道如何照顾这种大型的竹节虫！最后,根据直觉,帕特里克调制了包含钙和花蜜的混合物,一滴一滴地喂蜷缩在他手中的竹节虫。让他感到高兴的是,夏娃看起来越来越好,18个月后开始产卵了。但唯一能孵出的是30颗左右它病前所产下的卵。第一颗卵在国际濒危物种日孵出了,一个再合适不过的时刻！我可以想象,当看到约有2.5厘米长的一只发亮的绿色若虫爬出时,所有关注这个物种的人该有多么兴奋和喜悦！

2008年,我造访墨尔本动物园,遇到了帕特里克。他向我介绍了本故事开头我所提到的那只竹节虫。他告诉我说,它是第5代人工饲养的豪勋爵岛竹节虫成员之一。帕特里克指着正在孵化的一排排卵粒告诉我们说,最新的数字已到11 376,人工饲养种群大约有700只成虫。它们都是很特别的昆虫,帕特里克向我展示了它们夜间睡觉时的照片:雄性的3对足裹着雌性,竹节虫夫妇相拥入眠。

然后我们出席了剪彩仪式。在研究组成员的簇拥下,我剪断彩带,宣布该动物园全新的豪勋爵岛竹节虫展览正式开放。后来帕特里克告诉我,他离开了学术界,因为觉得最重要的保护工作应该在基层——人们只有亲身了解了动物之后才会尽力去拯救它们。他刚刚完成了一个最新计划,让100所小学和中学的学生来饲养这些竹节虫——让孩子们在课堂里参与正在进行的保护项目的绝佳机会。

为了保证该物种未来的生存,它们的卵被送往澳大利亚以及海外的动物园和私人饲养员处。帕特里克告诉我,送到得克萨斯州圣安东尼奥的200粒卵已经开始孵化。"所以,这个物种已经走向国际。"他说。

在大量的豪勋爵岛竹节虫繁育成功后,当务之急是把它们放归到豪勋爵岛的野外。这为在2010年冬季消灭岛上老鼠计划的执行提供了重要的推动力。一旦黑家鼠被消灭,第一批豪勋爵岛竹节虫将很快返回其祖先曾经生活过的地方。

这是一个令人难以置信的故事。尼古拉告诉我，当他加入戴维的首次“波尔斯金字塔”科考活动时，他们都认为考察一定会失败。一种80年不曾见过的生物，怎么可能在一片被海洋包围的荒凉的石头中生存下来？

“所以，”尼古拉说，“我们怀着证明豪勋爵岛竹节虫已不存在的目的去了那里，准备找到足够的科学证据反驳那些认为它们还存在的谣言。只是为了证明这些！”

马洛卡产婆蟾

在我的童年自然史圣经《生命的奇迹》中，有关于迷人的产婆蟾的生活史的描述。雌性个体把卵产下以后，雄性负责照看并保护卵，直到幼体孵出。下面是又一个令我对“生命的奇迹”越来越着迷的故事之一。

世界上共有5种产婆蟾，广泛分布在欧洲和非洲西北部的广大地区。但是，分布在西班牙东海岸马洛卡小岛上的产婆蟾，直到1977年在此发现了一些化石后才为人所知。那时候，很多人都认为该物种已经从岛屿上绝迹约2000年了。然而，在短短3年以后的1980年，人们在北部偏远山区的一个深谷中发现了一只马洛卡产婆蟾。这件事，引导人们在此发现了该物种的一个小型种群。

马洛卡产婆蟾的颜色分布以金棕色到橄榄绿色不等，长着暗棕色或黑色的大眼睛。像大多数蟾蜍一样，它们夜间活动，白天躲藏在岩石下面。雌性把卵产到水中，卵体外受精后由雄性放到后肢处抱住。雄性携带7—12颗卵，保证它们维持一定的湿度，直到卵中幼体即将孵出，这时它进入浅水中，直到所有（特别大的）蝌蚪孵出才游走。

我从昆汀·布鲁克萨姆处得到有关马洛卡产婆蟾保护项目计划的第一手资料。布鲁克萨姆是来自泽西野生动物保护基金会的一名科学家，1980年，他偶然来到马洛卡岛，此时这些蟾蜍刚被发现不久。“那时候有个学生正在研究龟，”

昆汀在电话中告诉我说，“他来找我，与我讨论他的项目，并征求我的意见。”这次会面的最后，学生问他：“顺便告诉你，你是否听说了刚刚发现的蟾蜍？”对昆汀来说，那可是一个好消息——令人兴奋的消息。他和那个学生一起，沿着一条小街道，前去拜访发现这种蟾蜍的生物学家J·A.阿尔科韦尔博士。“我们走进他的办公室，”昆汀说，“他从办公桌底下掏出一个鞋盒，里面有几只蟾蜍！我很吃惊，竟然看到了很多人认为已经灭绝了的物种。”昆汀说，阿尔科韦尔同样很高兴。两位生物学家陶醉地站着，看着鞋盒中令人难忘的蟾蜍。

之后昆汀会见了琼·梅尔博士和其他马洛卡科学家，他们把他带到一处他们准备开展人工繁殖项目的地点。“那里似乎不能提供合适的设施，”昆汀对我说，“我建议他们送一些个体到泽西动物保护信托机构去（现在的DWCT），它们在繁殖濒危物种方面享有很高的声誉。”梅尔博士欣然答应——然而等拿到西班牙和马洛卡官方当局的批准文书已经是5年以后了。在这段时间内，在同一区域内又发现了3个小种群。

最后，保护信托机构终于派出了两栖爬行类项目部的西蒙·唐，为泽西的繁殖项目采来了一些蝌蚪。它们长出了腿，尾巴慢慢褪掉，一切似乎都进展顺利——直到它们开始发出呱呱的声音。“所有的个体都是雄性！”昆汀笑着说。雄性个体能发出清脆的声音来吸引雌性——那声音听起来就像铁锤敲打铁砧一样。出于这个原因，这些蟾蜍有时被称为“ferreret”，即西班牙语中“小铁匠”的意思。这些可怜的泽西小铁匠，正在枉然地召唤并不存在的雌性蟾蜍！幸运的是，下一批蟾蜍马上就从马洛卡岛运抵，包括一些成年个体——雌性个体！之后的事情都很顺利，这些蟾蜍在人工饲养环境中又恢复了勃勃生机。

昆汀对我说，自1988年起，数千只人工繁殖的马洛卡产婆蟾已成功放归马洛卡岛，回到它们已知的历史家园中，其中包括成年个体和蝌蚪。如今，大约20%的野外种群来自分布在17个地方的人工饲养点。

当然，事情并非一帆风顺。它们必须面对栖息地丧失和外来物种捕食的威胁。这些外来物种会捕食蟾蜍或者蝌蚪(例如一些蝰蛇),或者会与它们争夺食物(例如绿蛙也吃马洛卡产婆蟾)。然而,更严重的可能是旅游业所造成的水面积缩小。为了解决这一问题,人们已经提出计划,在它们生存的河流上建造一些坝,以创造一些合适的栖息环境。事实上,该项目的研究人员发现,这些蟾蜍喜欢旧时牧羊人开凿的花岗岩水塘,它们待在水塘最深的阴影处,以防止自己被晒干。

2005年,马洛卡第一时间报道了已造成世界各地数以百万计的两栖类动物死亡的可怕壶菌。幸运的是这种壶菌只在两个马洛卡产婆蟾种群中发现。而且因为它们一直生活在小溪附近,只在它们出生的小溪和小溪边上活动,没有从一条小溪游到另一条小溪,病菌得到了控制。

2002年以后,科学家决定不再把人工繁育的蟾蜍或蝌蚪放归马洛卡,因为已经没有多大的必要了。而且,放归时把疾病引进岛上的潜在风险也很大。岛上正在开展一个科普教育活动,主要致力于提高公众的保护意识,保护他们当地特有的产婆蟾。昆汀还告诉我:"这些蟾蜍已经成为很多硕士或博士的研究对象了。"

由马洛卡政府与马洛卡海洋世界、巴利阿里群岛德莱公司共同资助的恢复计划被誉为两栖动物种群恢复的典范。这是第一个由"濒危级"下降到"易危级"的两栖类动物。当我由于JGI西班牙演讲之行而造访马洛卡岛时,我向当地政府官员表示祝贺,他们成功实施了恢复计划。在西班牙,这个项目也激起了很多人关心环境、关注动物福利的热潮。这不仅对濒危蟾蜍来说是个好兆头,对其他濒危的野生生物来说也是个好的兆头。

马德拉圆尾鹱

这是一个非常吸引人的故事。一种新的圆尾鹱种类在重新发现之前已经被认定灭绝了。这是由保罗·亚历山大(艾力克·齐诺)博士—— 一位业余的鸟类学家重新发现的。如果不是艾力克和他的儿子弗兰克的决心和努力，马德拉圆尾鹱可能真的要从地球上消失了。

齐诺家庭与马德拉圆尾鹱的重新发现以及正在进行的保护项目永远相连。图为一张历史照片，20世纪80年代，父亲艾历克(左)与儿子弗兰克(右)在塞维根群岛上寻找和保护圆尾鹱。(伊丽莎白·齐诺和雷诺·波普)

这是一种身体细长的鸟类，体长约0.3米，翼展1米多。与其他的圆尾鹱相似，它们有数月时间在海上度过，用短而尖锐的喙从海面上获得食物。它们在马德拉——非洲北岸一个葡萄牙岛屿上繁殖，一般在黑夜中到达，飞到陡峭的山谷中筑巢。如果岛上没有供筑巢的洞穴，它们会自己挖洞筑巢、产卵。雏鸟孵化后约两个半月，在漆黑的晚上，它们飞离马德拉群岛，5年后才返回。

故事从1903年说起。当几只死鸟被发现并送到对自然历史稍知一二的恩乃斯托·斯克兹神父手中时，他错误地把它们鉴定为佛得角圆尾鹱。30年之后，标本被鹱类专家格里格里·马修斯重新鉴定，他惊奇地发现，这绝对是科学界还不知道的另外一个种类。于是他把它命名为马德拉圆尾鹱。1903年发现死鸟之后，再也没有人见到过这种鸟，所以他认为这种鸟儿可能灭绝了。

然而在1940年，一只死亡的个体被送到艾力克·齐诺处进行鉴定。他马上辨认出这就是马修斯描述的新种。很显然，这种鸟并没有灭绝。在此之后，他和他的儿子弗兰克不断地在马德拉岛上鸟类最有可能繁殖的高山栖息地中搜索，聆听它们的叫声。遗憾的是，他们什么也没听到，什么也没见到。

最终，齐诺家族的第三代人投入了齐诺海燕的监测和保护工作中。图中孙子亚历山大·齐诺与圆尾鹱雏鸟在一起。(齐诺保护计划)

艾力克想，这种鸟的外形与佛得角圆尾鹱相似，是否它们的叫声也相似呢？他把佛得角圆尾鹱叫声的录音播放给牧羊人听。一位牧羊人卢克斯马上就听出来了，他说这些声音是“那些死在高山上的牧羊人的灵魂”。卢克斯告诉父子俩，他在皮科阿西罗附近的山丘中听到过这种叫声。

于是，在1969年，艾力克、弗兰克和古瑟(杰瑞)·莫尔——一位被他们父子精神所感动而对圆尾鹱感兴趣的朋友，一道驱车前往皮科阿西罗山，他们爬到山上，然后下到一块“石桌”上。大家拥在一起，耐心地等候。回想起那天晚上，弗兰克写道：“那天晚上有点冷，天很黑，但绝对是听鸟声的最好时机。”

“突然，”弗兰克继续道，“我父亲用肘轻轻地推了我一把，说：‘你没听见吗？’我们仔细聆听，听到了从风中传来的声音。‘对！’我们高兴地叫起来——惊醒了杰瑞(他的鼾声我们一直记着)!!!”“叫声”停止了。很快(在我们的笑声中古瑟完全清醒过来了)，他们听到了真正的鸟叫声，一种被鸟类学家马尔科姆·史密斯描述为“半夜鬼神的哀号”的叫声。

那年之后，人们发现了这种圆尾鹱的一个很小的种群，它们在岩石边筑巢。除了当地的牧羊人，艾力克、弗兰克和杰瑞应该是第一批看到这种活着的圆尾鹱的人。之后的几年里，父子俩在每年的繁殖季节都过来看鸟。“情况不容乐观，”弗兰克告诉我，“在我们知道的繁殖洞穴里，繁殖成功率非常低。”

1986年，在他们开始系统监测这个鸟群的季节里，在一个已知的巢穴地区，他们发现只有6个巢穴里面有卵，且整个夏季，没有一只雏鸟成活——几乎都是因为老鼠捕食了雏鸟和鸟蛋。这个发现令人吃惊,很快第一项保护筹备工作——弗雷拉保护计划(FCP)启动了,开始进行天敌控制和系统地监测齐诺小种群。

"1987年9月12日,"弗兰克告诉我,"我们从巢里抱出一个小球球——这是我们触摸到的第一只雏鸟!"他们给它套上识别环,放回到巢里。它最终长出成羽。这是那年唯一一只成活的圆尾鹱。随着大家的不断努力,天敌数量得到控制,事情开始有所好转。1992年,就在他们认为即将战胜老鼠的时候,猫捕杀了10只雏鸟,"占已知繁殖种群的25%,"弗兰克说。

除了诱捕和猎杀老鼠外,FCP开始捕捉猫(每年能在繁殖地区抓到10只左右的猫)。结果,第二年的繁殖率大大提高了。然而种群数量的增加还需要很长一段时间,因为每只雌鸟每次只产一个蛋,孵出一只鸟,之后将在海上待5年。

国家公园和未来的希望

那是激动人心的一天,FCP的一组登山者发现了另一个小的繁殖群。弗兰克告诉我,"鸟的繁殖数量一夜之间几乎翻了一倍。"FCP筹措了一笔资金,从私人农场主手中购买了一片土地用作繁殖区。政府也留出一大片中心山地和月桂树林设立国家公园。对圆尾鹱来说最重要的是,政府不再容许在高山上牧羊,围栏建起来了,政府对受到损失的牧羊人给予一定的赔偿。这项措施对草被(大部分为地方性草种)恢复起到了极大的作用。人们相信,曾经在其他地方筑巢的马德拉圆尾鹱将很快来到新的繁殖区。为吸引它们来此筑巢,人们挖掘了很多洞穴。

弗兰克说:"一切都很顺利。"他已成年的儿子亚历山大和女儿弗朗西斯卡现在都加入了马德拉圆尾鹱家庭保护队伍中。在2008年的繁殖季节里,有60—80对鸟在此筑巢。FCP启动的项目现在由马德拉国家公园接手。弗兰克写道:“我们组织生态旅游者晚上到这里倾听圆尾鹱的叫声。”(我多么希望自己有这样的经历!)

结束时,弗兰克回忆道:“当圆尾鹱由W.R.P建议命名为马德拉圆尾鹱时,我和父亲感到无比的自豪,但也很愧疚。我们有信心,这种濒危程度降低的鸟类的未来将是一片光明。”有一件事是肯定的:要不是艾力克和弗兰克的努力,马德拉圆尾鹱将永远灭绝,我们在夜间将再也听不到它们怪异的叫声。

大嘴苇莺

这种小鸟并非一直悄悄地生活在偏远的丛林中,它们生活在曼谷城外一个污水处理厂的周围。2006年,鸟类学家菲利普·劳恩德在那里进行观测时重新发现了它。和众多其他同类鸟一起,一只很小的莺被菲利普捕获。当时他不知道它属于哪个种类,它的嘴很长,翼很短。

“然后我慢慢明白了——我手上拿的很可能是大嘴苇莺。我惊呆了。”他在接受采访时说,“当时感觉就像我手上拿的是一只活的渡渡鸟一样。”1867年,大嘴苇莺在印度的苏特莱杰流域被人们发现,之后的130年中,再没有人见到过这种生物。毫无疑问,关于这种鸟的分类是否准确还存在着许多争论。但尽管如此,照片和DNA样本的鉴定结果都肯定了当时的结论。大嘴苇莺成为又一个拒绝灭绝的种类。

大嘴苇莺的重新发现令很多鸟类学家感到兴奋,对这种鸟的保护也成为他们圈子里的热门话题。这可能是为什么仅仅6个月以后,在鸟类学家再一次调查污水处理厂周边环境的同时,另一个样本被发现的原因了。这一次找到的是一只死亡的大嘴苇莺,它躺在英国特灵的自然博物馆的一个抽屉中。100多年以来,它一直与19世纪时采自印度乌塔普拉达什邦的苇莺放在一起。DNA分析结果显示,它同样是一只大嘴苇莺。鸟类学家推测说,这种鸟类的其他种群可能会在泰国、缅甸或者孟加拉国被发现。

里海马

这是一个关于一种非常小、非常漂亮的马和一名叫路易斯的美国妇女的故事。路易斯在伊朗"发现"了它们,并将它们从默默无闻的境地拯救了出来。路易斯嫁给了一名伊朗皇室的年轻人纳尔西·菲罗茨,成为一名王妃。1957年,这对年轻的夫妇成立了诺罗扎拜德马术中心,专门教伊朗富裕人家的子弟学骑马。麻烦的是,所有伊朗典型马种——阿拉伯马和土库曼马——都太高大,小孩(包括他们自己的3个孩子)骑不上。所以,1965年,当她听到传闻,说在里海附近的厄尔布尔士山上有一种很小的马驹,便决定前去看看。她与一些女性朋友一起骑着马出发了。当时很少见到女性这样旅行,而且旅途(她的类似旅行的第一次)也潜藏着危险。但最后一切顺利——她找到了"小马"。它们用来干活、拉车,看起来营养不良,很瘦小,背上全是吸血寄生虫(蜱和虱)。

路易斯立刻意识到这些不是一般的小马——它们的步态和气质都很特别,面部骨骼结构很独特。它们很小,站在地上只有1米多高。所有的马都这样。

当思索着这种小马为何种类时,路易斯突然想起,波斯波利斯古代宫殿墙壁上的一匹小马的岩石浮雕与她刚找到的小马很像。浮雕上被称为吕底亚马的小马也具有这样突出的头骨。路易斯很兴奋,她开始怀疑,在她刚刚发现的这些辛勤劳作的小马的背后,是否隐藏着某些很有价值的东西。它们也许是古老的已消失的皇家血统种类。越是这样想,她越觉得肯定。

吕底亚马以前用于战斗和战车比赛中,是一种很适合送给国王或皇帝的礼物马。许多人都认为它们是阿拉伯马的祖先,已经灭绝了1000年!路易斯看到村子里还有5匹纯种的小马,于是她买下了其中的3匹。经过DNA测试,古动物学家和遗传学专家都同意路易斯的观点,认为这种小马确实是阿拉伯马的祖先。这是多么令人难以置信的发现!

路易斯几次回到该地区,试图弄清楚这种小马存在的数量。琼·泰尔平是路易斯的密友,随路易斯多次寻找小马。我与她通了电话。她告诉我说当地的

路易斯·菲罗茨“发现”和拯救了伊朗的里海马。图中的菲勒西特是伊朗伊斯兰革命后出生的第一匹马驹。不幸的是,伊斯兰革命期间,大多数里海马流失了——或被拍卖为役用,或被宰杀食用。(布伦达·道尔顿)

村民很友好。她还记得她们下榻的小旅馆,老板为了不让游客受到臭虫和跳蚤的骚扰,到外面割来新鲜的稻草垫在床上!路易斯估计,在里海南部海岸,大约还有50匹这种小马。她把这些小马叫做里海马。琼告诉我,路易斯买了一些里海马——6匹公马和7匹母马,并以此建立起了一个繁殖种群。路易丝最喜欢的仍然是发现的第一匹马,她将其用波斯语命名为奥斯塔德·法西,意为“教授”。“它是一位真正的绅士,”琼说,“繁殖种群的建立很大程度上归功于它。”路易斯的孩子们也很喜欢它,整天要求骑它以及其他拯救来的里海马。

起初,这个繁殖种群的所有开销由路易斯和她的丈夫纳尔西负责。1970年,伊朗成立了一个皇家马协会(RHS),主要任务是保护、保存伊朗的当地马种。协会买断了路易斯家所有的里海马，当时数量已达23匹。后来，路易斯和纳尔西在靠近土库曼斯坦的边境处建立了另一个私人养殖场。在两匹母马和一匹小马驹被狼杀害后，为了保证马的安全，1977年，路易斯他们把8匹马出口到了英国。皇家马协会非常愤怒——大概因为事先没有征求他们的意见，立即禁止伊朗出口里海马，并把境内所有的里海马集中到了一起，除了菲罗茨家族第二次饲养的那群外。

生存、革命和战争

时间来到1979年，伊斯兰革命爆发。由于与王室有联系，菲罗茨一家被逮捕并投入监狱。纳尔西被判入狱6个月。路易斯只被关了几个星期，因为她想起了一位朋友的建议——如果被投进监狱，就绝食。这真的起了作用。琼告诉我："路易斯身体很单薄，她出来时瘦得跟豆秆一样了。"更加不幸的是，在那段时间里，他们的里海马大部分消失了——被拿去拍卖，要么当成劳作的牲口，要么当成肉用动物被宰杀掉。

路易斯幸存下来了——她对拯救和保护她心爱的里海马依然充满热情。她设法把当时存活的里海马从饥饿和屠杀中拯救了出来，并建立了第3个小种群——试图避免这个物种在伊朗灭绝。再一次，在新政府禁止里海马出口以前，她设法把其中的一些个体出口到别的国家，以确保安全。最后一次这样的努力发生在20世纪90年代初，她设法把7匹里海马送到了英国。那是一段曲折而危险的旅程——它们必须穿过白俄罗斯战区，而那里的土匪经常袭击和抢劫商旅。还好马匹平安抵达目的地，但也付出了昂贵的代价。之后不久，就在1994年，她的丈夫去世了，路易斯没有经济实力继续维持她在伊朗的里海马繁育计划了。她把其余的里海马卖给了伊斯兰圣战部。她经常被召回去，为繁殖群的管理提供建议。她还协助一名德国商人约翰·施耐德-默克，帮助他在伊朗建立自己的里海马小种群。

里海马的未来

伊朗社会多次发生政治剧变——伊斯兰革命推翻了巴列维王朝，两伊战争爆发，人民受到饥荒威胁。由于路易斯与前皇室有关联，里海马的命运也难以预料。一会儿它们被当作国家珍贵的财富，一会儿又被当成战时食物而没收。多亏了路易斯，她把该国的9匹公马和17匹母马送了出去，使得这个古老物种的前途有了保证。在英国、法国、澳大利亚、北欧地区、新西兰都可以看到它们的身影，如今美国也有。

要了解更多关于这种小马的历史，可以去看看路易斯的密友道尔顿所写的一本书《里海马》。她写道，里海马是“世界上最古老和最温顺的物种之一。它们依附我们，信赖我们，比其他种类的马更加‘忠实’。它们非常漂亮，充满了魅力”。如果没有路易斯，它们差点就毫无声息地消失掉，不留一点痕迹。路易斯在不太晚的时候“发现”了它们，这一定让她感到莫大的欣慰。后来她说，在发现第一匹里海马后，看着这个古老的马种，“仿佛走回了历史的长河中”。

路易斯——“伊朗的马女士”于2007年5月去世。我给布伦达打电话时，她刚刚参加在英国举行的追悼会回来。多么神奇的人，多么杰出的一生。最重要的是，她理解马，深爱着马。当她看着心爱的里海马被拍卖，用于干苦差事，甚至被屠杀掉，她承受了多少痛苦。但是，尽管充满挫折，她仍满怀勇气和决心，拯救了这种珍稀的、充满魅力的马种，让它们重回到对马充满爱心的世界中。而她自己，也成为它们历史的一部分。

活化石:发现古老的原始物种

最近发现的古生物

想象一下当你发现以前根据化石才了解到的物种还存在活体时的情景!一种古老的史前时代就存在的生物,在我们的认识范围之外悄悄存活了数百万年。第二次世界大战前,巨大的像鲨鱼一样的矛尾鱼才被世人发现。但是当时我才4岁,因此没有什么兴奋之感。但是现在,我觉得这是非常令人兴奋的。一个动物物种没有任何改变地存活了6500万年!我想,除了渔夫,没有人知道它。或许渔夫偶尔可以在他们的渔网中发现一条这种鱼,但他们并不知道它们是多么不幸的鱼类。实际上,这个物种也只是因很多博物馆以及那些对鱼类感兴趣的少数古生物学家收藏其化石而被科学界所知。对它们来说,这次发现就好像是发现了活恐龙一样!

1958年,我同路易斯和玛丽·利基一起在奥杜瓦伊工作。我有时会手拿着一些早已灭绝的动物的骨骼化石,想象着它们活着时的情景。实际上,有时候它会让你产生近乎神秘的体验。比如,当我拿着早已灭绝的巨猪的獠牙时,我突然会觉得它依然站立在那里,那么大,那么凶猛。我仿佛看到了它头部的棕色粗毛,沿着背脊而下的黑色鬃毛,闪着凶光的明亮眼睛。我似乎闻到了它的气味,听到了它的喷嚏声。最后这一切突然不见了,只剩下我手中的一块史前化石,提醒我慢慢回到现实中来。

矛尾鱼比上述巨猪的年代更为久远。尽管那是一种我孩提时代就梦想去探索的史前海洋中的一种鱼,但是它依然游到了今天。我很容易想象科学家拿着第一条矛尾鱼进行研究时的超兴奋的感觉。事实上,有时他们肯定觉得像在做梦。

瓦勒迈杉同样是一种仅从化石(印在岩石上的古代叶子化石)记录得知的植物。它的历史也可追溯到6000万年前。当一位生物学家来到澳大利亚一个

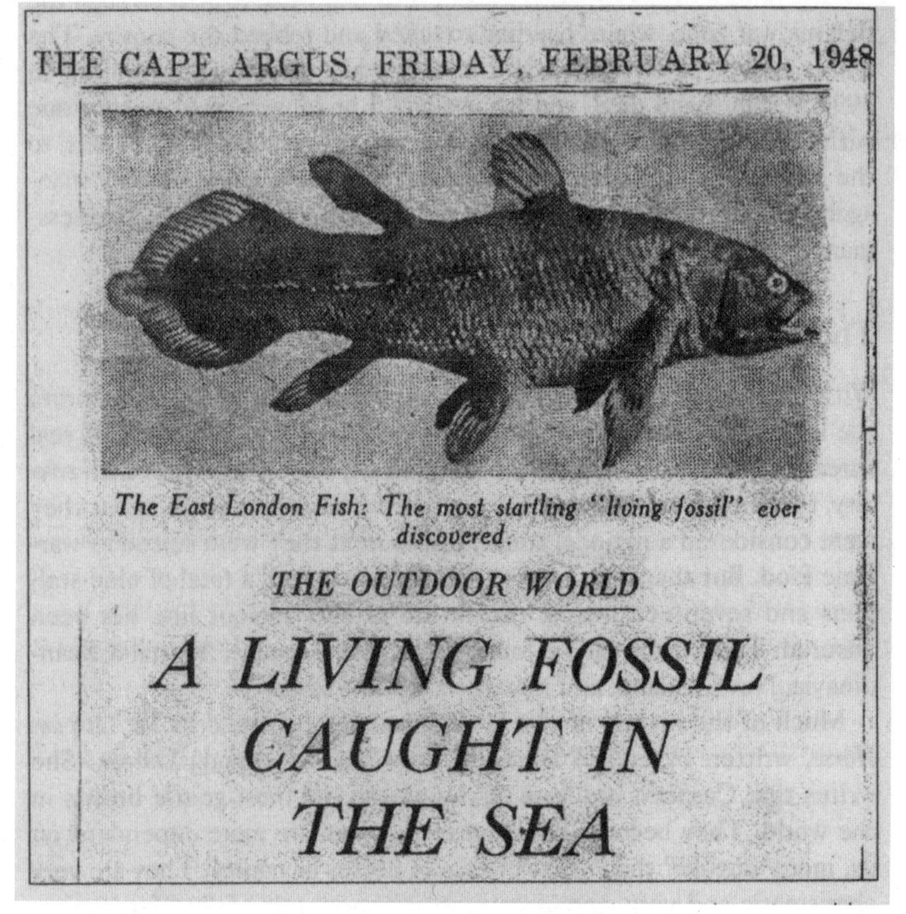
THE CAPE ARGUS, FRIDAY, FEBRUARY 20, 1948

The East London Fish: The most startling "living fossil" ever discovered.

THE OUTDOOR WORLD

A LIVING FOSSIL CAUGHT IN THE SEA

令人惊讶的是，我们甚至重新发现了遥远的史前世界的物种——一度认为只以化石形式存在的物种。图为一则关于发现矛尾鱼的新闻剪报，这种生物没有任何改变地存在了6500万年。（南非水生生物多样性研究所）

偏远而尚未开发的峡谷中，从一棵大树上采集到第一个样本时，他并不知道他作出了一个多么重大的发现，也不知道日后他会因为这个以他名字来命名的"活化石"而得到世界的褒奖。事实上，在鉴定结果发布以前，科学家们花了很多时间进行讨论，寻找其他标本。正如矛尾鱼是动物界的重大发现一样，瓦勒迈杉的发现不愧是20世纪植物界的发现之最。该树的未来是有保证的，而矛尾鱼的命运却尚未确定。它们的故事都非常引人入胜。

最漂亮的鱼类:古老的四足动物

1938年底,23岁的博物馆管理员马乔里·康特尼-拉蒂迈在南非的东伦敦发现了一种相貌很奇怪的鱼。鱼是被“尼莱涅号”拖网渔船捕获的。尽管拉蒂迈经常去看渔夫从海中捕捞回来的海洋动物,但是她还没见过这么奇怪的鱼。在一次采访中她说,那是“我所见过的最漂亮的鱼。它约有1.5米长,淡蓝色,身披闪闪发亮的鳞片”。她和博物馆工作人员知道,这是一种非常特别的鱼,具有重大的科学价值。她尽可能完整地保存好这条鱼,把它画下来,并把现在看来依然非常珍贵的手稿寄给著名的鱼类学家J. L. B. 史密斯教授。

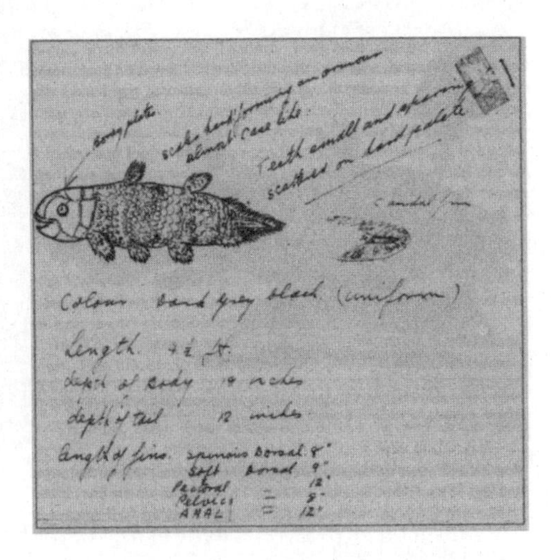

1938年,马乔里·康特尼-拉蒂迈,一位23岁的南非东伦敦的博物馆管理员,看到当地拖网捕获了一条相貌奇怪的鱼。她画下了这条鱼,并把这张现在非常著名的图寄给了著名的鱼类学家J. L. B. 史密斯教授。教授证明这就是矛尾鱼,一种6500万年前就存在的物种。(南非水生生物多样性研究所)

最终,史密斯教授见到了这条鱼。我真希望那时我也在那里!人们纷纷推测这个深海生物的身份——1939年初,史密斯宣布那是一条矛尾鱼,这个消息震惊了全世界。矛尾鱼是一种我们以前在化石中才能看到的鱼,被认为是具有约6500万年历史的古老物种。

在接下来的14年中,没有更多发现矛尾鱼的报道。随后在1952年,人们在科摩罗群岛附近深海捕到了另一条矛尾鱼。史密斯教授——我想象他非常激动——得到了它。这条鱼非常重要,以至于当时的总理D. F. 马兰博士批准动用南非空军“达科他”飞机把鱼送回东伦敦!越来越多的科学家对这种鱼表现

在1938年被发现以前，这种巨大的高度特异的鱼类被认为已灭绝了6500万年。2000年，在南非索德瓦纳湾的杰瑟峡谷的水下108米深处，矛尾鱼潜水小组拍摄到了矛尾鱼录像。这张照片是从中截取的图片。（皮尔特·温特和矛尾鱼潜水小组）

出兴趣，很多人都想在它们的自然栖息地中看到它们。随后人们拍到了矛尾鱼在海洋中游来游去的令人惊奇不已的镜头。这些镜头是在“吉奥号”和“贾格号”潜水艇中，由汉斯·弗里克和他的研究小组拍摄到的。

矛尾鱼是一种大型鱼类，可以长到约1.8米长，目前已知的最大重量为110千克。史密斯教授写了一本书，书名为《古老的四足动物》。书中提到，作者和其他科学家都认为，它所具有的叶状鳍，可能是后来登陆成为陆生脊椎动物时手和脚的前身。

最近，我联系上了南非格雷厄姆斯敦的托尼·林宾克博士。他是海洋可持续发展信托机构（SST）的执行总裁。这个机构专门资助在肯尼亚、坦桑尼亚、莫桑比克、马达加斯加、科摩罗和南非的海洋深谷及洞穴中开展濒危物种的科学研究。2000年，有一名潜水员在索德瓦纳湾的圣路西亚湿地公园的水下发现了矛尾鱼种群，从那以后，托尼开始加入保护和研究矛尾鱼的队伍中。他们在距离海岸约3千米、100米深的海底深谷中发现了这群矛尾鱼，并进行了拍摄。

“在世界遗址地的湿地公园发现矛尾鱼，”他说，“是一个警示。”他把这比喻成在大象公园建成多年以后，终于在里面找到了大象。我问他是否看到过野生的矛尾鱼。“是的，我看到过，”他告诉我，“在深105—200米的海洋深处。它们

马乔里·康特尼-拉蒂迈与做成标本的矛尾鱼的历史照片。(南非水生生物多样性研究所)

的表现令人惊讶——非常安静，非常温顺，移动缓慢，非常神秘。”

SST启动了非洲矛尾鱼生态系统研究项目，该项目主要在科摩罗、肯尼亚、马达加斯加、莫桑比克、南非和坦桑尼亚等地进行。他们聘请了来自9个国家的上百名研究人员、学生和政府官员来开展这个项目。渐渐地，人们对这种令人惊奇的古代残存物种的生态学、种群分布和行为学有了新的认识。但仍有许多问题尚未解决，如拉蒂迈和史密斯教授在20世纪30年代后期提出的它们的生活史、繁殖行为、妊娠周期等。当幼体出生后，是否有亲代照顾？是否有亲代保护，直至它们长大到能加入成年群体？上述问题都还没有答案。甚至还没有人在野外见过矛尾鱼幼体。

“当我们于2002年开始研究时，”托尼说，“我们只知道莫桑比克有一条矛尾鱼，肯尼亚有一条，马达加斯加有4条，科摩罗有一些。南非种群中至少有26条。”

1979年，另一条矛尾鱼出现在苏拉威西岛附近，是由一名印度尼西亚渔民发现的。事实证明，这是一个不同的物种。2007年，同样在苏拉威西岛海域，人们捕到了另一条活体，但在隔离池中仅存活了17个小时。

可悲的是，这些活化石——经受了无数的磨难，基本保持不变地延续了几千万年——现在却面临灭绝的危险。这种鱼很难吃，因此不是渔民的捕鱼目标，但会随同其他鱼类而被渔民意外抓获。随着人类对鱼类需求的不断增加，加上近海鱼类资源已经濒临枯竭，渔民转而到更深的海域下网捕鱼——从非洲到马达加斯加的矛尾鱼栖息地包括在这些捕鱼区域中。第一个被作为副产品而遭捕获的矛尾鱼出现在2003年9月的坦桑尼亚——从那时候起，共有近50条矛尾鱼被捕获。所有捕获的个体都已经死亡。这是目前所知道的矛尾鱼受破坏最严重的一次。

幸运的是，在SST帮助下，坦桑尼亚当局正计划开发坦噶海岸的一个海洋保护区。这些地方不光是矛尾鱼的庇护所，也是保护近海特别生态系统计划的一部分。可持续发展计划的实施不光对海岸居民有益，对这些鱼类也大有帮助。当然保护矛尾鱼是重中之重，为此一些大型的宣传活动已经启动，让市民了解水域中生活着的这些重要的史前鱼类。

“矛尾鱼是非常罕见的、美丽而迷人的鱼类，”托尼说，“它们已经把不同文化、不同国家的人民吸引到了一起，激发人与其他生命之间保持更加和谐的关系。对西印度洋的国家来说，矛尾鱼已经成为生物保护的标志——它们是海洋中的大熊猫。也是希望的象征。”

诺布尔的发现——瓦勒迈杉

1994年9月10日，星期六。澳大利亚新南威尔士国家公园和野生生物管理办公室的官员戴维·诺布尔，带领一个研究小组来到距悉尼西北部160千米处的蓝山，试图找到一些新的山谷。在过去的20年里，戴维一直不停地在这美丽的荒野山地中寻找那些深谷。

就在这个周六，戴维一行发现了一处他们以前从未到过的幽暗峡谷。峡谷有几百米深，陡峭的悬崖环绕四周。研究小组沿着绳子滑下这个深渊一般的峡谷，路过很多溅着水花的小瀑布。他们穿过冰冷的水域，然后走进了杳无人烟的茂密森林。在这次探险中，戴维注意到了一棵长着不一样树叶和树皮的高大乔木。他采集了一些树叶，把它们放进了背包里。回到家，他想起了背包中的标本，于是开始检查这些已经有点被揉碎了的标本。起初，他希望自己就能鉴定出它的种类，但是发现没有一种已知的种类与它相符合。他完全不知道，他作出了一个多么重大的发现，那是一个全世界的植物学家都将为之震惊的发现！这个发现将吸引全世界的目光。

瓦勒迈杉的化石枝条与最近重新发现的枝条。瓦勒迈杉属于有2亿年历史的古老树种南洋杉科。(悉尼皇家植物园J.普拉塞版权所有)

揭开神秘的面纱

当他把那些有点揉碎的树叶放到植物学家温·琼斯面前时，琼斯问它们是否采自某一种蕨类或灌木。“都不是，”戴维回答说，“它们采自一棵很高大的乔木。”植物学家迷惑了。于是戴维协助琼斯一起在书本和互联网上寻找资料。逐渐地，他们开始兴奋起来，几个星期过去了，没有一位专家认得出那些树叶。他们开始热情高涨。

植物学家们对戴维采集的叶子进行了深入的研究，最后发现这种树是几百万年前孑遗下来的幸存者——那些叶子与生长在两亿年前的南洋杉科植物的化石叶子相符。

显然，有必要找出更多这种非同寻常的树来。戴维带了一个专家小组回到

所有的一切都是为了一棵杉树！园艺学家们从直升机上吊下来，收集这种史前杉树的种子。(悉尼皇家植物园J.普拉塞版权所有)

他第一次发现那种树的地方。根据这次考察的结果，再深入研究所有的文献和博物馆标本，他们把这种树归到了一个新的属中，为了纪念它的发现者，命名为“瓦勒迈杉”。当我与戴维交谈的时候，我有一种强烈的感觉，这种神奇的树应该有一个响亮的名字，幸运的是，戴维就有一个响亮的名字。毕竟，一个名字很普通的人也可能作出这样的发现。

这确实是一种高贵的树木，一种神奇的针叶树，在野外它可以长到40米高，树干直径超过1米。它下垂的叶子很特别，春季和初夏的时候长出很多苹果绿色的嫩芽，与老叶的深绿色形成鲜明对比。

后续的研究表明，瓦勒迈杉出现在1亿5000万至6500万年前的白垩纪，曾经遍布整个地球。当时澳大利亚还与超级冈瓦纳古大陆南部连在一起。悉尼植物园信托机构的主管卡里克·钱伯斯惊叹：“这相当于在地球上发现了一只活着的小恐龙！”

它们的神秘家园

现在人们已经知道，这个峡谷中有这种高大的雨林树木的一个小种群，它们的数量少于100棵。只有极少数的人(仅仅是少数的科学家)真正到野外目睹过这种树的芳容。这些树的确切位置严格保密，为的是防止这些古老的树种被新的疾病感染。这是非常重要的，因为这个物种的遗传多样性非常低。在最近的一次调查中植物学家发现,土壤霉菌感染上了这些树的树根,这个峡谷已经有病菌入侵了。病菌可能是由鸟类带来的,也可能是由风吹到峡谷中的。人们马上采取措施处理这些珍贵的瓦勒迈杉附近的土壤,以消除危险。

戴维·诺布尔站在悉尼的安南山植物园的一棵瓦勒迈杉前。直到这天,戴维还保守着最早发现瓦勒迈杉的准确位置的秘密,只告诉了少数几位科学家和园艺学家。(植物园信托机构版权所有,西莫内·考切尔)

年轮的研究结果显示,瓦勒迈杉经受住了一系列的有潜在致命危险的环境变化,包括森林火灾、风暴和极端气温——从40 ℃的高温到-12 ℃的低温。在严寒的气候条件下,生长中的树梢被分泌出来的树脂所覆盖,这可能是瓦勒迈杉能够从至少17次的冰河期存活下来的原因。树干被不同寻常的充满气泡的树皮所包围——“就像巧克力泡芙一样,”戴维说。

每一片叶子都很珍贵——幼苗价值连城

很明显,保护工作中重要的是开展人工栽培瓦勒迈杉计划,以保证未来野生种群突然出现问题时,该物种还能延续下去。2005年,悉尼皇家植物园信托机构的高级生态学家约翰·本森在《澳大利亚国家地理》杂志上发表文章说:“我们在物种进化的尽头得到了它。但是这个物种将不会灭绝,不会!我们可以一起努力,扮演一回上帝。”

目前,人们在这种树的人工育苗及销售上作了巨大的努力。这样做除了可以保护该物种外,还可以为保护其他濒危植物募集资金。这项工作起步于2000年,并悄悄地在位于金皮的瓦勒迈苗圃中延续至今。琳恩·布拉德利从项目启动开始就一直在此工作。

“最初,”她说,“每一片叶子都很珍贵,一株幼苗更是无价之宝。如今已发展到有上百株树苗。”她全身心投入这份工作,对瓦勒迈杉充满热情——给一些苗木起了昵称。她和她的老板马尔科姆·巴克斯特是唯一知道这种树的商业繁殖秘密的人,对能够与这种非同寻常的物种联系在一起感到非常荣幸。他们希望,把人工培育出的苗木卖给世界各地的植物学家、园艺师和收藏者,能够减少到野外峡谷中去参观瓦勒迈杉的人数——但这样是否有效我持怀疑态度。他们赠送了两株给邱园(英国皇家植物园),最近访问那里时我见到了其中的一株。它由大卫·爱登堡爵士负责栽种,在保护它的铁笼子中茁壮成长。而在澳大利亚,我很荣幸地在阿德莱德动物园中种下了一株小树苗。

我很高兴能看到并亲手种植这些古代大树的活体后代,但这并不能阻止我梦想前往那个神秘黑暗的峡谷。几百万年以来,这个峡谷隐藏着秘密,古老的树种孑然屹立在那里。事实上,那些早期获得殊荣前去探访峡谷的人说,那次探访经历近乎心灵净化。他们久久地站立在那里,不受现代社会的烦扰。那种感觉完全不同,与几百万年来人们所知与所经历的截然不同。

第六部分

大自然的希望

治愈地球的创伤为时不晚

纵观全书,从讲述的物种故事我们知道:虽然物种已从灭绝的边缘拯救过来,但由于野外缺乏合适的栖息地,它们仍然面临威胁。热带原始森林、林地和湿地、草原和草地、荒野和沙漠——所有景观正在以可怕的速度消失。

所以有人问我:为什么对未来充满希望?事实上,我常常被指责为盲目的乐观。他们问:如果濒危的物种除动物园外无处可居,那么拯救它们的目的又是什么?在此我要告诉大家,尽管困难重重,我对动物及它们的世界仍充满了希望。我相信,人类的技术加上自然的恢复能力,结合每个人的力量和奉献精神,一定能够修复受损的环境。再一次,地球将成为多种濒危物种新的家园。

前面我曾多次提及我满怀希望的4个理由,这些理由很简单,或许不成熟,但我认为它们行之有效。这4个理由就是:人类出众的智慧、自然界的恢复能力、有学识的年轻人的力量及奉献精神。这些年轻人已经开始行动,具备不屈不挠的人类精神。当人类技术、自然界的恢复能力与具有奉献精神的个体的智慧相结合时,被破坏的环境就有机会得以重生——正如动植物物种可以从灭绝的边缘被拯救回来一样。

前面我们已经讨论了岛屿栖息地的恢复,现在我和大家分享一些内陆栖息地,包括溪流、河流和湖泊得到恢复的成功案例。这些案例旨在即时拯救濒危的野生动物。它们中部分由政府发起,其他则由决心为自己和孩子们创造一个更好环境的个人发起。商人因自己的行为使生态环境遭到了严重破坏,觉得有必要纠正自己的过失;孩子立下誓言恢复山脉丛林——为的是使自己梦想成真。所有这些,在我们的网站上有更为全面的描述和阐明。

肯尼亚海岸——从荒原到天堂

20年前,由班布里·波特兰水泥公司开始实施的一个特别项目,将约两平方千米的“荒地”改造成了茂密的丛林和草场。这个项目并非由关注环保的人士提出,而是由曾经严重破坏了生态环境的公司的总裁菲利克斯·曼德尔博士在1971年启动。奇迹般的变化归功于公司出色的园艺学家——雷内·哈勒尔。

当哈勒尔着手这项工作时,那个地方“就如表面布满伤疤的可怕的月球一样——贫瘠、荒凉,暴露于炽热的太阳之下”。这个项目看起来几乎是不可能完成的。哈勒尔写道:“糟糕的是,即使是采石场中年代最久远的地方,也没有植物生存。我在炎热、尘土飞扬的荒地里度过无数痛苦的时光,只发现了一些蕨类植物、很少的小灌木和草。它们躲在残留下来的岩石后面,顽强地扎根。这儿根本不是一个适合植物种植的环境。”

然而,今天,该地区已是一个能够自我维持的野生动物栖息地,生长和生活着包括ICUN红色名录中的30种动植物。而且,除了提供供游人娱乐的设施外,该区域还采取了无数的环境可持续发展的措施,改善当地居民的生活。如今它已成为肯尼亚一个主要的环境教育中心,全国性的学生教育基地。

从项目一开始,雷内就抱着一个坚定的信念:只要他自己坚持,自然界就会提供所有问题的解决方案。一步一步地从自然界汲取经验、谨慎地引进每一个新物种,雷内圆满地完成了这一项艰巨的任务。整个过程难以置信,但令人鼓舞。这个生动的例子证明:改造人为导致的荒地不仅是可能的,而且可以通过合理的组织原则来实现。

恢复山脉丛林的人

我们网站上我最喜爱的故事之一,与一个6岁男孩怎样把看似荒谬的梦想最终变成现实有关。没有仙女挥舞魔杖,是坚定的毅力使他幼稚的梦想成为现实。

这个英雄就是保罗·罗奇。他的父亲在奥克尔山脉脚下的一个大铜矿工作。保罗还记得,1938年他6岁时,和父亲一起站在山顶上,看到由于伐木、大规模的放牧、冶炼操作排放有毒物质,美丽的森林(他曾经在学校教科书中看到过照片)消失了。两人感到万分沮丧。

保罗告诉父亲,有一天他会进山,重新种上树。当然,这在当时是一个不可能完成的任务。然而20年后,他开始着手兑现他的诺言。每天晚上、每个周末,年复一年,他带着成袋的草种上山,驱车到达他能到达的最远的地方,然后下车,一边步行,一边播种。15年来,保罗单枪匹马,用自己的钱购买草籽,植树造林。有时候家人和朋友也给予他一些资助。尽管这个过程中有无数的挫折和失望,但他从未放弃。

终于,肯尼科特铜业公司出于内疚,花费数百万美元来清理其冶炼操作而产生的有毒废物,并聘请保罗来帮助他们执行迟来的恢复项目。今天,奥克尔山脉绿色环绕,覆盖着原生草坪,还有保罗播种的植物以及他亲手种下的树苗,动物也已经返回山中。

我曾经从这片山林上飞过,当俯瞰这些树木时,我由衷地发出感叹。保罗送给我他种下的第一棵树的一片叶子。我随身携带着它到往世界各地,因为它象征着不屈不挠的人类精神,以及人类施以援手之下自然伟大的恢复能力。

萨德伯里,安大略湖

20世纪90年代中期,在我第一次游览萨德伯里时,我听到了一个特别的故事,讲述的是人们投入时间、金钱和决心,使多年来因人为破坏而损毁的广阔地貌得到恢复。这是以社区为基础开展的恢复工业破坏土地的最大环境项目之一。在我们的网站上,这个故事令人振奋,我非常乐于与大家分享。

这个故事告诉大家,不负责任的乱砍滥伐和工业污染导致该地的地貌变得和月球表面一样荒芜。最终,人们决定采取行动。数年后,当我再次来到这个地方,发现一切都变样了,现状非常鼓舞人心。我穿过那片繁茂之地,那里的树苗散发着春天的气息,鲜花遍地盛开,鸟儿的歌声在空气中回响。我简直不敢相信,就在不久以前,这里还是光秃秃的一片,了无生机。只有一块尚未治理的区域和一些光秃的石头,提醒着我们曾对环境造成的严重伤害。

虽然原始森林不复存在,也不可能重现,但该地区现已变得非常美丽,许多野生动物也回来了。当我离开昨天还是黑乎乎的那片石头时,我看到游隼似箭一般飞过,那情景仿佛回到了50年前。大自然仿佛给我送来了一个让我与全世界分享的希望。人们给了我一根羽毛——发现于一个游隼巢穴附近(那样的巢共有3个),作为可以医治我们对地球所造成伤害的象征。

在我离开萨德伯里前,我怀着喜悦的心情,把一条美洲红点鲑放归一条清澈的溪流中——就在不久前,这条小溪仍是阴冷、有毒、没有生命的。

生命之水

导致溪流、江河、湖泊和海洋污染的一个更令人震惊的原因是,人们在农业、工业、家居用品行业、高尔夫球场和花园中使用化学品和其他有害制剂。由于大量的残药溶入水中,致使地下蓄水层也受到了污染。化学污染还导致许多濒危物种的栖息地遭到破坏。然而现在也出现了希望的迹象:河流在慢慢净化。

我记得,伦敦的泰晤士河曾经看起来毫无希望——死气沉沉、饱受污染,混浊地流经伦敦。50年前的波托马克河像下水道一样,臭气熏天地穿过华盛顿。其他的许多主要河流,以及当今中国众多的河流,大致处于相同的状态。美国伊利湖一度被告知存在火灾危险,而凯霍加河真的发生了火灾,而且至少燃烧了两天!在严重污染的水源中,大多数动植物都消失了。

今天,许多如此境况的河流和湖泊已开始变得洁净——花费了巨资。众多野生动物返回了家园。几年前,人们已可以在波托马克河中钓鱼,这意味着河水已变得洁净。在伊利湖的部分区域,鱼儿生长,充满勃勃生机。泰晤士河也出现了鱼儿的身影,水鸟也再一次在此繁衍生息。

在此我想介绍几个曾引起我关注的水源洁净项目,其中大多数项目旨在保护濒危物种名单中的鱼类。

鱼儿引发的哈得孙河清洁计划

30年前的哈得孙河及其周围河流污染严重，导致短吻鲟鱼被列为（1972年）第一批濒危鱼类，由此而引发了大规模的河流清洁计划。在过去的15年中，哈得孙河（旁边是世界上最繁忙的城市之一）中的鱼类数量已增长了400%。曼哈顿地区拥有地球上最多的城市河口，它的水域清洁项目是有关环境保护的一个成功范例。事实上，这儿的环境已经得到了很大的改善，人们甚至计划在哈莱姆区开发牡蛎礁和海岸湿地！

银鲑鱼的惊人回报

在20世纪40年代，加利福尼亚州的河流中生活着众多的银鲑鱼，数量估计为20万—50万尾。即使在20世纪70年代，加州的银鲑鱼产业仍然保持着7000多万美元的年收益。但自1994年以来，商业性的银鲑鱼捕捞业已完全停止，同时，银鲑鱼被州和联邦列为濒危鱼类。由于银鲑鱼数量急剧下降，包括农场主和工业界在内的保护合作联盟开始行动，监测和恢复由于不负责任的伐木作业而遭阻塞的加西亚流域。

当我去该城市时，《旧金山纪事报》正好发表一篇文章，给大家带来了一个好消息：在加西亚河的源头，大自然保护协会的科学家珍妮弗·卡拉和北海岸地区水质控制管理局的乔纳森·沃莫丹，在潜水时发现了银鲑鱼幼苗。

我打电话给珍妮弗，她告诉我，在该流域的12个区域中，人们在5个区域内发现了银鲑鱼幼苗。这些河流中的大部分自90年代后期就再没出现过银鲑鱼。珍妮弗告诉我，这是一个激动人心的时刻——当她发现这些银鲑鱼幼苗时，“她大声欢呼，即使我和乔纳森同在水下，他也能听见！”

还有其他一些伟大的故事，比如为了挽救某种小鱼，内华达州拆除了湖边的豪华度假村。在中国台湾，人们建立了湿地，种植精选的植物以清洁河流。在我们的网站上，还有更多其他事例的详细阐述。

幸运的是，人们已意识到全球水资源短缺的潜在威胁，本书中的许多故事也讲述了人们为之付出的努力。他们与毫无节制的农业、工业和家庭用水，河流和湖泊污染，湿地破坏等行为进行着不懈的斗争。

今天，我们为石油而爆发战争，伊斯梅尔·萨拉杰(当时任职于世界银行)在20世纪末说："下个世纪将因水源而爆发战争。"我们可以接受当今生活方式发生重大的改变，可以没有石油而继续生存。但是，没有水我们无法生存。

中国的希望

每当我表达我的希望——人类能够找到一个摆脱我们所制造的混乱环境的方法时，总有人会提及中国正在发生的事情。他们想知道，那个包含了世界五分之一人口的大国，是否正在破坏自身的环境，并对世界其他国家构成威胁？自1998年起，我每年去一次中国，亲眼看见了中国的快速发展，几乎每天都有新的道路、建筑物(甚至城市)出现。我清楚地知道，这种快速的经济发展难免会以破坏环境为沉重代价，在有些情况下，它也给人民带来不幸。

20世纪80年代初，随着中国的改革开放，国外市场为制造业提供了许多就业机会，农村贫困人口涌入新城市，形成了历史上最大的移民潮。他们自己以及子女辛勤工作，但只获取相对较低的报酬。他们忍受着这些，因为他们相信(或者说希望)，这最终将创造一个他们能从中受益的新经济。

同时，环境恶化程度也随之加剧。例如，中国三分之二的主要河流因为污染严重而无法饮用或用于农业灌溉。水生生态系统遭到破坏——长江流域中白鳖豚灭绝。全国范围内的动物栖息地遭受毁灭性的破坏。

但同时也有好消息：中国人现在开始公开谈论提高环境质量的必要性，并为野生动物设立保护区(参考关于扬子鳄、大熊猫、朱鹮和麋鹿的章节)。此外，JGI根与芽环境教育项目——不同年龄段的年轻人参与活动，改善人类及野生动物的生存环境——约有600个小组，活跃于全国许多地区，并在北京、上海、成都成立了办公室。

有关黄土高原的事例则是另一个让我们满怀希望的理由，这是中国西北部一个与法国面积相当的地区，人口大约有9000万。长期以来，这里的人们陷入了随着时间推移而越来越恶化的贫困和环境破坏怪圈。黄土高原被认为是世界上侵蚀最严重的地区。这个荒凉的地区如今奇迹般地在恢复，呈现出一片欣欣向荣的景象，成为人类和至少部分动物适宜的环境。这些已由我的朋友刘登立记录在鼓舞人心的电影《地球的希望》中。它证明一个强有力的政府，在世界银行的支持下，在决心采取行动时可以有所作为。

很明显，花费数亿美元是一个明智的投资，当地的社区开始蓬勃发展。人们的绝望感已被谨慎的乐观态度所取代，年轻一代期望着教育和未来。

野生动物同样有了希望。政府明确规定，人类用地必须与有珍贵用途的土地明确分开，以保护水域、稳定土壤、固碳和保持生物多样性。"生态土地"成为当地濒危物种的庇护所，将它们从灭绝边缘拯救回来。

中国的黄土高原

在世界银行的支持下，中国政府组织黄土高原上的民众，为被他们严重破坏和污染的环境开展一些工作。在北京，我的朋友刘登立花了几个小时，告诉了我一个真实发生的故事，一个给中国大片大片的退化生态系统带来希望的故事。中国政府开展的这个计划既是为了保护和恢复生物多样性，也是为了改善当地群众的生存环境。正如我们所见，人们一旦脱贫，并意识到野生动物是他们的宝贵遗产时，他们会更热心地投入到保护工作中。这是一个激动人心的故事，而且仍在慢慢展开。通过人们的艰苦努力，无数的当地群众在黄土高原恢复计划中脱贫致富，很多严重的生态问题得到解决。

黄土高原是中华民族的发源地和古文明的发祥地。它跨越了中国西北地区7个省，总面积达65万平方千米，相当于一个法国的国土面积，是9000万民众的家园。在这儿世世代代的人们轮回在一个贫困和环境恶化的怪圈里。黄土高原曾经被认为是世界上水土流失最严重的地区。它的逐步退化说明了一个问题,就是人们可以在不知不觉中毁坏他们世世代代生存的家园,直到整个生态系统崩溃。

故事遵循着一个熟悉的模式。为了建造房屋和做饭取暖,人们开垦更多的土地用于种植庄稼,大肆砍伐森林。土地肥力丧失,村民随处散养羊群,羊群把余下的可怜的植物吃得一干二净,直到所有土坡都变得光秃秃的。降雨时,贫瘠的土地不再能蓄养水分,每年250—800毫米的降雨量中,多达95%都流失了,同时还带走了大量的土壤。如此恶性循环,水土流失越来越严重。这样的恶性循环不断继续,贫困、饥饿、疾病越来越严重,直到土地被完全破坏,人们在毫无希望的环境中生存。

如今,在克服了种种困难之后,他们最终收获了希望:经过10年的努力,整个地区的环境发生巨大的改观。在过去的10年里,刘登立每年回去一次,拍摄那里发生的巨大变化。当中国政府下定决心恢复黄土高原的植被面积时,变化就开始了。这似乎是一个疯狂的决定,刘登立给我看了一段他拍摄的有关一位老农民的片子。这个恢复计划开始执行时,刘登立采访了他。老农民不知道可以做些什么,“如果他们叫我种树,我就种树,”他摇摇头说。但他认为在荒坡上种树是个荒唐的想法。

中国政府和世界银行启动了这个恢复计划。计划十分周密,持续3年以上,由政府官员、外国专家和当地群众参与。系统规划必需的干预措施,水域分布、土壤组成、生物多样性、农业活动、经济和文化……都列入调查和分析的范围。3年后,规划出人类用地和最适合用于保护水资源、稳定土壤、固碳和生物多样性保护的用地,两者作出明确区分。

政府进行大规模的宣传教育活动,将调查和规划的结果公之于众,然后按计划分阶段实施。其中第一个项目是建设小水窖留存雨水,作为全年的用水量。这项工作的重点是保证珍贵的小水窖能持续使用。同时,当地群众被召集起来修建梯田,控制因耕种而造成的水土流失,并采用最合适的耕种方式和种植品种。砍伐森林、在山坡上耕种、无限制地放羊等被禁止了。大片大片的土地种上了草、灌木和树。在沙漠地区,人们采取措施固沙。随着水土流失得到控制,土壤的肥力逐步增加,人们种上了果树、葡萄这些高经济价值的作物。种植牧草喂养家畜,在山坡上自由放牧的情况也得到了控制。土地越来越肥沃,生态环境再生情况良好。唯一不足的是人们大量施用化肥和除草剂,尽管政府鼓励使用有机肥料。

黄土高原的变化是巨大的,尽管已经花费了数以万计的资金,但这绝对是一项值得的投资。当地群众的收入增加了4倍,农民的土地使用权通过长期的使用合同得到了保证,生态土地的重建持续进行,人民有了稳定的生活来源。谨慎的乐观取代了原来的毫无希望,年轻人对生活有着更多的期待,向往更高的教育和美好的未来。铁一般的事实证明,当地群众参与保护项目,恢复大规模的被破坏的生态系统是完全可能的。

在中国,保护环境和保护野生动物的意识在不断增长,如果规划中的生态环境能为重引入的野生动物提供庇护,把它们从灭绝的边缘拯救回来,那将多么美好!

在这部书中,关于中国最重要的故事之一是黄土高原环境的恢复,这是世界上最大一片被毁坏的生态环境得以恢复的实例。这个项目的成功对世界其他地方的生态恢复具有重要的影响和示范作用,中国采用的方法,对诸如埃塞俄比亚、卢旺达和肯尼亚等国家已被严重破坏的生态环境的恢复具有很好的参考价值。最近,这个项目被BBC的"气候改善的希望"节目拍摄下来并播放。在这部片子中,中国环境教育媒体项目(EEMPC)的奠基人刘登立告诉大家,黄土高原(中华文明的"摇篮")的生态环境是如何在历史进程中,在人口增长、过度耕种和无节制的放牧过程中退化的;以及这个生态恢复项目又是如何成功,使环境逐步得到恢复的。这部片子已由BBC广播公司向全世界播出，并在2009年12月的哥本哈根气候变化大会上播放。

刘登立最近写信告诉我："正在中国黄土高原上进行的生态恢复工作，为人类大规模开展生态系统的功能恢复树立了榜样。通过维持植被的覆盖率，增加土壤中的有机物质，保持生物多样性等措施，增加土壤的湿度和肥力，进而达到在大范围内恢复微气候的目标是完全可行的。这些经验在非洲国家尤其需要，有助于帮助埃塞俄比亚、卢旺达和肯尼亚等国家朝着环境友好的方向发展。很多的国家也期待着向中国学习。"

草海自然保护区

这一恢复计划的开展是为了保护野生动物这一特殊的目的——保护中国的迁徙鸟和它们在中国的湿地。对于我来说，这一计划表明，提高当地群众的生活水平，进而才能保护大自然。

草海自然保护区位于中国西南的贵州省境内，是以湖为中心的一片湿地。这是7万多只迁徙鸟越冬的国际性的重要湿地，在此越冬的鸟类包括400多只濒危黑颈鹤、1000多只欧洲鹤和数千只斑头雁。这个保护区的历史变化很有力地说明，只要抱着良好的愿望，不断努力，不和谐的状况也可以得到改善。

1971年，当地群众急需粮食。为了生存，政府排干湖水以提供更多的耕地，这导致了灾难的发生：排干水的土地并不适合农业耕种，作为蛋白质主要来源的鱼却大量消失。为了得到更多的耕地，当地群众开始砍伐湖周边的树木，水土流失加剧，气候改变，害虫吃掉了种植的庄稼。地下水位下降，导致饮用水困难。总之一句话，出现了群众受苦、迁徙鸟消失的局面。直到1982年，当地政府建造了一个水坝，留住了水，湖面才得到恢复——意想不到的是，很多鸟类飞回来了。1985年，随着越来越多的鸟回到草海，草海建起了国家自然保护区。

20世纪80年代早期，中国改革开放，同时也带来人们环境保护意识的不断提高，许多国际保护组织与中国的保护机构合作，开展野生动物的保护工作，其中包括在世界上拥有丰富保护经验的国际鹤类基金会（ICF），他们在世界各地成功开展了多项有关鹤类保护的工作。但是在草海，他们遇到了与世界其他地方完全不同的问题。

草海自然保护区恢复计划，不仅保证了迁徙鸟类拥有安全的越冬地，同时也提高了当地群众的生活水平，保护了大自然。

当ICF第一次与草海自然保护区合作时，他们意识到，保护鸟类的最基础的工作是使野生动物远离人类和人类活动。但是，居住在保护区内的群众生活极端困难，缺少食物。当他们缺少食物而又被告知不能捕鱼（把鱼留给鸟）时，他们非常愤怒。一方面，为了留出更多的土地种植粮食，他们排干了湖边的一些湿地；另一方面，由于湿地减少，饥饿的鸟类抢食他们的庄稼。为了恢复湿地，保护区管理部门引水淹没了当地群众的耕地，人和鸟的冲突越来越激烈，保护区与当地群众的积怨也越来越深。

未来的模式——提高收入，拯救地球

1993年，这种怨恨达到了顶峰。此刻保护区工作人员意识到，事情再不能这样发展下去。保护区内居住着20 000多名生活困难的群众，如果没有他们的帮助和合作，一切保护措施都不可能取得成功。要使群众自觉参与保护鸟类及其生活环境，首先就得帮助他们改善生活。

ICF的斯蒂芬·杨、贵州环保局的黄明杰和草海自然保护区的工作人员一起，实施了一项全新的保护方法。他们与总部在纽约的一个扶贫机构“国际渐进组织”（TUP）合作，类似于格拉明银行一样为贫民提供小额信贷，这也是TUP第一次把扶贫项目和环境保护联系起来。这项合作取得了显著的效果！

有了这些小额贷款，当地群众的生活开始得到改善，草海自然保护区管理局意识到，引导和帮助村民发展经济，提高他们的家庭收入，是保护野生动物和环境的最有效的途径。村民才是这片地区真正的守护人，他们掌握了知识，就意味着可以对这片土地进行可持续的利用。随着地位的提高，他们也逐渐参与决策，提出了一些有创意的革新性计划——生态旅游，带领中国的旅游者观鸟。

最后，保护区管理和当地居民的利益达成了一致，居民从他们的土地上获益不少，实现了和谐发展。村民生活得到了改善，鸟类得到了保护，无数的人可以欣赏到迁徙鸟类在此生活的壮观景象——人类和自然和谐共处的又一个成功范例。这样的合作十分成功，得到了全国的一致认可，草海自然保护区成为全国自然保护管理者的培训基地。

贡贝的教训

人们深陷贫穷和绝望，致使黄土高原环境极度恶化。当周游发展中国家时，我一次次发现：农村贫困（经常伴随着人口过剩）无一例外是环境遭受重大破坏的原因之一。但在坦桑尼亚，我突然意识到：从长远看，只有得到当地民众的支持，我们才能挽救贡贝的黑猩猩和它们的森林。当他们自己极度贫困、为生存而挣扎时，我们不可能获得他们的支持。

1960年，我来到贡贝国家公园开始黑猩猩研究，当时茂密的森林沿坦噶尼喀湖东岸延伸数里到内陆，一眼望不到头。但这些年来，当地人口数量（难民涌入）日益增长，为了取柴和建造房屋，他们砍伐森林。到20世纪90年代初，公园外的树木几乎全部消失，大部分土地贫瘠化。妇女们不得不到距离自己村庄更远的地方寻找柴火。这使她们在本已十分艰难的日子里，又不得不付出更多的劳动时间。

为了寻找新的土地种植庄稼，人们把目光转向了陡峭而不适合种植的山坡。随着树木的消失，越来越多的泥土在雨季被冲走，水土流失加剧，塌方变得越来越频繁。

20世纪70年代末,黑猩猩的活动范围局限于极小的80平方千米的国家公园内。它们无法同其他群体中的雌性进行交配(可能造成近亲繁殖),而且数量只有大约100只。贡贝黑猩猩面临的形势十分严峻。然而,公园外的村民对这片他们不能进入的繁茂森林虎视眈眈。在这种情况下,我们怎样才能保护好黑猩猩呢?

充满希望

很显然,保护工作必须获得村民的善意理解和合作,1994年,JGI启动了TACARE(关爱)计划,旨在提高极度贫困社区里的人民的生活水平。项目主管乔治·斯特路登把富有才干和热情的当地人召集到一起,他们造访了12个最靠近贡贝公园的村庄,和村民讨论如何解决问题,制订了TACARE计划能提供帮助的最佳方案。毫不奇怪,保护条款没有成为他们讨论的最重要的一项,他们主要关注健康、获得干净的水,种植更多的粮食,为孩子提供教育等等。同时,和当地医疗机构一起,他们推出了新标准的农村初级卫生保健项目,包括提供有关卫生和艾滋病的基本信息。他们还建立了苗圃,推行先进的方法以恢复贫瘠土壤的活力——农业技术很适合解决土壤退化问题。根与芽青少年教育计划最终引入所有的村庄。当TACARE计划越来越成功时,他们启动了一个小额贷款项目,使妇女能够得到一小笔贷款(几乎都还款了)开展她们自己的项目——必须是环保和可持续发展的项目。

妇女的重要性

世界各地的事实表明,妇女受教育程度提高,家庭规模趋于下降。TACARE计划所面临的首要严峻形势就是这一地区的人口增长问题。不考虑建立小型家庭,仅仅提供种植更多粮食、挽救更多婴儿的方法是不负责任的。来自

在TACARE计划中，农村妇女能够得到小额贷款，实施自己的环境可持续项目，如建一个苗圃。(JGI/乔治·斯特路登)

各个村庄的TACARE计划的志愿者——有男有女——提供关于计划生育的咨询服务(很受欢迎)。

了解了计划生育的信息，孩子们也得到卫生保健，妇女们开始切实规划她的家庭。如果她还受过教育，那么情况会更好。于是他们开始实行女童奖学金计划——贫困家庭更趋向于让男孩接受教育，而不考虑女孩，女孩一旦完成了最初几年的小学义务教育，便辍学回家，帮助做家务。现在一些得到奖学金的女孩已经进入大学。

恢复和保护

最近，我和林业官员阿里斯特德斯·卡舒拉前往一个村庄，一名妇女向我们展示了她的新灶台，这个灶台可大大减少做饭所需的木柴量。全村的妇女从速生林地获得所需的木柴，她们不必再去砍伐光秃秃的山坡上的树桩。而看似枯死的树桩可以长成新的大树——5年内可以长到6—10米高。这就是自然的再生能力。卡舒拉指出，现在山坡已被树木覆盖。“这只是我们的TACARE森林之一，”卡舒拉说，“9年前这个山坡光秃秃的。”

村民们聚集在树荫下迎接我们，包括两名获得奖学金的害羞女孩。根与芽小组的一名组长——一名10岁男孩，穿着紧身红条纹衬衣——自信地向我们介绍他的小组种植树木的情况。我告诉他们，当我环游世界各地时，我经常提到TACARE村庄计划，“同时，”我说，“我们必须记着感谢黑猩猩。正是因为它们，我来到了坦桑尼亚——看看它们所起的作用！”最后，我模仿起黑猩猩的叫声，全体村民一起加入。我的发言在这种声音中结束。

TACARE计划大大提高了贡贝公园周边24个乡村人民的生活水平，并且同以前不看好此计划的人们在一定程度上开展了合作。现在，在埃玛努埃尔的带领下，项目扩大到其他村庄，这些村庄位于大贡贝生态系统中破坏很严重的区域内。最近，在政府的支持下，他们将在一个范围更大且人口相对稀少的地区实施TACARE计划，希望森林能在被砍伐前得到保护，从而挽救更多的坦桑尼亚仅存的黑猩猩。

黑猩猩、走廊及咖啡

贡贝周边高山地区的农民种植坦桑尼亚最好的咖啡，但由于道路不通和运输困难，他们的高级咖啡豆经常被人们与低纬度出产的咖啡豆混在一起。绿山咖啡烘焙公司是第一家加入TACARE行动计划的公司，大家共同致力于帮助农民卖出一个好价钱。现在已有一些特色品牌进入美国和欧洲市场，让农民以及优质咖啡的鉴赏家都喜出望外。

同时人们也萌生了救助黑猩猩的良好愿望。政府要求每个村庄制订一份土地管理计划，包括划出一定比例的土地用于保护或恢复森林覆盖率。现在，许多村庄留出20%的土地用于森林养护。他们也同JGI才华横溢的GPS技术及卫星图像专家莉莲·平蒂亚合作，确保这些保护区形成一条走廊，使黑猩猩的行

埃玛努埃尔·姆蒂蒂带领我第一次参观贡贝国家公园外的再生林——一条绿色走廊，使黑猩猩能够离开公园，与其他群体保持联系。(理查德·科伯格)

动不再局限于公园之内。走廊将把它们与更广阔栖息地(我们参与其保护行动)中的那些黑猩猩种群联系到一起。

在2009年，我和埃玛努埃尔站在高高的山脊上，眺望贡贝公园后面陡峭的山峰。好几年前，在山坡上种植庄稼的试验使整个山坡变成光秃秃的一片，土壤遭到破坏。现在，我看到了满山遍野的树木，许多都超过4米高，极目所见的再生林绿化带一直延伸到布隆迪边境北部和基戈马镇南部。这是自TACARE计划启动以来，我一直梦想的绿色长廊的第一部分，也是维系贡贝黑猩猩长期生存的最后机会。

植物界的保护神

对于大多数人来说，提到野生动物，他们总会想起大熊猫、老虎、山地大猩猩，以及其他一些引人注目的动物王国里的明星。我们很少会想到同样是一种生命形式的植物。在很多情况下，我们已经把它们逼到灭绝的边缘。它们的存活，迫切需要我们的帮助。

有关治愈地球创伤的讨论说明，通过人为的努力、科学的技术和自然恢复力的共同作用，遭到严重破坏的栖息地也是能够得到恢复的——事实一次次证明，植物是自然恢复的先驱。它们会以某种方式扎根在光秃秃的岩石上、被污染的土壤或水中。慢慢地，它们肥沃了土地、净化了水源，为其他的生命铺平道路。

没有了植物，动物（包括我们人类）无法生存。食草动物直接以植物为食，食肉动物以采食植物的动物为食——或者挑剔一点，它们以吃食草动物的动物为食。

卡洛斯·马格达勒纳，一位熟练和热心的工作于邱园的园艺学家，以及他从灭绝边缘拯救回来的咖啡马龙树。（卡洛斯·马格达勒纳）

但是在大多数情况下，植物学家和园艺学家拯救珍贵的植物物种免于灭绝、恢复植物栖息地的工作不被人们所注意。当我更多地考虑这个问题时，我越来越意识到某些不平凡工作的重要性。这些已做或正在做的工作保存了生物多样性，美丽的植物生命给我们的地球增添了更多光荣。野外植物学家不辞辛劳、跋山涉水深入荒野收集濒危植物的标本，才华横溢的园艺家努力培育濒危植物难以发芽的种子,全世界各地的植物标本馆、"种子银行"和植物保护中心的工作人员奉献了他们精湛的技术和全部热情。感谢他们所做的一切。

很多科学家慷慨无私地与我分享他们的故事、他们伙伴的故事。但是,很遗憾我不能在此全部展开,向这些植物王国的捍卫者一一致敬。他们引人入胜的故事、生动的图片都能在我们的网站上看到。

他们是植物王国里尽心尽职的卫士,他们深入荒郊野岭寻找稀有物种,收集种子,腰间绑着绳子悬挂于岩石之上,为的是给最后一株濒危植物进行人工授粉。这些植物往往生长于人类无法接近的环境恶劣地带。他们年复一年地工作,寻找办法人工培育那些正在消失的——或已经从野外消失的植物。我所遇见的这些杰出人物里面,如保罗·斯坎奈尔和安德鲁·普利德查德,长年累月为保护和恢复澳大利亚濒危兰花不知疲倦地工作,还有罗伯特·罗比切克斯,全身心地投入银树和其他夏威夷植物的拯救和恢复工作中。

当我参观邱园(英国皇家植物园)时,我听到了很多关于植物采集的精彩故事。卡洛斯·马格达勒纳告诉我关于咖啡马龙的故事——一种开花小灌木,在消失了100年以后由一位学生在罗德里格斯岛(毛里求斯)上重新发现。这是一个令人激动的消息,人们仔细搜寻了这块区域,希望能找到更多的植株。但是,岛上似乎只有这一丛植株,卡洛斯告诉我说,要保护这个物种太难了。

他告诉我:"它的健康状况很差,还被两只害虫蚕食。它是这个属中唯一的一个标本,现在还没有种子,也没有如何培育的知识和近缘存留物种的知识可以参照。在它的附近生长着几种入侵物种。它长在一个私人领地里,离大路只有几米远。这个荒岛没有植物园,而且经常有飓风光顾!"

卡洛斯围着这丛幸存的灌木修了一道网,防止当地人采摘其枝叶作为药材。"总有一些人想方设法跳进来把它连根砍去……"

最后,在与官僚机构交涉两年之后,从病株上截下来的3根枝条和卡洛斯一起到了英国皇家植物园。最后,有一根枝条成活了。经过卡洛斯17年的辛苦照料,咖啡马龙终于结出了可育的种子。这成为我最喜欢的故事之一。

我问他精心照料如咖啡马龙这类非常稀少的植物有何感受。他说:“这是一种责任。当怀疑或明知,如果它在你的温室中死掉,就意味着整个物种消失时,好几次我被吓得半死。有一次,我在夏天一个热浪滚滚的周五回到家,我不停地问自己:周一它还在那吗?……值班的人是否正确浇水?我是不是浇水太多了?或太少了?我试着习惯不在它身边的状态,但我做不到!”

我还听说,库克斯科其树曾经被认为已经灭绝,但1860年在夏威夷被重新发现。在接下来的118年中,人们认为它灭绝了3次。每一次都在几年后被重新发现——然后又一次消失。最后一次发生在1970年,最后一棵遗留下来的树被一场大火烧死,但一根烧焦的黑乎乎的枝条仍然提供了几颗能繁育的种子,所以库克斯科其树还活着。

卡洛斯给我看一种美丽的开花灌木——真正是从死亡边缘抢救过来的。这个故事证明自然具有恢复能力,园艺师们富有创造力(这次是在法国)。植物的种子是14年前当最后一棵植株死亡时采集的。不幸的是,没有一颗种子能发芽。但科学家在两颗种子中发现了活细胞。他们克服了种种困难,终于用活细胞培育出了一棵新的植株。

我们的网站上还有野外植物学家瑞德·摩伦的故事,几十年来,他在加利福尼亚州的巴扎和墨西哥的大西洋岛屿开展如神话故事般的植物探险活动。1996年,摩伦完成了他的著作《瓜达卢佩岛的植物》,描述了该岛屿异常丰富的植物多样性。但他也指出,植物多样性受到山羊和其他引入物种的毁灭性影响,“这是墨西哥的宝库,这种独特的植物群落迫切需要保护,”他说,“这是我所知道的最美丽的海岛……”

摩伦退休了,他有一位朋友,加利福尼亚圣迭戈生物多样性研究中心的主任埃克斯奎尔·埃斯库拉博士,非常敬佩摩伦所做的工作。埃克斯奎尔不停思考一个问题:这个拥有难以置信的生物多样性的天堂即将崩溃,我们怎样进行

瑞德·摩伦正在采集只生长在墨西哥瓜达卢佩岛上的植物标本。这种稀有植物是当地特有的瓜达卢佩岩石银胶菊,长在悬崖峭壁上,山羊无法吃到。在世界各地,一批如瑞德一样的植物学家冒着生命危险,保护着地球的生物多样性。(圣迭戈自然历史博物馆)

拯救?一支考察队成立了,他们发现情况很糟糕,岛上很多珍贵的物种已经灭绝,剩下的也面临着灭绝的危险,除非立即采取行动,否则岛屿将成为"失落的天堂"。

埃克斯奎尔告诉了我一个戏剧性的故事,在国际组织和专家们的努力下,他们获得了经费的保障,大家齐心协力,使这个已损毁的岛屿重新成为一个乐园。

在本书里,我们已经分享了很多在海岛上恢复生态环境、还珍稀动物一个美丽家园的故事。瓜达卢佩岛生态恢复计划最初是恢复岛上独特的植物群落,但我们也看到,有很多鸟和昆虫恢复了勃勃生机。

这个故事说明大自然具有惊人的恢复力:瓜达卢佩岛上的许多植物常年生长在非常恶劣的气候条件下,它们最终存活了下来。这是一个成功的案例,但是如果没有植物学家瑞德·摩伦的开拓性工作,一切都是不可能的。

同样,没有众多的人热心、执着地从事保护植物及其环境的工作,我们的星球将变得毫无生机。他们的工作并不广为人知,但他们的贡献是伟大的、重要的。遗憾的是,我们没有足够的空间来展示他们所做的一切,对他们表示感谢,但他们的故事将是我们网站上最引人注目的亮点,吸引更多人关注神奇的植物王国。

为什么要拯救濒危物种

为什么要拯救濒危物种？在某种程度上，答案很简单。我的朋友，南达科他州苏族部落人肖恩·格雷塞尔，从事将狐狸和黑足鼬重引入部落土地上的工作。一天，我们在一起交流，翻看他的照片。肖恩说："有人问我为什么要这么做，他们想知道我的真实目的。我告诉他们，因为这些动物属于这片土地。它们有权利待在这里。"他觉得他对这些动物"负有责任"。

肖恩并不孤单。和我交流过的许多人(即使不是大多数人)深有同感——尽管他们更愿意(或被建议)对这项工作的重要性给出科学解释。对于保护生态系统和防止生物多样性损失的重要性，没有人会产生质疑。但数以百万的人只是简单地说："别去碰它们。"尤其当受关注的物种是一只昆虫时——"只是一只甲虫！"当盐溪虎甲虫列入联邦濒危动物名录中，联邦政府拨出经费用于拯救这些特殊的虫子和它们处入危险状态的栖息地时，人们热烈沟通的电子邮件在当地的林肯大学(内布拉斯加)的报纸上刊登出来。许多读者赞成政府的决定，也有一些人感到吃惊和震撼，还有一些人感到迷惑不解。下面是3个例子——在许多地方人们能听到类似的声音。

一位自称迪克的人写道："成千上万的物种在没人试图拯救它们时出现了，然后又消亡了，即使是被我们消灭的动物现在也可能更快乐。瞧瞧那些渡渡鸟，如果不是水手们把它们当做一顿简单的午餐吃掉，还有什么重大的环境影响会使它们消失呢？"

吉尔·金克斯问："有人能告诉我吗？假如这种甲虫灭绝了，作为一个整体的世界会有什么不同吗？我感谢我们的政府没有花费巨资去防止恐龙灭绝。当数百万人还处于流离失所、忍饥挨饿的状态时，用50万美元去拯救一只甲虫，我们应该感到羞耻！"

一位叫J的人说："现在我总算知道了！我讨厌我们'完美'的政府做出这么

信任的瞬间。当小菲林特向我伸出手时,我的心都融化了。(雨果·范·拉维克/NGS)

幼稚的决定！在我们关注这些甲虫之前,我们需要节约资金去救助那些患了癌症以及生命受到病魔威胁的人。如果我在家里看到一只虫子,我会捏死它!”

当然,更多的来信是理解和支持环境保护的,即便他们没有真正理解保护的原因。例如有人写道:“使用喝油的SUV(一种汽车)和尺寸超大的……任何东西,我吃惊于美国人这么腐朽！如果我们不珍惜我们的家园,我们的世界就会变成巨大的复活节岛!”(拯救盐溪虎甲虫的完整故事可在我们的网站上找到)

拯救濒危物种的花费的确很昂贵,幸运的是,很多国家已制定法律来保护那些受到灭绝危险的生命形式。否则其施于自然界的破坏甚至会更严重。为保护一些微小的似乎没有意义的生物,上万美元可能会花费在重新规划公路线路上。如果当地属于濒危物种的栖息地,公司可能被迫修改已确定的发展计划

——或者在其他地区购买土地，或者负担迁移濒危物种所需的费用（我们的网站上有很多这样的例子）。改造退化栖息地的费用非常昂贵，但在我们步入新千年后，这是我们面临的最重要的工作之一。

我们需要野外滋养心灵

科学家不断提供事例和图表，用于解释保护生态系统对我们自己和我们未来的重要性。但是，自然界还有另一种价值是我们不能用物质的方式表达出来的。一年两次，我在贡贝待上几天——那是属于我自己的时间。当然，我希望看到黑猩猩，但我更期望能独自待在森林里，如同我还是小姑娘时那样，坐在山顶上，环视整片森林和坦噶尼喀湖的壮观场面。我喜欢从卡孔贝河瀑布汲取精神力量。瀑布从25米高处倾泻而下，落入下面的溪流中，流水激荡形成的气流不停地吹动着两侧的植物。难怪黑猩猩们能表演出独特的瀑布舞蹈。它们在瀑布下游的流水中"起舞"，上下肢有节奏地摇摆，推动巨石，然后坐在那里，看着神秘的水流不得其解——总在来，总在去，总在它们的面前。这是一个神圣的地方，过去神医们来到这里，举行他们神秘的仪式。这些精神和经历让我的身体和心灵充满了平静——尽管时间很短。我也成了森林的一部分，再次与神秘相拥，心灵得到抚慰。

杰瑞米·马德罗斯将其一生的精力用于拯救百慕大圆尾鹱，他告诉我，他11岁时被带到加利福尼亚州的红树林。对他来说，置身于巨大的古树丛中，是一种精神上的抚慰。这与我们很多人的体验一样。他说："那是我生命中重要的一刻，决定了我的未来。"

罗德·赛勒竭尽全力救助华盛顿州的倭兔，他相信，人类的价值观和道德规范要求我们，只要有可能，就应该去拯救濒危物种。"我们正在过分地糟蹋地球，过度地消耗和破坏我们的星球。"他说，"如果允许我们的无知和贪婪导致无数物种的灭绝，濒危物种及其种群数量全部消失，我们的世界将缺少多样性，失去自然的美丽和神奇。我们的大洋、草地和森林将如死一般沉寂。当我们知道我们失去了很多朋友(各种物种)时,一切将太晚了。”他认为,尽管为拯救濒危物种付出的代价是高昂的,“人类就不值得去尝试吗?如果我们不努力,总有一天当我们明智地回顾往事时,我们会后悔当初的决定。”

地球的守护神:什么力量让他们坚持

对于地球及所有生命形式(包括我们和我们的后代)来说,值得庆幸的是,我们看到,勇敢的人们日复一日在奋斗,努力拯救濒危的物种,恢复消失的环境。撰写这部书让我有机会拜访他们,见到非凡的、具有奉献精神和充满热情的一群人。他们中的很多人在荒无人烟的地区工作了很多年,忍受着常人想象不到的不便,有时还面临巨大的危险。他们不仅与大自然的反复无常做斗争,还经常遇到无知、不可理喻和眼光短浅的官僚,后者拒绝同意实施紧急的救援计划。但是,他们从不放弃。

是什么力量让他们继续?我询问那些在野外待了很长时间的人们。所有的人都回答,他们喜爱野外,愿意与自然在一起。他们完全被工作所吸引——几乎,对大部分人来说,这就是一项使命。所以他们不能轻易放弃。正如迪恩·比金斯(黑足鼬保护小组队员)的妻子说的,他们“鬼迷心窍”了。

为保护海岛鸟类辛勤工作的邓·莫顿告诉我,他最喜爱的是“终极挑战——拯救独特生命形式的最后几个个体,查岛鸲鹟是新西兰活着的国宝……拯救这种迷人的小鸟于灭绝边缘,是我们这代人以及未来几代人的艰巨使命。”他告诉我,每个春季,他几乎等不及要回到野外,搞清楚这些小鸟的最新变化情况。“我的一些同事对我很恼火,因为每天早上我起得太早,赶在第一道曙光时开始搜寻,把他们都吵醒!”

克里斯·卢卡斯参与赤狼恢复计划21年了,他告诉我,在项目早期,当他们把赤狼放回野外时,他非常自豪自己能有机会参与一项非常重要的活动。他

邓·莫顿把他的一生投入到拯救濒危鸟类中。安德拉——一只年轻的鹦鹉,也是邓拯救处于灭绝边缘的许多海岛鸟类中的一种。"如果不热爱和尊重这些你尽力救助的动物,你不可能花费数十年时间在险恶的石壁上爬行,在颤动的绳索上工作。"他这样告诉我。(马格丽特·谢泼德)

说:"我经历了一段难熬的失眠期,只想着到外面去跟踪狼群,努力记录下它们所到之处,所做之事,为什么要做,吃什么。我几乎没有休假。我与赤狼为伍,与别人发生争论,被人误解,甚至不为他们(朋友和家人)所容忍。他们不能理解我在这个项目中所做的一切。"现在,在与狼为伍20多年后,他仍期待工作,"每一天——有时甚至包括星期天!"

大胆承认我们的爱

他们工作的另一面也许是最重要的——与野生动物建立感情。我早已描述过我对贡贝黑猩猩的感情。我最喜爱的是灰胡子戴维——第一头不对我感到惧怕、让我帮它理毛、允许我尾随它行走在森林里的黑猩猩。仿佛昨天发生的事一样，我记得那天我递给它一个棕榈果，它看也不看扭头就走，但是很快又折回来了。它直直地看着我的眼睛，拿过我手上的坚果，扔掉，然后用它的手指轻轻地戳我的手掌——黑猩猩自信的手势。我们交流得很完美，应用不同手势，代替人类的口头语言，我们分享一切。

不幸的是，在我们物欲横流的世界里，人们关注的是最终效益，爱和同情心遭到太多的压制。承认你关心动物、同情它们、爱它们，有时会对保护工作以及科学产生负面影响。很多科学家认为，对研究的主体投入感情因素是不合适的，科学的观察应该是客观的。任何人如果承认真正地关心动物，对动物寄予同情，他们会被认为感情用事，研究结果将受到质疑。

泽奥利博士抱着高度濒危的哥伦比亚盆地倭兔。“你看到它们，了解它们，怎么可能不爱这些小家伙？”他告诉我，“那就是推动我们的力量，让我们不断前行的力量。”（罗德·赛勒）

令人高兴的是，本书中的大多数杰出人物并不回避对动物充满感情（尤其是那些已经退休的）。在我与琼斯进行的一次关于毛里求斯岛的声誉的交谈中，他同意我的理念——尽管科学家必须保持冷静客观的观察和分析，“他们也应该有同情心，”他说，人类“在成为冷酷的科学家之前，是有感情和同情心的。”他相信，大多数“科学家每天都需要这种感情”。

在他拯救毛里求斯猎隼的工作中，他后来彻底明白，每一只鸟都是一个独立的个体。莫顿对查岛鸲鹟投入了极大的热情，“那是些可爱的、温顺的、友好的小鸟，”多年后邓说，“我很自然地亲近它们——你甚至可以说投入了感情！我真的很爱它们。”当我问泽奥利，是什么促使他继续从事救助倭兔的工作时，他很简单地回答：“你怎么可能看到它们、了解它们而不爱上这些小家伙呢？这就是推动我们的力量，驱使我们不断向前的力量。”

迈克·潘德尼在印度拍摄人们野蛮捕杀温和而没有伤害性的鲸鲨时，他看到了一条垂死的大鲸鲨。“它慢慢地转过头来看着我……祈求着……智慧的眼神胜过千言万语。”他说他永远也忘不了那表情：“突然我与这种威严的动物心意相通，我们之间有一种根深蒂固的联系。”他的一生从此发生改变，他决定“为无声者呐喊”，此后为动物保护拍摄了一系列有影响的作品。

伯伦特·休斯顿告诉我一个故事。有一天，在第一缕曙光出现时，他坐在兽穴边，一只小黑足鼬走过来。“没有任何征兆，他靠近我的脚，用鼻子嗅我的靴子……我害怕我砰砰的心跳声会吓着他，我静止不动，希望和他保持某种联系。他抬起头正视着我的脸，看着我的眼睛。然后不可思议的事情发生了：这只小黑足鼬瞪着他圆溜溜的大眼睛看着我，用他小小的黑足抱着我的靴子，我看着他，他也看着我。我笑了，这是我长年野生动物观测生涯中最心满意足的时刻。世界上最后一群黑足鼬中的一只靠近我、信任我，甚至可能请求我的帮助。”

就是这样的纽带——把人类和共同生活在这个地球上的其他动物联系在一起的纽带，我们与其他生命形式所建立的一种联系——使我们继续进行的工作成为可能。这工作会很艰苦，会遇到挫折和失败，会招致那些认为救助濒危物种是无聊的、浪费资金和资源的人的不认可甚至嘲笑。

但是，这些地球的守护神并不是孤立无助的。为了保护地球，我们每一个人都要投入到保护和恢复野外环境的工作中，让野生动植物得以在那里生存。

我希望，通过本书以及我们网站上大量的感人故事，那些充满激情、富于奉献精神、满怀希望的人们的故事，他们努力拯救濒危的生命形式于灭绝边缘的故事，鼓励那些依然在野外不知疲倦地拯救高度濒危物种的人们——每一个物种都是宝贵而独一无二的；鼓励那些努力不让更多物种陷入危险境地的人们，鼓励那些为保护和恢复生态环境而奋斗的人们。有时他们的工作看起来几乎是不可能完成的——但他们对成功满怀希望，他们永不放弃。

没有希望，我们会变得冷漠；没有希望，一切都不会改变。对野生动物和它们家园的未来，我们充满希望。这就是我写作本书，迫切地和大家分享的最重要的原因。

致　谢

珍·古道尔

我准备写这样一本书有好多年了，如果没有许许多多人的帮助，这本书是不可能完成的。这些年来，我最大的收获就是与许许多多杰出和忠诚的科学家以及自然保护者见面和交流。他们做了很多工作，而且乐意与我分享他们的学识，乐意阅读、修改和完善我所写到的有关他们所从事项目的部分。我深深地被他们坚定的意志所折服。对于他们的慷慨和无私，我感激不尽。

在撰写本书的过程中，我了解到发生在世界各地许多精彩的有关生态保护的故事。遗憾的是，如果把所有内容都收进我的书里，书会变得太厚。尽管我对每一个故事一再压缩，书依然很厚。经过痛苦的选择，我只好删掉一些完整的故事。我很不忍心删掉这些故事，这些故事的主人公们花费了很多时间阅读我的书稿，确保有关他们自己的信息是正确无误的——他们很高兴这些故事能被收入本书。而我知道删掉那些故事很令他们失望，为此我感到很不安。

但是，还有一线希望——我们的网站 www.janegoodall.org。出版商同意建立一个网站，把本书未收录的部分章节内容发布在网上，同时也包括我们收集到的很多照片。我希望每个人都能到网站上去读一读这些神奇的故事，在那儿还能看到没有压缩的致谢部分的内容。

正如我前面提到的，如果没有一些人的帮助和持续的合作，这部书是永远不可能出版的。你能在书里相应的章节读到他们的名字和动人的故事。我还要感谢下面这些人给予我们的巨大帮助，他们的名字没有在书中出现：马克·贝恩（短吻鲟鱼）、安娜·M·伯克（美洲鹤）、菲尔·毕晓普（汉密尔顿蛙）、派特·伯尔斯（里海马）、简·钱德勒（美洲鹤）、格莱恩·弗兰瑟（丛林鸡）、罗德·格里腾（黏蜗牛）、南希·海勒（短吻鲟鱼）、柯克·哈特（短尾信天翁）、戴恩·亨得利（赤狼）、德芙·查韦斯（培德乳鱼）、汤姆·科尔纳和丹·米勒（黑嘴天鹅）、比尔·劳腾巴克（萨德伯里，安大略省）、阿方索·阿古勒·穆诺兹（瓜达卢佩岛，墨西哥）、马克·史丹利·普莱斯（阿拉伯羚羊）、凯恩·雷宁格（夏威夷黑雁）、露丝·希尔（黑嘴天鹅）、艾米·斯普朗格（莫阿帕鲮鱼）、迈克·瓦伦斯（加州神鹫）、杰克·维克汉姆（台湾大麻哈鱼）。

我万分感谢邓·莫顿。他对本书的有关章节给予了巨大的帮助：新西兰一种非常漂亮的、无飞翔能力的大型鹦鹉的故事将在我们的网站上出现。我还要感谢尼古拉·卡莱尔帮助核实本书中的几个故事。他拯救古尔德海燕的故事也会在网站上登出。

下列朋友给我提供了保护濒危植物的重要信息。彼得·瑞文、休·伯林格、尼克·约翰森、罗德斯·“鲁鲁”·里克·艾斯、米歇尔·帕克、蒂姆·里奇、比尔·布鲁姆拜克、乔·迈尔科德、凯瑟琳·肯尼迪和罗宾·华尔·金迈勒。他们的故事和作出的贡献都可以在网站上找到。尤其是维多利亚·威尔曼和罗伯特·罗比切克斯给我提供了许多珍贵的信息，我在澳大利亚遇到的保罗·斯坎内尔和安德鲁·普利切德也给我提供了许多珍贵资料。

另一些本书没有包括进来的，但将发布在网站上的章节是有关普通大众和年轻人如何帮助拯救濒危物种的故事。其中有一个讲述濒危物种叫停经济开发的神奇过程——格里格·波尔默告诉我的一个印度德里花沙蝇的故事；我还从斯蒂芬·斯普默、莱昂·海格勒、米奇·佩恩和杰莎·胡宾-雷蒂格那里听到关于盐溪虎甲虫的故事；听到马特和安妮·马格芬救助切莱克豹蛙，迈尔迪斯·杰菲斯和她一家拯救红冠啄木鸟的故事。切斯·皮克林、托尼·刘和丹·福顿为“根与芽”章节提供了信息。从事保护岛屿灰狐多年的苏珊和亚历山大·莫里斯、蒂姆·库南也给了我很多帮助。

塞恩·梅纳德

在本书的写作过程中，我特别幸运地见到了一大批杰出的人物。在物种濒危的紧急关头，每一位科学家和保护工作者都挺身而出，站在第一线。我非常感谢那些帮助我收集资料，让我写出野外日记，但是又没有在书中出现的人。所有这些人和他们的故事将在网站上发布。他们是：温嘉里·马赛艾和来自肯尼亚“绿带行动”的同事，肯特·弗里特（美洲鳄）、彼得·当纳（兀鹫）、里克·迈克因特尔（灰狼）、克雷·迪盖纳（基拉戈林鼠）、罗恩·奥斯汀（柯特兰林莺）、斯科特·恩科特（棱皮龟）、格里格·纽德克（黑嘴天鹅）、吉奥夫·希尔（象牙嘴啄木鸟）、罗格·佩恩（太平洋灰鲸）、格里格·谢雷（新西兰沙螽）、米歇尔·山姆威（南非蜻蜓）。我特别要感谢我的妻子凯瑟琳，她在我编写这本书的几年时间里提供帮助和支持。我还要衷心感谢辛辛那提动植物园我杰出的同事们，他们每日为野生动物辛勤工作，赢得了每一位参观者的热情鼓励。

本书中和网站上的所有照片都是由摄影者捐赠的。对于他们的慷慨支持，我们表示深深的感谢，他们的名字附在每张照片的后面。在许多情况下，他们还帮助我们寻找照片。此外，我们还要感谢下列的人，他们帮助我们找到了很多珍贵的照片。他们是：夏勒斯·莫雷、安德鲁·伯纳特、乔盖雷·霍华德、格雷·弗莱、F. 艾德·伍德维克、C. M，詹姆斯·波普汉姆、安·伯克、克里斯蒂娜·安德森、道格拉斯·W. 史密斯、安东尼奥·里维斯、克里斯蒂娜·西蒙斯、凯琳·格鲁维、潘妮·哈维斯、瓦内莎·丁宁、斯蒂芬·莫内特、杰西·格里斯、利兹·康迪尔、戴维·范波克尔、罗伯特·罗宾切克斯。

珍·古道尔研究会(JGI)和全世界的支持者:在整个书稿的写作、资料和图片收集的过程中,世界各地的JGI办公室的下列人员,给予了极大的帮助,他们是:

费德里克·博达挪威克斯、费伦·古阿拉、戴维·兰福伦斯、杰罗恩·海廷克、波利·赛维拉斯、凯琳·科克、沃尔特·英曼、古德伦·辛德勒、玛丽莎·陶伯、克莱尔·库伦多姆、安东尼·柯林斯、格蕾丝·格伯、简·罗顿、索菲亚·莫塞特、何莉佳、张喆、柯马凯和麦凯撒。

我希望有足够的空间来感谢贡贝国家公园从事TACARE恢复项目的每一位JGI成员,还有一些人给我们的书和网站提供了许多资料,他们是:埃玛努埃尔·姆蒂蒂、玛丽·马凡萨、阿里斯特德斯·卡舒拉和阿玛尼·金乌。

在本书的创作早期,JGI的志愿者乔伊·霍特奇克斯帮助我们做了前期的调研和访问工作,萨莉·艾德斯帮助选择重要的濒危物种,为下一步的撰写作好准备。我们特别感谢玛丽·派里斯帮助编辑书稿和网站上的所有照片。麦里迪斯·贝勒——盖尔的助理和JGI的克莱尔·琼斯在“你能做什么”这一部分给我们提供了帮助。

我非常感激“奠基人全球办公室”(GOOF)的员工,尤其是罗伯·萨萨在本书的早期阶段与很多人联系、会面,给我提供了大量资料;他对这本书充满热情,他的帮助非常珍贵。斯蒂文·汉姆接替罗伯的工作后,也帮助我联系了很多科学家,跟他们会面。苏珊娜·纳姆帮我安排行程表,参加本书提及物种的有关会议及与相关科学家会面。

如果没有克里斯蒂·琼斯细心而不懈的努力,从世界的每一个角落收集、整理和甄选照片,这部书绝对是不可能完成的。她从不放弃任何一个机会去收集照片,甚至达到狂热的地步。她不知疲倦地工作——甚至大手术后也很快开始工作,把最后一张图片排好。她是一位英雄!

盖尔·赫德森

非常感谢我的助手、“创意中心”的玛丽·安·纳普勒斯，她给予我重要的支持和帮助。我由衷地感谢我的丈夫霍尔，女儿盖布丽亚，儿子特纳西，他们是世界上最支持我的人。

我十分感激“盛大中心”的员工们在本书写作过程中给予的支持和理解。奈塔利·凯尔编辑与我们密切沟通，多遍通读这部长长的书稿，与我们一道作出最困难的删减和压缩哪些文字和图片的决定。总编罗伯特·卡斯罗非常尊重我意见，在版式方面给予特别的关注。我特别感谢执行副总裁及出版商杰米尔·罗勃为本书建立了网站，使我们可以把比原计划多得多的照片放到网站上。她帮我出版了好几部书，成了我真正的支持者和朋友。

在我环游世界时，我得到了朋友们的大力支持和关爱。这样的朋友太多了，我无法做到一一致谢。但是，我必须感谢迈克尔·纽格布尔和汤姆·曼格尔森。汤姆不仅向我提供了一批精美的照片，而且把我介绍给了恩尼尔·库特和他的救助黑足鼬的团队。我真的很珍惜与汤姆在一起讨论保护濒危动物、感受美丽自然的时光。你可以在www.mangelsen.com的网页上看到这些精美的照片。

我不会忘记在创作本书的日日夜夜里，玛丽·路易斯的一路陪伴。玛丽是一位优秀的协调者，她安排我紧凑的时间表，神奇的安排保证了我能与鹤同飞，与鼬过夜，与本书中无数的杰出人物会面。而且，她充满幽默，是一位真正的朋友。遗憾的是，当我打完这部马拉松式的书稿的最后一个字母时，她不在这儿，她刚做完一个手术，现在在英国休养恢复。

繁忙的行程安排，以及利用所有的空余时间撰写本书，意味着我留给儿子和孙女的时间比任何时候都少，我感谢他们的理解。我还要特别感谢你——我的姐姐朱迪。如果她不在波切斯，我根本就没有地方躲起来写作。在我环游全球时，朱迪的从容冷静和坚强支持，让我永远不会迷失方向。

附 录

你能做什么

在我环游世界时，我遇到了许多因为地球上发生的一切而深感悲哀的人们。媒体不断报道令人震惊的新闻：致命的污染事件，冰冠正在消融，景观遭到破坏，物种灭绝，淡水供应减少……在这些糟糕的消息面前（非常不幸的是，这些消息大多数是真实的），人们往往感到无助和无望。正如我曾经说过的，"你怎么还能保持乐观？"是我经常被问及的一个问题。

我知道，消除这种绝望想法的最好方法就是：每天尽我所能去做一些改变，即使只是最微小的改变。至少要为目前正在漫延的糟糕状况做些什么。这就是为什么我离开贡贝和我所热爱的森林，尽我所能，让人们认识到黑猩猩和它们生活其中的森林所处困境的原因。

越具有"新闻价值"的坏消息越有可能被报道，意识到这一点很重要。其实当人们无私地努力工作，使这个世界变得更美好之时，也有许多真正美好的事物在发生。我们

历史性的照片:1991年2月,达累斯萨拉姆的根与芽环境教育项目启动时,队员们与我在阳台上合影。(JGI)

写这本书的一个目的,就是希望与大家分享一些好消息。

在本书中以及我们的网站上,有许多正在为拯救濒危物种而不懈努力的生物学家们的故事。但也有无数的“一般民众”在发挥着重要的作用,他们没有获得什么荣誉,在他们生活的地区以外,他们的名字通常不为人所知。他们有时举行示威活动,反对工业或政府的一些破坏性计划,或写信给相关部门,这些行动并不总能取得成功,所扮演角色的真正意义也往往被别人低估。然而从长远来看,这些人真的很重要。他们贡献出他们的资金、技术和时间,帮助其他人提高保护意识,并说服其他人加到他们的队伍中。

社会各界(包括作家、摄影师、电影制片人)都在为提高人们对正在发生一切的认识而不懈努力,使广大民众走进大自然的渴望日益剧增。非政府组织

(NGO)通过他们的教育计划,鼓励人们充当野外项目的志愿者——了解自然世界并采取措施保护它。土地所有人可能会在安全港口协议(保护濒危物种栖息地的协议)上签字,其他人可能会在保护区地域权协议上签字,为保护野生动物不开发、不耕作他们的土地,并获得相应的经济补偿。

还有就是年轻人发挥作用。为什么我要花这么多时间从事青少年教育工作呢? 因为如果我们不教育年轻人成为比我们更优秀的保护者的话,我和其他人为拯救动物及它们的世界而竭尽全力就没有任何意义。

根与芽:年轻人能做些什么

由于悲观的观点无处不在,当我环游世界时,看到那么多年轻人看起来很沮丧、很愤怒,或是漠不关心,我也就不感到奇怪了。他们告诉我,这是因为他们的未来很渺茫,但对此他们又无能为力。

我们确实损害了他们的未来。当地有一句谚语:“这个星球不是我们从父母那里继承来的,而是从后代那里借来的。”这句话并不正确,当你说借的时候,这里有需要偿还的含义;而我们现在却是一直在偷取我们孩子的未来。不过现在我们可以改变这种现状。

我所做的就是启动了根与芽人道主义与环境保护项目。鼓励成员们放手开展这个项目,改善人类、动物和环境的现状。这个项目对我们周边的环境产生着积极的影响。而最重要的一点就是,我们每个人都可以发挥作用——每天都做一点改变。而成千上万的小小成果累积起来,就能产生重大的变化。

根与芽这个名字具有象征意义。当种子发芽,第一次长出幼根和嫩芽时,看起来是那么的微小,那么的脆弱,很难相信它能长成一棵大树。然而,种子的确具有非常顽强的生命力,它的根能穿过巨石寻找到水源,它的芽能透过裂缝破墙而出去吸收阳光。最终,巨石和墙——所有由于我们的贪婪、残忍和缺乏了解而对环境以及社会造成的危害——都将会被推倒。正如成千上万的根和

根与芽的年轻负责人——来自俄勒冈州比弗顿的瓦绍·沙多霍克，自两岁起就热心于救助受伤的动物，尤其是蛇类。图为他与从宠物市场救助出的鬃狮蜥“桑迪”和蟒蛇“蒙蒂”在一起。(梅多·沙多霍克)

芽一样，全世界的年轻人能够解决前人惹下的麻烦。

这个项目于1991年在坦桑尼亚首都达累斯萨拉姆首次启动，当时有12名来自不同中学的学生代表聚集在我家阳台，学习坦桑尼亚野生动物的行为习性知识。当听到有关偷猎等问题时，他们非常震惊。他们希望能了解到更多的相关信息，愿意为此提供帮助。因此，后来他们在学校成立了俱乐部，与我们一起组织聚会，探讨这些问题。

令人惊讶的是，到2009年初，从如此简单方式开始的根与芽项目，很快传播到世界上100多个国家，成立了大约9000多个行动小组，包括了从学前教育到大学以及学校以外的所有年轻人。在许多方面，根与芽是独一无二的：它把来自不同文化、不同宗教和不同国家的年轻人聚集在一起；它把对动物、人以及环境的照顾与关心结合在一起；它把不同年龄段的人(甚至包括养老院和监狱里的人)汇集在一起。在一个共同的信念下，它成为传播世界和平的种子。它正在培养未来世界的领导者——他们明白，生活不仅仅是为了赚钱。

我鼓励大家登陆本书的网站去看看，我已经将大量由根与芽负责开展的救助野生动物项目的相关资料，汇集起来放在了网站上。我在网站上还介绍了一些优秀的年轻人，他们是根与芽全球青年领导力联盟的成员。我希望，无论你的年龄多大，请以某种方式参与到这项计划中来，或成为世界各地成千上万其他形式的青年组织中的一员。你可以成为保护环境运动的一员，每天有意识地做一点努力，让这世界变得更美好。我知道，这是治疗绝望的最好良药。

本节为那些无论老小，那些关心与我们共同生活在地球上的动物的人，那些厌倦作壁上观的人而写。在此提供一些相关信息，希望有助于你找到帮助本书所介绍物种的方法，还有一些组织的联系方式，也许你可以成为它们的志愿者。

一个重要的群体

但最重要的是，你需要做一些事情，不要因为你不能做你想做的所有事(除非你有更多的时间，更多的金钱，更大的影响力)就什么事都不做。当你在当地报纸上读到你所喜爱的林地因发展需要而被砍伐时，不要只是叹叹气和耸耸肩而已，应该行动起来。采取一切行动，把这一切找出来：谁在参与？为什么会发生？接着给相关部门写信，出席你们当地政府的会议，发表你自己的观点。你可能不会成功——但你也有可能会成功。如果你不去努力的话，你就绝对不会成功。

如果本书的某个故事吸引了你，感动了你，促使你想去做点什么的话，请联系相关组织并咨询你所能做的。请记住，即使你只能作出小小的贡献，成千上万个微小的贡献汇集起来，也能实现如奥巴马成功竞选美国总统那样巨大的成功。

这里汇集了一群重要的群体，他们真正关心我们的地球和孩子们的未来，他们努力改变着一切。请加入这群杰出而富于奉献精神的人群，他们所作的努力本书已一一描述。请帮助我们实现拯救动物和它们家园的目标。

全球行动

关于本书所介绍的许多濒临灭绝的动植物物种，以下内容可能会帮助你获得更多相关信息并采取行动。

• 支持珍·古道尔研究所(JGI)。JGI汇集个人的力量来改善生物的生存环境。在古道尔博士致力于研究和保护黑猩猩的同时,JGI成为通过实施新的保护方法改善当地居民生活水平的领导者。此外,该研究所的全球青少年计划还鼓励年轻人成为环境与人道主义的领导者。想了解更多信息,请登录JGI的官方网站www.janegoodall.org 。

• 加入JGI根与芽环境教育项目。根与芽全球网络将那些具有共同愿望的青少年联系在一起,他们希望能为人类、动物和生态创建一个更美好的世界。全世界成千上万的年轻人已经意识到他们社会存在的问题,并通过服务项目、青年领导人运动以及互联网站等行动起来。如要加入,请登录网站www.jgichina.org。

• 帮助民众,保护黑猩猩。JGI协助村民解决最急切的需求,例如提供淡水、医疗卫生设施和保健等,在不危害环境的前提下提高居民的生活水平,就这样,JGI使生活在黑猩猩栖息地附近的村民成为保护这些迷人动物的伙伴。登录网站www.janegoodall.org,你可以了解到捐资给JGI并支持这些重要项目的办法。

• 成为一名黑猩猩守护者。在刚果共和国的特奇姆庞加黑猩猩康复中心,JGI为黑猩猩孤儿提供了一个安全而充满关爱的栖息地,这些孤儿是非法商业猎取兽肉和宠物贸易的受害者。你可以通过成为黑猩猩守护者的方式支持这项工作。欲了解更多信息,请登录网站www.janegoodall.org/chimp_guardian。

• 支持杜雷恩野生动物保护信托机构,该组织直接参与本书所介绍的许多物种的保护工作。想要了解更多,或收养动物,或捐款,请登录网站www.durrellwildlife.org。

• 你可以通过网站:www.nature.org与大自然保护协会联系,在自然保护活动中发挥自己的作用。该组织保护海洋和陆地等重要的栖息地。你可以通过加入其中、订阅电子报、捐钱,甚至建立你自己的个性化自然家园网页等方式,参与到他们的保护工作中。

• 你可以从保护国际基金会的网站 www.conservation.org 中获取灵感。这个非营利组织以一种全新的方法保护受威胁的物种和栖息地，这个创新方法结合了社团和科学所提供的最好手段。除了捐钱之外，你还可以通过评估自己对地球的影响、获取有关生态旅游的信息、支持个人运动、了解自然保护的职业机会等方式行动起来。

• 登录 www.wwf.org 加入世界自然基金会，使工作朝着对人类、动物以及生态系统呈稳定可持续发展的未来前进。你可以捐资，收养一只动物，成为自然保护行动网络中的一员，或支持个人运动如"地球一小时行动"等。

• 欲了解有关全球范围内野生动物和野生栖息地保护情况，可以登录 www.wcs.org 与野生动物保护学会联系。除了其全球保护项目外，该组织还管理着纽约的几个野生动物公园，例如布朗克斯动物园和中央公园动物园。通过参观其中的一个公园，成为其成员、捐赠你的时间或资金、支持个人运动如"没有小孩留在室内行动"等方式，你可以参与到保护工作中来。

• 登录 www.iucn.org 与国际自然保护联盟联系，成为解决世界上一些最复杂的环境难题的一分子。你还可以了解到他们更多的全球计划，搜索他们的数据库，了解到你身边的保护组织信息，还可以成为一名捐助者。

• 你可以登录 www.fieldtripearth.org ，点击查看北卡罗来纳州动物学会的一个项目：地球野外考察，这是为教师、学生和野生动物保护支持者建立的全球资源库。

• 你可以在有关地球考察的网站 www.earthexpeditions.org 上注册学习考察课程，或者通过 www.projectdragonfly.org 上的当地野外项目获得硕士学位。这些项目聘请了教师、环境方面的专业人士，以及全球范围内在野外站点进行一线保护工作的人员。

• 通过访问地球濒危生物组织的官方网站 www.earthsendangered.com，你能学习到世界上许多最濒危物种的知识。这个网站列出了每一个物种的真实生存状态，以及你所能够联系的正致力于自然保护的组织的相关信息。

• 请联系你喜欢的自然保护组织，例如美国奥杜邦学会，其网站为www.audubon.org；野生动物保护者协会，其网站为www.defenders.org；国家野生动物联盟，其网站为www.nwf.org；环境保护基金会，其网站为www.edf.org。你可通过这些组织参与到保护工作中，或进行捐款。

• 当你接听一个电话时，听听动物的嚎叫声、尖叫声、吼叫声和其他更多声音。生物多样性研究中心提供免费的濒危物种的手机铃声和壁纸下载。请访问www.rareearthtones.org获取更多手机铃声的相关信息。你可以登录www.biologicaldiversity.org直接与研究中心联系，了解他们的保护行动并给予支持。

该做的与不该做的

在帮助保护我们脆弱地球上的动植物和环境时，这里有该做什么和不该做什么的一份清单。

• 了解有关野生动物的知识，参观当地动物园，享受与动物在一起的快乐，学会如何保护它们。支持加入动物园和水族馆联盟(www.aza.org)的动物园和水族馆的工作。

• 安全驾驶，因为许多动物必须穿过马路去寻找食物。

• 保持道路清洁，因为废弃物会吸引野生动物，可能导致它们被车撞倒。

• 关注你周围的公共场所(国家公园、国家森林、土地管理局)内发生的事，以及人们是如何管理野生动物的。

• 不要购买有不良环境记录公司的产品，否则会助长这种不良行为。

• 当你身处大自然中，或走在小道上时，请谨慎对待动植物的栖息地。

• 请支持那些主张对海洋尤其是国际公共水域实施可持续利用政策的组织。

• 少吃海鲜，登录www.montereybayaquarium.org浏览蒙特雷湾的海产品观赏项目，接受培训。打印成小型便携的建议条，或下载到手机上。

• 降低你自己的碳足迹，登录www.footprintnetwork.org，从全球碳足迹网络寻找创意和灵感。

译后记

如同塞恩·梅纳德在前言中所说的，世界上很多人最早喜欢上大自然、喜欢上动物，源于早期拜读过珍·古道尔博士写的书，看过有关她的电视报道，受到过她亲自的鼓励，后来才加入到了研究和保护野生动物的行列中。我就是这些人中的一员。而且巧合的是，现在我也从事着研究灵长类、保护灵长类动物的科学工作。

早在20世纪70年代我念初中时，学校图书室里的书少得可怜，而且绝大部分都是红色图书，如浩然的《金光大道》《艳阳天》之类，并且还要排队才能借到。当时我特别喜欢看小说，原本也想借这一类的书，但排到我时全借没了，最后我只借到了一本故事书《黑猩猩在召唤》。这本书介绍了珍博士在坦桑尼亚贡贝国家公园研究黑猩猩的故事。就这样阴差阳错，我与珍博士从此结下了缘分，与灵长类结下了缘分。

上大学后我选择了生物学专业，攻读硕士研究生期间，师从我国著名的大熊猫专家胡锦矗先生，这时我才算是真正进入了野生动物研究和保护的领域。我选择了大熊猫作为硕士毕业论文的研究课题。毕业后回到广西，我选择了我国最珍贵的仅分布在广西的灵长类——白头叶猴作为继续研究的对象。这一研究就是20多年,其间也培养了一支研究队伍。在当教师的日子里,因为自己研究灵长类的缘故,经常给学生讲述珍的故事,播放珍的影像资料,延续着与珍博士结下的缘分。

一个偶然的机会,中国科学院研究生院的李大光老师告诉我,上海科技教育出版社引进了珍博士的最新力作《希望:关爱和拯救身边的濒危野生动植物》,希望我能接受翻译工作。这对我来说真是莫大的荣幸,同时我也感到莫大的责任。虽然我不会像现在的年轻人那样崇拜什么偶像,成为谁的粉丝,但是,珍博士的事迹一直是我研究灵长类的动力和源泉之一,她在我心目中的形象是神圣的、高大的。

拿到英文版后,我开始仔细阅读,并再次为珍博士的精神所感动。在书中珍博士讲述了世界上许多濒危物种的故事,拯救它们是一项浩大而艰苦的工作! 她正在为一项伟大的事业而不懈奋斗! 另外,看到一个个宣布已灭绝或即将灭绝的物种,在无数执着的野生动物保护主义者、科学家的努力下得以在野外恢复,着实令人欢欣鼓舞!

本书涉及了全世界的珍稀濒危物种,不可避免的,中国的众多保护动物也在珍博士的关注范围之内。而对于中国政府开展的相关保护工作,她也作了浓墨重彩的介绍。得知该中文版即将在中国出版时,珍特别重视,特意补充了原英文版中没有收录的内容,如扬子鳄的保护、黄土高原的生态恢复等。对于原英文版已有的内容,如大熊猫、朱鹮等,珍又及时补充了最新资料,使得本书的信息更及时、更全面。

在中国,现在有越来越多的人意识到野生动植物保护的重要意义,因此,拯救濒危物种、保护野生动植物的故事还有很多很多。这些故事及其中的主人公,有些受到了足够的关注,有些则默默无闻。但是,无论是受到关注的还是默默无闻的人士,都值得我们敬仰和尊重。

中国是一个人口大国、一个发展中国家,野生动植物保护事业还处在起步阶段,还需要向发达国家学习许多经验。在一些地区,还有不少吃野生动物,偷捕偷猎、收购和贩卖野生动物的陋习,尽管政府加大打击的力度,但问题的最终解决方案,还是要靠当地广大群众提高对野生动物保护的意识,把他们的利益与保护野生动物结合起来才能取得良好的效果,如同书中"草海自然保护区"讲述的做法一样。

作为一名译者,一名野生动物研究人员,我深深地被书中所有为野生动植物保护事业执着奉献的主人公所感动,也为珍的不懈努力以及给大家记录了一段段野生动植物保护的历史而感动。希望大家在阅读此书时,有更多的收获。

感谢我的研究团队在繁忙的教学和研究工作中,牺牲休息时间完成本书的翻译任务。主要分工如下:李高岩翻译了第一部分,武正军、贝荣丙、蔡凤金、何南、黄乘明翻译了第二部分,周岐海、唐华兴、唐创斌、周颖明、吴茜翻译了第三部分,杨剑、陈志林、叶朵朵翻译了第四部分,黄中豪翻译了第五部分,黄华苑、黄乘明翻译了第六部分,贝荣丙翻译了附录。

我深信,本书在中国的出版会产生很大的反响,帮助公众加深对野生动植物保护的了解,并从中受益。这也是我作为国家动物博物馆负责人所肩负的推动动物知识的普及、宣传野生动物及生态环境保护的使命。

中国科学院动物研究所

国家动物博物馆

黄乘明

2010年8月

图书在版编目(CIP)数据

希望:关爱和拯救身边的濒危野生动植物/(英)珍·古道尔著;黄乘明等译.—上海:上海科技教育出版社,2020.7

书名原文:Hope for Animals and Their World

ISBN 978-7-5428-7214-2

Ⅰ.①希… Ⅱ.①珍… ②黄… Ⅲ.①野生动物—濒危动物—动物保护②野生植物—濒危植物—植物保护

Ⅳ.①S863②S58

中国版本图书馆CIP数据核字(2020)第043982号

责任编辑 侯慧菊

封面设计 戚亮轩 **装帧设计** 杨 静

希望

——关爱和拯救身边的濒危野生动植物

(英)珍·古道尔(Jane Goodall) 著

黄乘明 等 译

张劲硕 审校

出版发行 上海科技教育出版社有限公司

(上海市柳州路218号 邮政编码200235)

网　　址 www.sste.com www.ewen.co

经　　销 各地新华书店

印　　刷 常熟市文化印刷有限公司

开　　本 720×1000 1/16

印　　张 25.5

插　　页 4

版　　次 2020年7月第1版

印　　次 2020年7月第1次印刷

书　　号 ISBN 978-7-5428-7214-2/Q·73

定　　价 78.00元

Hope for Animals and Their World:

How Endangered Species Are Being Rescued from the Brink

by

Jane Goodall with Thane Maynard and Gail Hudson

Published by Grand Central Publishing, a division of Hachette Book Group, Inc.